suhrkamp taschenbuch
wissenschaft 1179

Der vorliegende Band stellt die Fortsetzung der unter dem Titel *Philosophie und Interpretation* (stw 1060) erschienenen Vorlesungen zur Entwicklung konstruktionistischer Interpretationssätze dar. Während der erste Band dieser Vorlesungsfolge von der geschichtlichen Darstellung der Interpretationsansätze in der Philosophie ausging und zum systematischen Ansatz vordrang, ist der vorliegende Band nicht historisch, sondern ausschließlich systematisch orientiert und der Hauptfrage gewidmet, wie die Interpretationsmethodologie bzw. die Erkenntnistheorie und Philosophie der Interpretationskonstrukte sich mit einem modifizierten Alltagsrealismus und mit Varianten des wissenschaftlichen Realismus vereinen lassen.

Hans Lenk, geb. 1935, ist seit 1969 o. Professor für Philosophie an der Universität Karlsruhe. Im Kontext der Philosophie der Interpretationskonstrukte hat er im Suhrkamp Verlag außerdem veröffentlicht: *Interpretationskonstrukte. Zur Kritik der interpretatorischen Vernunft* (1993); *Schemaspiele. Über Schemainterpretationen und Interpretationskonstrukte* (1995).

Hans Lenk

Interpretation und Realität

Vorlesungen über Realismus
in der Philosophie
der Interpretationskonstrukte

Suhrkamp

Die Deutsche Bibliothek – CIP-Einheitsaufnahme
Lenk, Hans:
Interpretation und Realität :
Vorlesungen über Realismus
in der Philosophie
der Interpretationskonstrukte /
Hans Lenk.
– 1. Aufl. –
Frankfurt am Main : Suhrkamp, 1995
(Suhrkamp-Taschenbuch Wissenschaft ; 1179)
ISBN 3-518-28779-6
NE: GT

suhrkamp taschenbuch wissenschaft 1179
Erste Auflage 1995

Satz und Druck: Wagner GmbH, Nördlingen
Printed in Germany
Umschlag nach Entwürfen von
Willy Fleckhaus und Rolf Staudt

1 2 3 4 5 6 – 00 99 98 97 96 95

Inhalt

Vorbemerkung

Der vorliegende Band stellt die Fortsetzung der unter dem Titel *Philosophie und Interpretation* 1993 erschienenen, 1989-1990 in der Universität Karlsruhe gehaltenen Vorlesungen zur Entwicklung konstruktionistischer Interpretationsansätze dar. Während der erste Band dieser Vorlesungsfolge von der geschichtlichen Darstellung der Interpretationsansätze in der Philosophie ausging und zum systematischen Ansatz vordrang, sind die im folgenden, auch in starker Überarbeitung vorgelegten, im Sommersemester 1990 gehaltenen Vorlesungen nicht historisch, sondern ausschließlich systematisch orientiert und der Hauptfrage gewidmet, wie die Interpretationsmethodologie bzw. die Erkenntnistheorie und Philosophie der Interpretationskonstrukte sich mit einem modifizierten Alltagsrealismus und mit Varianten des wissenschaftlichen Realismus vereinen lassen.

Wiederum habe ich meinen tatkräftigen und engagierten Mitarbeiter(inne)n herzlich zu danken, ohne deren Mithilfen und Einsatzbereitschaft auch diese Veröffentlichung nicht möglich gewesen wäre. Ihnen gilt mein tiefer Dank. Besonders danke ich Frau Dr. Renate Dürr und Frau Dr. Ekaterini Kaleri sowie Herrn Dr. Joachim Schummer für die außergewöhnlich intensive, zum großen Teil auch inhaltlich-kritische und stilistische sowie redaktionelle Mitarbeit. Joachim Schummer hat zudem besonders die Kapitel 3.1 und 4 aufgrund der in seiner Dissertation (1994) erarbeiteten Kenntnis inhaltlich kritisch überarbeitet. Mein Dank gilt auch Herrn Prof. Dr. Manfred Stöckler (Universität Bremen), der zum Kapitel 5 eine Reihe von kritischen Hinweisen gegeben hat.

Der Band sei dem Andenken meines vor 50 Jahren – noch im März 1945 – im Krieg gebliebenen Vaters Albert Lenk (1903-1945) gewidmet. Wie sehr hätte er sich über spätere Veröffentlichungen seines (damals neunjährigen) Sprößlings, den er außer bei wenigen Urlaubsaufenthalten während der Kriegszeit nicht sehen konnte, gefreut!

Hans Lenk

Überleitung und Einleitung

Im ersten Band dieser Vorlesungsreihe zur Entwicklung konstruktionistischer Interpretationsansätze, *Philosophie und Interpretation* (1993), wurden in teils historisch-kritischer, teils systematischer Darstellung die Problematik von Interpretation und Verstehen und die Methodologie des Interpretierens, generell des interpretationsimprägnierten Erfassens, im Rahmen eines erkenntnistheoretischen und nicht-orthodox verstandenen transzendentalen Ansatzes entwickelt, der die Strukturierungen allen Erfassens, sei es des Erkennens oder des Handelns, darzustellen gestattet. Im historisch-kritischen Teil wurden die Grundbedingungen und Charaktere der Interpretationsimprägniertheit mit den Ansätzen der klassischen und neueren universalphilosophischen Hermeneutik verglichen und auf Probleme der analytischen Philosophie zur Diskussion der Situation der sogenannten »radikalen Interpretation« (der hypothetisch allerersten Entwicklung eines Deutungsrahmens zum Verstehen und Kommunizieren überhaupt) sowie auch auf die Rolle von Interpretationen in den Sozialwissenschaften (z. B. auf Handlungsinterpretation, Kulturinterpretation und Schemainterpretation in der Kognitionspsychologie) bezogen. Der Entwurf einer Philosophie der Interpretationskonstrukte, der sich methodologisch an Nietzsches Interpretationsbegriff anschließt – und an Günter Abels (1984) diesbezügliche Nietzsche-Interpretation –, aber ontologisch von diesem Entwurf, die gesamte Welt als Interpretations»geschehen« aufzufassen, distanziert, wurde als ein erkenntnistheoretischer und im schwachen (nicht absolut eindeutige und notwendige Formen präjudizierenden) Sinne transzendentaler Ansatz skizziert (1993, 6.2). Dabei wurde nicht nur von der These der Interpretationsgebundenheit, der Interpretationsimprägniertheit, aller Erkenntnis- und Handlungsweisen als einem obersten Grundsatz der Philosophie der Interpretationskonstrukte Gebrauch gemacht – einem Grundsatz, demzufolge alles Erkennen und Handeln, alles Erfahren, Auffassen, Strukturieren, Konzipieren (kurz: alle Tätigkeiten, die in der Gestalt unterordnender, kategorisierender, interpretierender und deutender sowie erkennender und handelnder Aktivitäten auftreten) interpretationskonstruktgebunden er-

faßt werden –, sondern es wurde auch behauptet, daß wir grundsätzlich von solchen Interpretationsaktivitäten im Sinne der Bildung und Anwendung von Schemata nicht absehen können: »Wir können nicht nicht interpretieren« (ebd. 243 f.).
Entsprechend dem Grundsatz wurden (ebd. 6.3) unterschiedliche, aber in einem Kontinuum von konstituierenden, konstruierenden und rekonstruierenden Schematisierungs- und Deutungsprozessen auftretende, einander überlappende »interpretatorisch-schematisierende Aktivitäten« angeführt (vgl. Diagramm, ebd. S. 254). Ferner wurden (ebd. 6.4) sechs Stufen der Interpretation(sarten) unterschieden: auf unterster Stufe die unveränderlichen produktiven Urinterpretationen der primären Konstitution oder Schematisierung, die biologisch mit unseren Erkenntnisorganen gegeben und von uns praktisch nicht verändert werden können (IS_1); die gewohnheits- und gleichförmigkeitsbildenden Musterinterpretationen der Habitualisierung und Formenkategorisierung oder vorsprachlichen Begriffsbildung (IS_2); die kulturell geformten, sozial tradierten und übernommenen sprachlich-konventionellen Begriffsbildungen (IS_3); die flexiblen, bewußt geformten Einordnungsinterpretationen (IS_4); die erklärenden, rechtfertigenden und begründenden, z. T. theorieförmigen Interpretationen (IS_5); und schließlich die (meta)theoretisch-methodologischen »Metainterpretationen« der Erkenntnis, die Interpretationen der Interpretationen bzw. der Interpretationskonstrukte selbst (IS_6). Ausgehend von den biologisch für uns unveränderlichen Urmustern – d. i. etwa im visuellen Wahrnehmungsbereich die Unterscheidung zwischen Hell und Dunkel –, ist die Stufenfolge dadurch gekennzeichnet, daß zunehmend variablere, flexiblere, zunächst kulturelle Alternativen und schließlich auch individuelle Differenzen erlaubende Musterbildungen auftreten.
Interpretationen sind generell schemageleitete kognitive (Repräsentations-)Aktivitäten: Interpretieren ist das Bilden, Stabilisieren und Aktivieren von kognitiven Konstrukten, Konstituten, Mustern überhaupt (Schemata). Den (Re-)Aktivierungsprozeß kann man die Instantiierung oder Anwendung eines Schema(tismu)s nennen. Eine solche Instantiierung oder Anwendung von Schemata kann als Durchführung einer Strukturierungsaktivität, evtl. auch als Überlagerung, und zwar als Zuschreibung zu etwas zu Schematisierendem oder als Anpassung an vorgestandene, aber ihrerseits selbst als strukturiert unterstellte Situationsmerkmale,

Daten, Umweltreizmosaiken usw., gleichsam als »Überwerfen« eines hypothetischen »Netzes« über phänomenal (scheinbar) Vorgegebenes oder Vorkonstruiertes bzw. Vorstrukturiert(-Erscheinend)es, aufgefaßt werden. Schemata können aber auch vorbewußt, unterbewußt, unbewußt zur Strukturierung von Situationen und deren kognitiven und handlungsrelevanten Aspekten und Perspektiven instantiiert werden. Alle Sinneswahrnehmung ist schon »schematisierend«, da bereits die Sinnesorgane »schematisieren«, wie schon Herder erkannte.

Als Menschen sind wir darauf angewiesen, unsere Ordnungsleistungen und -handlungen unter dem Gesichtspunkt der Ähnlichkeit, Gleichheit, Erfaßbarkeit, (Be-)Greifbarkeit und überhaupt Fixierbarkeit im Sinne von intentionaler Kennzeichnung zu fassen, zu strukturieren und auszuführen. Insofern »ist« alles abhebbare »Etwas« jeweils ein Interpretationsimprägnat (wenn nicht gar ein Interpretationsprodukt) oder steht unter (mindestens) einer Interpretation (interpretatorisch-schematisierenden Aktivität), insoweit es überhaupt als etwas (er)faßbar ist: Jede Entität ist als solche, d. h. als erfaßte oder erfaßbare, ein Interpretationskonstrukt oder zumindest interpretationsimprägniert.[1]

Das Diskriminieren, Kontrastieren, Vergleichen, »Vorstellen« oder »Erkennen« im weiteren Sinne, das Wahrnehmen, Wiedererkennen, Reidentifizieren bzw. Identifizieren ist jeweils ein Prozeß der Anwendung von Schemata, der ebenfalls einen Konstitutionsprozeß darstellen kann, nämlich der Konstitution von Gegenständen, Daten, Merkmalen, von Konstellationen aus Merkmalen, Ereignissen, Prozessen usw. Ein solcher Prozeß ist ebenfalls noch

1 Dabei ist der Unterschied zwischen Interpretationskonstrukt, -produkt, -imprägnat und dem »Stehen unter einer Interpretation« wie folgt zu verstehen: Jedwede Benennung und Beschreibung steht ganz generell unter einer Form der Erfassung, also unter einer Interpretation, insoweit Schemata zur Erfassung verwendet werden. Quasi gegenständlich aufgefaßte Resultate von Schematisierungsaktivitäten sind Interpretationskonstrukte. Interpretationsimprägnate sind solche Interpretationskonstrukte, die wir uns durch Interaktion mit einem etwa von unseren Zutun Unabhängigen zustandekommend denken, wie z. B. bei visueller Wahrnehmung. Interpretationsprodukte sind reine Ergebnisse eines (Schema-)Interpretationsprozesses, die nicht von einer solchen »Real«-Interaktion abhängen, z. B. fiktiv konstituierte Entitäten wie Werte, das Soziale usw.

recht weit vom bewußten Konstruieren entfernt; die solchermaßen konstituierten »Gegenstände« werden aber schon mit der Instantiierung und Stabilisierung der bereits zuvor konstituierten Schemata etabliert bzw. konkretisiert. Gegenstandskonstitution und Merkmalskonstitution sind in diesem Sinne eine Anwendung von Schemata, sie führen jedoch weitgehend unterbewußt zur Bildung eben auch von vielleicht in Neuronenassemblies durch Einschwingungs- und Stabilisierungsprozesse strukturell relativ auf Dauer gestellten stabilisierten konkreten »Konstituten« statt von (bewußt geleisteten) Konstrukten im engeren Sinne.

Orientiert man das Verständnis des Ausdrucks »Interpretationskonstrukt« eher an der *bewußten* Entscheidung »zur« Verwendung von Schemata, so mag – im Gegensatz etwa zum unbewußten Auslösen, Weiterentwickeln und Differenzieren von Schemata – das *bewußte* Auslösen, Differenzieren, Variieren, Kombinieren, Organisieren, Integrieren und Zuordnen bzw. Aufprägen und Entwerfen von Schemata schon ein »*Konstruieren*« i.e.S. genannt werden, wobei dann eine »Konstruktbildung« im üblichen (wenigstens Halbbewußtsein implizierenden) Sinne gemeint ist. Wenn wir freilich Zwangskonstruktbildungen unterbewußter Art (wie etwa beim externen visuellen Wahrnehmen von klaren Farb(unterschied)en) auch als Konstrukterzeugungen auffassen, so tritt der Konstruktcharakter bereits früher ein. (Berücksichtigt ist hier, daß die Ausdrücke »Zwangs*konstrukt*bildungen« und »*Konstrukt*erzeugungen« beide den Teilausdruck »konstrukt« aufweisen und daher beide zugeordneten Bedeutungen einen *Konstrukt*charakter tragen – nur eben einmal allenfalls i.w.S., zum anderen i.e.S.) Wenn wir aber bei der Definition der Konstrukte auf ein bewußt planmäßiges Entwerfen abheben, dürfte diese Art von unterbewußter Konstrukt- bzw. Schemabildung und Schemainstantiierung nicht als »Konstruieren« (i.e.S.) bezeichnet werden.

Im folgenden wird von einem quasikontinuierlichen Übergang von der Bildung von Konstituten zur Bildung von Konstrukten bzw. weiter dann zu Tätigkeiten des »Konstruierens« im engeren Sinne ausgegangen: Alle diese Tätigkeiten werden unter dem Begriff der Interpretationskonstrukt(ion)e(n) zusammengefaßt. Die erstgenannten Vorgänge sind eher Schema-Aktivierungen, die letztgenannten bereits stärker schematisierende Tätigkeiten bzw. gar Handlungen (planmäßige oder ritualisierte, aber nicht schon intentionale Aktivitäten).

Die Ähnlichkeit von Interpretationskonstrukten als Konstituten einerseits und als beabsichtigten Rekonstrukten oder Konstrukten andererseits läßt sich anhand eines neurobiologischen Modells der dynamischen Schemabildung und deren Reaktivierung (der jeweiligen Abrufung) plausibel machen: Schemabildung sowie deren syntaktische Formierung und Bindung an Zeichenträger ist die erste (sich eventuell in wiederholt erfolgreichen Einschwingungen von Neuronenassemblies, also spezifischer Synapsen-Netzwerken; s. a. u.) verstärkende und stabilisierende dynamische Stufe der Musterbildung: Die Wiederabrufung des Schemas ist dann die neuerliche Aktivierung des bereits dynamisch stabilisierten Synchronitätsmusters der entsprechenden Neuronenassemblies. Und in diesem Sinne besteht dann ein quasikontinuierlicher Übergang von der Schemabildung zur Schemataktivierung. Auf diese Weise könnte die Bildung von Schemata und Interpretationskonstrukten verstanden werden. Interpretationskonstrukte werden eben als »Konstitute« erzeugt, sie beziehen sich der Hypostasierung nach auf fiktionale oder projizierte Gegenstände (was in gewisser Weise besonders plausibel bei der visuellen Wahrnehmung und Mustererkennung zutrifft). Sie werden zur Referenz oder zum erneuten Zugreifen verwendet, wobei sich der Bezug nun nicht mehr auf die hypostasierten Gegenstände allein, sondern auf die bereits gespeicherten und dem Zugriff wieder zugänglichen Konstitute bzw. auf deren signalgebundene Träger richtet. Schließlich können auf höherer Ebene Interpretationskonstrukte als formale Ordnungsmuster eingesetzt, aufgefaßt, als quasi-abstrakte Entitäten oder Begriffe konzipiert, strukturiert, hypostasiert oder projiziert werden – jedenfalls lassen sie sich in diesem Sinne interpretatorisch analysieren.
Das bewußte Anwenden, Durchführen, repräsentierende Darstellen, Unterscheiden, Klassifizieren, Zuordnen oder Einsetzungsinstanzen realisierende Anwenden der Schemata kann als ein Konstruieren durch, nach, mit oder in Schemata aufgefaßt werden, das nun in engerem Sinne intentional (bewußt)-konstruktiv zu nennen ist. Dementsprechend sind das entwerfende Konstruieren, das Auszeichnen von bestimmten Alternativen, das In-Beziehung-Setzen oder Kombinieren von mehreren Möglichkeiten sowie das Klassifizieren und bewußt merkmalsorientierte Subsumieren derartige Tätigkeiten des Konstruierens oder des konstruktiven Interpretierens, die dem herkömmlichen Verständ-

nis von Interpretieren in engerem Sinne näherkommen als etwa die zuvor genannten Konstitutionsaktivitäten. Das Kognizieren, das Vorstellen, Darstellen, Abwandeln, Entwerfen, sukzessive Weiteranwenden usw. sind in diesem (engeren) Sinne interpretatorische Aktivitäten, welche Konstruktbildungen, »Schemata« und Interpretationskonstrukte im weiteren Sinne verwenden, um Interpretationsprodukte oder -konstrukte zu erzeugen (vgl. das Diagramm der interpretatorisch-schematisierenden Aktivitäten 1993, S. 254).

Dasselbe gilt auch für identifizierende und reidentifizierende interpretatorische Aktivitäten, für das (Wieder-)Erkennen und Verstehen, das bewußte (Wieder-)Wahrnehmen, das Deuten von etwas *als* etwas – alles mentale Aktivitäten, die dem herkömmlichen Textinterpretieren nahekommen und eher *re*konstruierenden als konstruierenden Charakter aufweisen. Dementsprechend könnte man die Interpretationskonstrukte in diesem engeren Sinne hier auch als *Re*konstrukte bezeichnen und in Weiterführung des oben erwähnten Kontinuums die Rekonstrukte den Konstrukten folgen lassen. Aktivitäten wie das Wiedererkennen, Identifizieren und Wahrnehmen von Gleichheiten, Konstanzen, Formen, Strukturen, Gestalten, Gegenständen, Ereignissen, Prozessen, Fakten, Relationen, Kontexten aufgrund von bewußten Vergleichsprozessen, Verstehensvorgängen und Gedächtnisaktivierungen können jeweils in einem solchen Sinne als *Interpretieren* in einem spezifischen oder engeren Sinne gedeutet werden.

Wie aber kommen nun die Interpretationen bzw. die erfaßten Interpretationskonstrukte zustande? Wie werden sie stabilisiert, fixiert, realisiert und konkretisiert?

Viele Strukturierungsfähigkeiten zur kognitiven oder aktionsorientierten Strukturierung sind in Gestalt unserer Wahrnehmungs- und Erkenntnisapparaturen bereits genetisch angelegt, oder sie sind in Wechselwirkung mit der Umwelt während einer kritischen, frühkindlichen Entwicklungsphase auf einer genetisch recht unspezifisch angelegten Leitbasis durch neuronale Verknüpfungs(re)aktivierung in jeweiligen Neuronenassemblies selektiv stabilisiert worden. So lassen sich etwa die Hebbschen Verknüpfungsregeln, wonach raumzeitlich zugleich oder in enger Kontiguität aktivierte benachbarte prä- und postsynaptische Zellenkonstellationen eine Verstärkung der Verknüpfung – sozusagen eine Bahnung – begründen und Inaktivierungen oder »Abkoppelungen« zur Verkümmerung von angelegten Verknüpfungsalternativen führen, als Strukturierungs- und Stabilisierungsverfahrensweisen bzw. als Mechanismen selektiver Schemabildung verstehen.

Die Neurobiologie hat in den letzten Jahren auch erkenntnistheoretisch interessante Ansatzpunkte geliefert, indem sie die Stabilisierung von synchronisiert aktivierten und somit »eingeschwungenen« Neuronenassembly-Aktivierungsmustern als die Entstehung von etablierten dynamischen »Hirnkonstrukten« (Wolf Singer, 1990) vor einem »chaotisch« fluktuierenden Hintergrund auffaßt. Diese Hirnkonstrukte stellen sich ein durch eine entsprechend genetisch vorgegebene bzw. vorgeformte und/oder durch eine erlernte bzw. interaktiv mit der Umwelt ausgearbeitete Regularitäts- und Regulierungs(muster)bildung bzw. -funktion. Im Sinne eines relativ stabilisierten dynamischen Musters werden Neuronenassemblies und netzwerkartige »Gefüge«-Verknüpfungen durch eine Art von Einschwingen[2] gebildet, sie sind dann als Struktur reaktivierbar und somit wiederidentifizierbar und (durch Rückgreifen bzw. Reaktivieren) *wieder* aktualisierbar.
Solche dynamischen Synchronisierungen von Neuronennetzwerken oder entsprechenden »Assemblies« in interaktiver Auseinandersetzung mit der Umwelt scheinen ein paradigmatisches Verständnis der Lern- und Repräsentationsleistungen des Gehirns aufgrund seiner Selbststrukturierung in umweltinteraktiver Entwicklung zu bieten oder wenigstens zu ermöglichen. Dies ist besonders gut bei der Ausprägung visueller Reaktionen und spezifischer optischer Mustererkennung nachgewiesen worden, wobei eine Verstärkung der entsprechenden Selektivität der Merkmale durch die umweltinteraktive Verhaltensstrukturierung zu einer Systemverstärkung der Synapsen zwischen Neuronen eines entsprechenden Assembly gleich-

2 Die Schemabildung kann also als Einschwingprozeß einer spezifischen Rhythmik von Neuronen-Assemblies auf einer Grundfrequenz gedeutet werden. So kann etwa bei der visuellen Mustererkennung schwacher Ordnungsstrukturen eine allmähliche Verstärkung durch solche positiv rückgekoppelten, sich selbst verstärkenden Oszillationen eintreten. Solche Einschwingprozesse können quasi automatisch ablaufen und Merkmale in der Umgebung gegenüber einem Hintergrund oder der Nachbarschaft verstärkend hervorheben, also muster- und strukturprofilierend, -»erkennend« (-feststellend im wörtlichen und übertragenen Sinne) oder -konstituierend wirken. Hier handelt es sich um schematisierende Vorgänge neuronaler Assemblyanpassung und -variation, die durchaus als (»interpretatorisch«-)schematisierende »Aktivität« im weiteren Sinne gefaßt werden können, obwohl hier das Bewußtsein noch nicht steuernd und verstärkend eingreift. Die volle Konkretion eines entsprechenden Netzwerkes bildet sich erst im frühkindlichen Entwicklungsprozeß aus.

gerichteter oder gleichartiger Merkmalsdetektoren führt. Die Aktivierung dieser Assemblies kann als physiologische Basis der Struktur- oder Muster- sowie der Gegenstandserkennung aufgefaßt werden. Die frequenzmodulierten Signale in den entsprechenden Neuronen und die durch Neurotransmitter ausgelösten und aktivierten bzw. aufrechterhaltenen synaptischen Übertragungen können nun in ihrer Vernetzung durch Wiederholung und synchrone phasengleiche Reaktivierung dynamisch stabilisiert werden. Es kann so eine relative Stabilisierung durch Synchronisierung des Assembly, also eines Neuronennetzwerkes, in bezug auf gleichartige oder im gleichen visuellen Feld angeordnete Muster, entstehen, wobei natürlich die emotive und motivationale Aktivierung tieferliegender Gehirnteile (z. B. des limbischen Systems) hinzugeschaltet werden bzw. aktivierend eingreifen muß. (Zu allem vgl. z. B. Singer 1989, 1990.)
Die Anbindung an die Realisierung durch Einschwingprozesse und reaktivierte Neuronenensembles scheint für die Stabilisierung und somit den Unterbau oder für die Inkorporation bzw. die Signalträgerschaft von Interpretationskonstrukten notwendig zu sein; sie dürfte aber, da auf diese Weise die Intentionalität noch nicht verstanden werden kann, keineswegs hinreichend sein. Denn die bloße Verfestigung oder Stabilisierung, die Fixierung eines Aktivierungsmusters und die Wiederaktivierbarkeit (Reaktivierung), Wiederholbarkeit mag vielleicht das signaltheoretische Verständnis der Wiederzugreifbarkeit (des Wiedereinbringens ins bewußtseinsoperatorische Zentrum) verständlich machen, aber mit Sicherheit nicht die Intentionalität und die Bedeutungshaftigkeit. Kurz: Anbindung an und Realisierung durch stabilisierte synchronisierte Neuronenassemblies bilden zwar eine notwendige, aber sicherlich keine hinreichende Bedingung für die Mustererkenntnis als bedeutungshaltige. Interpretationskonstrukte scheinen über die Gesichtspunkte der bloßen Assembly-Stabilisierung von Neuronennetzwerken noch hinauszugehen.

Auch bei den genannten ordnungskonstituierenden Prozessen der Schemabildung und -aktivierung soll nun von interpretatorisch-schematisierenden Aktivitäten gesprochen werden. Die Aktivierung solcher Schemata geschieht dementsprechend – etwa bei der Wahrnehmung – in Interaktion mit der Umwelt, durch Veranlassung von Signaldifferenzen aufgrund energetisch aus der Umwelt kommender, reizerzeugend wirkender Energie- oder Frequenzdifferenzen, die durch die interne aktivierende Stabilisierung und positive Rückkoppelung verstärkt werden, also kontrastprofilierend ordnungsermöglichend wirken. Da nach dem geschilderten neurobiologischen Modell der selektiven Aktivierungsstabilisierung von Neuronenassemblies die *Bildung* solcher gemeinsam oszillierender Neuronenassemblies, also die *Ausbildung* von

Schematismen (Trägerprozessen der Schemata), von der (gemeinsamen) *Aktivierung* der Neuronenassemblies nicht unterschieden werden kann, sondern eben in dieser selektiven Aktivierungsstabilisierung besteht, ist das Zustandekommen, die Ausbildung bzw. *Konstituierung* von Schemata dem Ablauf zufolge und der Art nach dem (wiederholten) *Aktivieren* gleichzusetzen: *Konstituieren eines Schemas und Aktivieren sind von gleichem Charakter*, bilden sich durch den gleichen Trägerprozeß aus, realisieren oder instantiieren sich am gleichen Trägersubstrat, den Synapsen (-Netzen)-Neuronen-Assemblies. So entspricht das Konstituieren einem wiederholten und selektiv stabilisierten ausgezeichneten Aktivieren. Die Konstitution oder Bildung der Schemata selbst ist eine in diesem Sinne formenbildende prozessuale Konstellation, eine »Aktivität« im weiteren Sinne. Deshalb erscheint es als berechtigt, das Konstituieren von Schemata und das Ergebnis der Aktivierung von Schemata als interpretatorisch-schematisierende Aktivitäten (besser vielleicht: Aktivierung oder Aktivierungsprozesse) bzw. als deren Ergebnisse (»Produkte«) zu bezeichnen. Auf dieser Abstraktionsstufe ist der Ausdruck »Aktivitäten« sehr weit verstanden, er umfaßt lediglich selektiv wirkende und insofern strukturierende Aktivierungen, die noch keine bewußten Auswahl-»Aktivitäten« im engeren Sinne einer handlungs- oder intentionsgeleiteten Entscheidung sein müssen. Der gleichsam automatisch schematisierende Pol ist gegenüber dem i.e.S. bewußt-interpretatorischen Aspekt der »Prozesse« (hier noch eher als »Aktivitäten« zu bezeichnen) vorherrschend.
Das »Produkt« solcher interpretatorisch-schematisierenden Aktivitäten auf der nächsten Stufe ist zunächst selbst ein Schema als Konstitutum des selektiven Aktivierungs- und Stabilisierungsprozesses. *Schemata* sind in diesem Sinne *Konstitute selektiver Netzwerk-Bildung und -Aktivierung*. Das Konstituieren, Aktivieren, Ausbilden, Stabilisieren, Entwickeln und gar Strukturdifferenzieren von Schemata in diesem Sinne ist das Bilden von solchen Formalkonstituten: Konstitute sind Produkte von Konstitutionsprozessen, Schemata ebenfalls. Schemata sind kontrastprofilierende und strukturgebende prozessuale Verfestigungen bzw. immer wieder selektiv aktivierte, durch charakteristische Oszillationen realisierte Aktivierungskonstellationen von Neuronen-Assemblies bzw. die auf der nächsten Abstraktionsstufe zu repräsentierenden Strukturen dieser. In der Theorie der Interpretations-

konstrukte und der Auffassung der Interpretation als Anwendung von Schemata werden die Konstituierungen von Schemata als Bildung, Ausbildung bzw. Instantiierung von »Interpretationskonstrukten« gedeutet; die Konstitution wird also als konstruktiver »Prozeß« betrachtet. Dies ist natürlich auch eine Bedeutungserweiterung des Ausdrucks »Konstrukt« – ebenso wie des Ausdrucks »Konstruktion« –, weil hier noch nicht von einer bewußten, wählenden, entscheidenden oder gar planmäßigen Konstruktion oder der entsprechenden Tätigkeit des Konstruierens gesprochen werden kann. Allenfalls ist die quasi-automatisch ablaufende selektive Stabilisierung durch Aktivierung ein unterbewußter Prozeß des Auszeichnens oder »Auswählens« in erweitertem Sinne (ein Selektieren), ähnlich wie etwa auch der Evolutionsprozeß in der Biologie ein Selektieren umfaßt, aber natürlich nicht bewußt »auswählt« im engeren Sinne. Nur in diesem erweiterten Sinne ist die Ausbildung von Schemata ein »Interpretieren« und ein Bilden von »Interpretationskonstrukten«.

Wie konstituieren wir nun Interpretationskonstrukte selbst bzw. unser Weltverständnis im Sinne dieses interpretatorischen Ansatzes? Primäre Urinterpretationen, die als solche praktisch nicht abgewandelt werden können, weil sie biologisch vorgegeben – sozusagen fest verdrahtet – sind, aber prinzipiell, theoretisch, als modifizierbar gesehen werden können (wir können uns z. B. vorstellen, daß wir ein Ultraschallorgan wie die Fledermäuse hätten), stellen gleichsam die Repräsentation von sog. »realen«, d. h. als »real«, primär aufgefaßten, Entitäten dar. Realität wird also als sich sperrende »primäre« Widerständigkeit gegen eine interpretationale Variierbarkeit aufgefaßt, wobei dieser Widerstand natürlich nicht absolut starr sein muß (man denke an die *prinzipielle* Abänderbarkeit oder Überdeckungsmöglichkeit jeglicher, auch der primären Interpretation), sondern nur bis auf widerstandsfunktionale Äquivalenz festgelegt ist.

Durch diese widerstandsfunktionale Auszeichnung im Sinne primärer Urinterpretationen scheinen sich »natürliche« Realitäten von »rein sozialen«, also nicht nur interpretationsimprägnierten, sondern interpretationserzeugten, zu unterscheiden. *Soziale* Realitäten sind im höheren Maße fingiert, geltungs- und normenkontrolliert, also interpretationserzeugt, statt – wie natürliche reale Gegenstände – nur in der Wahrnehmungsweise, der Klassifizierung in Arten usw. interpretationsimprägniert oder formal artenkonstituiert. Einerseits wird eine u. U. soziale Interpretationsgepflogenheit in den entsprechenden neurobiologisch-synaptischen und frequenzmodulierten oder -kodierten dynamischen Übertragungsprozessen in Neuronennetzwerken adaptiert und eingeschwungen, andererseits entsteht aber auch im intersubjektiven sozialen Verkehr eine gegenseitige Abgleichung und Kontrolle durch entsprechende Regelungen, die über die innerorganismisch getroffenen Einschwingprozesse hinausgehen. Normen und Regelkontrolle sind in *soziale* Kontexte eingebunden, werden durch gesonderte institutionelle Kontrollmechanismen wie sprachliche Bezeichnungen und entsprechende Überprüfungen und Abgleichungen sowie durch die entsprechenden vorgeordneten Dressurakte (Internalisierung einer Sprachkultur) stabilisiert und ausgeformt. Sie sind aber im Gegensatz zu Fellmanns »facta bruta« (Fellmann 1990, dazu Verf. 1993a) und zu Wittgensteins Auffassung letztlich nicht absolut fixe Daten, die den »Felsen« darstellen, an dem jeder »Spaten« einer weiteren Deutung, die tiefer graben wollte, sich »zurückbiegt« (vgl. Wittgensteins PU, § 217). Es handelt sich zwar jeweils um eine (oder den Rückgriff auf eine) eingespielte soziale *Interpretationspraxis* (ein Begriff, auf den Günter Abel in seinem neuen Werk (1993) und in mehreren Aufsätzen als entscheidend hingewiesen hat), aber nicht um eine, die starr fixiert wäre, sondern die Praxis kann ihrerseits nicht nur bewußt verändert werden, sie unterliegt auch historischen Wandlungen; sie ist nicht absolut fixiert oder festgeschrieben, sondern ist ebenfalls prinzipiell als dynamisiert aufzufassen, erst dynamisch im Interaktionszusammenhang *relativ* stabilisiert. Die soziale Praxis der Interpretationen ergibt eine sekundäre, eben soziale oder sozial kontrollierte Stabilisierung, die einerseits durch dynamische Wechselbeziehung und Konstantenbildung (soziale Musterbildung) ermöglicht und auf Dauer gestellt wird, andererseits selbst auf der Anwendung von Interpretationskonstrukten beruht und schließlich als Modell im Sinne einer Interpretationsmethodologie auch untersucht werden kann.

Die Auffassung, daß wir durch die aktivierten Schemainstantiierungen, sei es neurophysiologisch, sei es sozial, Muster bilden, wiedererkennen und reaktivieren und dadurch gleichsam den Gesamthorizont der Interpretationsimprägniertheit (»Interpretativität«) durchbrechen könnten, ist natürlich selbst ein theoretisch-interpretatorisches Modell, dem das Repräsentationsproblem allgemein unterliegt. Um dem Grundsatz der prinzipiellen Interpretationsimprägniertheit allen Erfassens gerecht zu werden, müßten wir also eine höherstufige Perspektive einnehmen, um unsere Schemainterpretationen selbst als Interpretationen und unsere Interpretationskonstrukte eben ihrerseits als Konstrukte, als Interpretationskonstrukte höherer Stufe usw., auffassen zu können.

Die große Frage bleibt natürlich, wie sich Interpretationskonstrukte im Sinne des erkenntnistheoretischen und methodologischen Ansatzes, wie er im ersten Band dieser Vorlesungsreihe skizziert worden ist, mit der Auffassung und Darstellung von dem »Realen«, also der Wirklichkeit, die uns umgibt und deren Teil wir selber auch als biologische und soziale Wesen sind, vereinen läßt. Wie läßt sich ein methodologischer Interpretationskonstruktionismus mit einem lebenspraktischen, ja, auch einem theoretischen bzw. pragmatischen Realismus vereinbaren? Der Verweis auf facta bruta und auf Widerständigkeitserfahrungen und -erlebnisse reicht nicht aus, um eine solche Vereinbarkeit zu garantieren, da – wie schon erwähnt – die facta bruta sich nicht interpretationsunabhängig als Realitäten an sich erfassen lassen, aber andererseits doch fraglos praktisch-pragmatisch unüberwindliche Widerständigkeiten darstellen.

Am Ende von *Philosophie und Interpretation* (6.5) wurde bereits darauf hingewiesen, daß erkenntnistheoretisch gesehen die Unterscheidung der realen Welt vom interpretierenden Wesen, also vom deutenden Subjekt selbst, natürlich ebenfalls ein Interpretationskonstrukt ist, ein erkenntnistheoretisches Konstrukt auf höherer Interpretationsebene, auf einer Metaebene der sechsten Modellierungsstufe. Ferner zwingt uns die Bedingung des Grundsatzes der Interpretationsimprägniertheit allen Erfassens zu einer interpretationistischen Einschränkung aller Realitätserfassung, sie muß gleichsam unorthodox transzendental-idealistisch gemäßigt werden – wir können nur im Rahmen unserer Schematisierungen und Interpretationsmuster, also in Interpretationskonstrukten, irgendetwas erfassen, erkennen bzw. formen und handeln. Wie ist also diese methodologische Einschränkung mit einem Realismus, u. U. einem abgeschwächten oder methodologisch-erkenntnistheoretisch durch die jeweilige Konstruktgebundenheit bedingten, »gebrochenen« oder indirekten Realismus vereinbar? Wir wissen, daß reale »Gegenstände«, mit denen wir umgehen, ebensosehr etwas Vorgefundenes, Objektives – also auf willensunab-

hängigen Faktoren unserer Erfahrung oder des Widerstandserlebens Beruhendes – sind, wie sie auch unter der Kategorisierung und Strukturierung durch unsere Klassifizierungsformen stehen und somit etwas Eingeordnetes sind. Die bisherigen Ausführungen haben ja gezeigt, daß sie stets auch als erfaßte, unter Benennungen und Kategorien stehende, begrifflich umgrenzte Konstitute und Quasi-Produkte unseres Denkens und strukturierenden Wahrnehmens gelten müssen. Wie lassen sich die Bedingungen der subjekttranszendenten Realität und deren Faktoreinflüsse mit den Abgrenzungs-, Klassifizierungs- und Einordnungsaktivitäten unserer deutenden und theoretischen Strukturierungen in einem sinnvollen und widerspruchsfreien Konzept verbinden? Solche Fragen soll der zweite Teil der Vorlesung aufgreifen.
Dabei wird nicht nur ein kurzer Aufriß der Arten und Typen des Realismus gegeben werden, sondern es werden auch Fragen der Wahrnehmung und ihres Bezugs zur unterstellten Realität und Probleme des Gegenstandsbezugs von sprachlichen und theoretischen Ausdrücken (Referenzproblem) aufgegriffen; außerdem soll auch eine Diskussion des Status von theoretischen Entitäten und des Realitätsproblems in der nachklassischen Physik geführt werden.
Es wird sich zeigen, daß unter dem Konzept des methodologischen Interpretationismus das Erkennen nicht prinzipiell vom Handeln, zum Beispiel des kategorisierenden Zubereitens von Faktoren und Strukturen, vom Anwenden von Schemata und Mustern, kurz: vom aktiven – und interaktiven(!) – Interpretieren, abgetrennt werden kann. Unter dem Gesichtspunkt des übergeordneten schemainterpretierenden Erfassens sind Erkennen und Handeln systematisch zusammengebunden, wie es gleichsam symbolisch in der Nichtisolierbarkeit des beobachteten Systems von der präparierenden Anordnung der Meßapparatur bzw. des Meßprozesses in der Quantenmechanik zum Ausdruck kommt. Pragmatischer Realismus und methodologischer Interpretationskonstruktionismus müssen Hand in Hand gehen. Der Realismus, so wie er im erkenntnistheoretischen Modell durchaus auch als ontologische These vertreten werden kann, ist strukturell interpretationistisch einzuschränken, sozusagen transzendental-interpretationistisch zu gestalten; ja, der Interpretationskonstruktionismus seinerseits ist auf die notwendige Unterstellung von realen »Vor-würfen« der Interpretation, also auf Gegenstandshyposta-

sierung (natürlich in interpretationistischer Konstitutionsform) angewiesen. Der pragmatische Realismus, wie er auch in Putnams internem Realismus zum Ausdruck kommt, aber vielleicht ohne methodologische Interpretationsstufung nicht klar genug herausgearbeitet wird, ist ein methodologischer Schemainterpretationismus. Umgekehrt ist jeder sinnvoll in der Lebenspraxis verwendbare Konstitutionalismus und Interpretationskonstruktionismus notwendig – schon aus lebenspraktischen »Not-Wendigkeiten« – ein pragmatischer Realismus. Konstruktinterpretationismus und pragmatischer Realismus sind lebenspraktisch unauflöslich miteinander gekoppelt. Dies zu entwickeln, ist Aufgabe der nachfolgenden Einzelkapitel.

1 Realität und Wahrnehmung: Annäherungen an das Thema

1.1 Zwei Geschichten zum naiven Realitätsbegriff

Beginnen wir die Ausführungen über Realität und Interpretation mit einem fiktiven und einem realen Beispiel. Das fiktive Beispiel stammt von Bertolt Brecht (WW V, 2211 f.): Den alten chinesischen Philosophen war laut Brecht die Nichtlösung oder Nichtlösbarkeit der Hauptfragen der Philosophie schon sehr früh aufgefallen: Si Fu, der Schüler, nennt die Hauptfragen: »Sind die Dinge außer uns, für sich, ohne uns, oder sind die Dinge in uns, für uns, nicht ohne uns?« Auf die Frage des Lehrers, welche Meinung die richtige sei, gibt der Schüler wahrheitsgemäß an, daß »keine Entscheidung gefallen« sei ... Der Lehrer: »Warum blieb die Frage ungelöst?« Si Fu: »Der Kongreß, der die Entscheidung bringen sollte, fand wie seit zweihundert Jahren im Kloster Mi Sang statt, welches am Ufer des Gelben Flusses liegt. Die Frage hieß: Ist der Gelbe Fluß wirklich, oder existiert er nur in den Köpfen? Während des Kongresses aber gab es eine Schneeschmelze im Gebirge, und der Gelbe Fluß stieg über seine Ufer und schwemmte das Kloster Mi Sang mit allen Kongreßteilnehmern weg. So ist der Beweis, daß die Dinge außer uns, für sich, auch ohne uns sind, nicht erbracht worden.«

Man sieht sogleich, daß sich mit der Diskussion über Realität und Realismus bereits ein bestimmtes Problem stellt. Kann man sinnvollerweise überhaupt eine Diskussion über Realitätsfragen führen, ohne nicht schon Realität zu unterstellen? Muß man bei der Diskussion nicht zumindest die Realität des Diskussionspartners unterstellen? Das sind die Fragen, mit denen wir uns beschäftigen werden. Obwohl sie so ironisch-humoristisch-lustig klingen, sind sie dies jedoch keineswegs; denn sie verweisen auf echte und tiefe, ja, theoretisch noch heute umstrittene und z. T. ungelöste Probleme im Zusammenhang mit dem Begriff der Realität.

Kommen wir zuerst zum zweiten, realen Beispiel: Vor einiger Zeit war ich Teilnehmer einer kleinen Tagung von Sozialwissenschaftlern auf der Reisensburg bei Günzburg. Es ging um Fragen der

Sozialphilosophie, der Technikphilosophie usw. Einem Kollegen aus der Soziologie behagte offenbar die ganze Diskussion nicht; schließlich sagte er etwas verärgert, man habe ja die »reale Basis« überhaupt noch nicht diskutiert. Die »reale Basis«, meinte er, sei die Macht, und zwar als reale Basis für alles andere, was entschieden, diskutiert und bewertet werden kann. Das gab nun mir zu denken. Einerseits kann man dem mit einer gewissen Alltagserfahrung durchaus folgen. Neigt man nicht als Wissenschaftler, als Denker, insbesondere auch als verbeamteter, allzusehr dazu, die politischen Fragen, die Machtverhältnisse zu unterschätzen, zu ignorieren oder zumindest nicht genügend zu diskutieren? Es ist klar, daß sich solche Fragen nach Machtverhältnissen stellen – übrigens neuerdings auch im Rahmen der Wissenschaftsgeschichte und -soziologie, welche die mehr oder minder geplanten und öffentlich wie industriell finanzierten Wissenschaftsentwicklungen untersuchen. Es gibt ja mittlerweile eine Disziplin Wissenschaftssoziologie, die die Frage stellt, wie weit die Wissenschaftsentwicklung gesteuert, geprägt oder wenigstens beeinflußt wird von gesellschaftlichen und politischen Entwicklungen. Diese Frage nach den Machtverhältnissen ist also nicht neu. Was mir aber an dem Einwand des Soziologen auffiel, war die *Selbstverständlichkeit*, mit der hier die gesellschaftliche, politische Macht als »*die Realität*« unterstellt wurde. Was sollte das denn bedeuten? Was bedeutet »real« in diesem Sinne? Ist Macht nicht doch letztlich eine Fiktion, eine Art von fingierter, erst sozial konstituierter Realität, also sozusagen eine sekundäre Wirklichkeit? Ist Macht nicht etwas, das jemandem unter gewissen Gesichtspunkten zugeschrieben wird, das in diesem Sinne fiktiv ist, aber doch durchaus wirkt, sozial wirksam ist und nur auf diese Weise eine Art von Geltungsrealität hat? Ist gesellschaftliche Geltung eine wirkliche oder gar letzte Realität im traditionellen Sinne – eine »reale Basis«, wie wir das sonst verstehen? Oder ist sie eine sekundäre Realität, eine Wirklichkeit, die erst durch hinzukommende soziale Wirksamkeit erzeugt wird, die also erst dadurch entsteht, daß viele daran glauben? Ist es möglich, daß etwas dadurch real wird, daß viele es annehmen oder daran glauben? Das ist eine interessante Frage, die mit dem Realitätsproblem im weiteren Sinne zusammenhängt, zumindest soweit sich das Problem den Sozialwissenschaftlern und eigentlich auch uns allen in gesellschaftlichen Zusammenhängen stellt.

Ist nun Macht real? Ja, in gewissem Sinne scheint dies selbstverständlich; aber eben doch wohl nur in diesem sekundären Sinne: Macht ist real insofern, als sie sozial dadurch realisiert wird, daß viele an sie glauben, sie als gültig annehmen und sich nach den angenommenen Machtverhältnissen orientieren – sei dies nun freiwillig oder zwangsweise, weil sie wissen, daß Machtverhältnisse durch soziale Sanktionen gestützt sind, daß man nicht einfach bestimmten Strukturen, bestimmten Gesetzen (Gesetze sind sozusagen Vehikel der Machtausübung) widersprechen kann, ohne gewisse Sanktionen gewärtigen zu müssen. Solche Sanktionen können bekanntlich sehr drastische Formen annehmen, *insbesondere in Staaten, die nicht Rechtsstaaten sind oder in denen gewisse Ausnahmeregelungen gelten*. Auf der anderen Seite ist Macht in gewissem Sinne nach wie vor fiktiv und *deutungsabhängig*; sie ist abhängig davon, daß viele an sie glauben und daß sie institutionalisiert und konventionalisiert ist, daß sie durch Institutionen, soziale Regelungen, durch Konventionen und eben diesen genannten Glauben nun erst realisiert wird, institutionell real ist und am Leben gehalten wird. Sie ist also nicht real im *üblichen Sinne*, wie beispielsweise ein Stein wirklich oder real ist, sondern sie ist real erst im sozialen Zusammenhang, selbst wenn sie als »versteinert« gilt – wie es etwa 40 Jahre lang im Ostteil Deutschlands der Fall war.
Es stellt sich nun die Frage: Können wir überhaupt von einem solchen sozialen Zusammenhang abstrahieren oder absehen? Ist der soziale Zusammenhang nicht ebenso real wie bspw. die natürliche Umgebung? In gewissem Sinne ist das wiederum richtig: Wir können tatsächlich nicht gänzlich von unseren sozialen Zusammenhängen abstrahieren und absehen; alles ist in tiefstem Sinne vom Sozialen durchwirkt, von bestimmten sozialen und institutionellen Deutungen geprägt, gleichsam imprägniert, von Deutungen, von Interpretationen abhängig. Das gilt sogar für Wahrnehmungen. Sobald Wahrnehmungen durch Beobachtungssätze ausgedrückt werden, hängen sie in bestimmter Weise von Deutungen und Interpretationen ab. Vielleicht genügt es an dieser Stelle, vorerst auf ein Zitat der bekannten Wissenschaftstheoretikerin Mary Hesse aus Cambridge zu verweisen, die unter Berücksichtigung neuerer wahrnehmungspsychologischer Erkenntnisse in einem Vortrag in Pretoria 1989 meinte: »We are making interpretations when we observe common-sense objects.« Anders gesagt:

wir interpretieren, wenn und indem wir im üblichen Sinne alltägliche Gegenstände sehen oder beobachten. Wenn wir einen Tisch sehen, so haben wir ein Artefakt, das eine bestimmte funktionale Rolle im Leben spielt, und wenn wir Tische beobachten, dann »sehen« oder denken wir eigentlich diesen funktionalen Zusammenhang schon unmittelbar mit in diese Beobachtung hinein. Als Abendländer können wir den Tisch fast gar nicht sehen ohne diese Interpretation. (Für einen Yanomami-Indianer aus dem Amazonas-Dschungel stellt sich dieser Umstand – und der Tisch! – natürlich ganz anders dar!) Wir sehen den Tisch als Artefakt in seinem Gebrauchskontext und Funktionswert – es sei denn, es handelt sich um einen völlig anderen Zusammenhang, in dem wir diese Funktion gar nicht erwarten würden – also z. B. in einer sehr fremden Umwelt. Allerdings würden wir selbst im Amazonas-Dschungel einen Tisch als solchen erkennen; man mag sogar einen tischähnlichen Gegenstand »als« Tisch *verkennen*, falls es solche Gegenstände irgendwo am Amazonas gibt. Wir neigen also selbst in fremder Umgebung dazu, unsere Erwartungen in wahrgenommene Formen hineinzulesen, diese in gewohnte Zusammenhänge zu projizieren bzw. einzubetten. Viele Bilder der Moderne, etwa von Magritte, gewinnen eine eigene Spannung dadurch, daß die abgebildeten Gegenstände in ganz neue, verfremdende Zusammenhänge, z. T. in geradezu paradoxe Kombinationen oder widerspruchsvolle Konstellationen, gestellt werden. Man glaubt zunächst nicht, daß auch hier die entsprechenden Erwartungshaltungen aufrechterhalten werden; und dennoch spielt dann der Künstler gerade mit dieser Konfrontation. Im Surrealismus wurde dieses Wecken und Durchspielen solcher widersprüchlicher Konnotationen, das Herausheben des Paradoxen, der Widersprüche sogar zum Programm gemacht.
Wieweit und wie stark wir dazu neigen, unsere Auffassungen und Deutungen auch in Wahrnehmungen hineinzuprojizieren, das kann man sehr gut in ungewohnten Umgebungen feststellen, in denen man sich normalerweise selten aufhält. Wenn man z. B. ins Hochgebirge fährt und – wie ich kürzlich – eine Gletscherhochtour macht, dann kann es leicht passieren, besonders wenn es neblig und die Sicht nicht sehr gut ist, daß man irgendwelche schwarzen Striche in der Landschaft, seien es Spalten oder Steinsäulen, als eine Menschengestalt »sieht«, genauer: interpretiert. Man kann sich sehr dabei täuschen. Oft identifiziert man auch

irgendwelche Steinblöcke als die gesuchte Hütte, die man eigentlich erreichen will oder bei anbrechender Dunkelheit gar erreichen muß. Alles dies zeigt, daß unsere Beobachtung, unsere Wahrnehmung – durchaus auch im alltäglichen Leben – sehr stark von situationsspezifischen Bedingungen, vorgefaßten Erwartungen und Einstellungen mitgeprägt ist.

Was ist überhaupt »Realismus« in diesem Sinne? Realismus wird in der Philosophie nach dem Mittelalter meistens als die Lehre verstanden, daß materielle Gegenstände unabhängig oder »äußerlich« von uns existieren und unabhängig von unseren Erfahrungen und Erkenntnissen sind, insbesondere auch zunächst unabhängig von unseren sinnlichen Erfahrungen. Das ist natürlich schon eine etwas eingeschränkte Betrachtung, denn es ist z. B. keineswegs notwendig, daß ein Realismus sich auf materielle Gegenstände der »Außen«welt beziehen muß. Im wesentlichen geht es dem *ontologischen* Realismus zunächst um die Existenz von etwas, das unabhängig vom (erkennenden) Subjekt ist, d. h., es wird unterstellt, daß es etwas unabhängig von uns und unseren Erkenntnisvorgängen gibt. Im *erkenntnistheoretischen* Realismus wird darüber hinaus behauptet, daß wir dieses auch, so wie es ist, wenigstens zum Teil oder gar gänzlich (dies behauptete etwa der dialektische Materialismus als Variante des naiven Realismus) erkennen können.

Grundsätzlich wäre es auch möglich, einen *spiritualistischen* Realismus zu vertreten. So stellte sich etwa George Berkeley vor, daß ein von uns unabhängiger Geist existiert und daß die Welt im Grunde geistig ist, ja, lediglich als Geisteswahrnehmung existiere oder aus einer bestimmten Struktur bestehe, die als »geistige« einsichtig sei. Zu den idealistischen Ansätzen, die sich bis auf Pythagoras zurückführen und im Prinzip ähnlich etwa noch bei Heisenberg finden lassen, gehören auch die Auffassungen, daß die eigentliche Welt letztlich aus mathematischen Strukturen bestehe – eine Auffassung, die übrigens auch in Platons *Timaios* eine große Rolle spielt. Dieser pythagoreischen Tradition zufolge ist die Welt aus mathematisch einfachen Elementen und Strukturen zusammengesetzt; die Mathematik macht mit ihren letztlich nur geistig zu erfassenden Strukturen sozusagen das Grundgerüst, die Grundelemente der Welt aus. Es handelt sich hier um einen spiritualistischen Realismus bzw. in diesem Falle genauer um einen spiritualistischen Strukturrealismus, selbst wenn er rein mathema-

tisch-strukturalistisch verbrämt und solcherart modernisiert auftritt! Diese Theorie gerät in große Schwierigkeiten – allein schon deswegen, weil Strukturen von uns als Menschen entworfene Konstrukte figurieren, von denen »nicht klar ist«, ob sie in der externen Welt vorkommen können: Existieren etwa Zahlen oder andere mathematische Entitäten in der »realen« Welt?
Normalerweise wird Realismus aber als eine Theorie aufgefaßt, die die Existenz einer geistunabhängigen Realität behauptet; Realität wird also meistens einseitig als eine »bloß« physische verstanden. Wenn wir nicht spezifisch von einem Geistrealismus reden wollen, dann werden wir im folgenden auch immer einen solchen *physischen* oder *materialistischen Realismus* darunter verstehen – also die These bzw. die Lehre, daß die von uns unabhängige, von unserem Geist und unserer Erkenntnis unabhängige, physische Realität in gewisser Weise eine »Ordnung« aufweist, die zumindest z. T. durch Strukturbegriffe beschrieben werden kann – ferner die These, daß wir diese »Ordnung« oder »Struktur« auch zumindest z. T. erkennen und darüber etwas wissen können bzw. daß wir eine relativ verläßliche Information über das Wesen des »Realen«, des Wirklichen, erreichen können.
Hier hätte man gleichsam eine Verbindung des *metaphysischen Realismus*, der Lehre von der Existenz einer »unabhängigen« Außenwelt, und eines *kognitiv-erkenntnistheoretischen Realismus*, die sich in der These ausdrückt, daß wir in der Lage sind, Wirklichkeit oder Realität wenigstens teilweise zu treffen oder einigermaßen verläßlich zu erkennen. Darüber hinaus gibt es noch die *extremistisch-realistischen* Lehren, daß die Wirklichkeit vollständig erkannt werden kann, genau wie sie an sich selbst ist. Ein solcher *naiver* Realismus ist zumeist ein *deterministischer* Realismus, der in manchen Doktrinen, wie etwa dem Dialektischen Materialismus, vertreten wird oder wurde. Auch der naive Realismus der Alltagseinstellung hat viele Gemeinsamkeiten mit einem solchen deskriptiv-deterministischen Realismus. Diese Realismusform im übertriebenen Sinne ist heutzutage in der Philosophie weitgehend aufgegeben worden. Man kann ihn auch in Hinsicht auf die wissenschaftlichen Gegenstände und Erkenntnisse nicht mehr vertreten, selbst wenn viele Experimentalwissenschaftler noch einem solchen Realismus unreflektiert anzuhängen scheinen.

1.2 Die »Gefäß«theorie der Wahrnehmung

Bevor wir auf die wissenschaftliche Erkenntnis zu sprechen kommen, müssen wir unsere Erkenntnis der Außenwelt auf einer tieferliegenden Schicht hinterfragen, nämlich schon auf der Ebene der »bloßen« Wahrnehmungen. Die Wahrnehmungspsychologie hat gezeigt, daß die sogenannten Wahrnehmungen, wie sie uns in einer bestimmten Weise zum Bewußtsein kommen, in hohem Maße das Resultat einer Konstruktion oder Herausstilisierung aus den eigentlichen Inputs sind, aus den sinnlichen Eindrücken, Farbwahrnehmungen oder was immer auf den Rezeptoren registriert wird. In der Wahrnehmungsphysiologie und -psychologie ist eine Reihe von Spezialmechanismen gefunden worden, die beschreiben, wie die einlaufenden Informationen, etwa vom Auge bzw. der nachgeordneten Nervenbahn strukturiert werden, wie sie sozusagen bearbeitet werden, ohne daß wir uns dessen bewußt sind. Dieses neurophysiologische Phänomen der Strukturierungstätigkeit hängt noch gar nicht zusammen mit den bereits erwähnten funktionalen Deutungen der Wahrnehmung, mit der identifizierenden Deutung von »gesehenen« Gegenständen als zu einem spezifischen Gebrauch bestimmten, sondern es ist dieser Problematik vorgeschaltet. Es gibt z. B. eine Art von Kontrastprofilierung bei den Wahrnehmungen derart, daß man bestimmte Wahrnehmungsinformationen übertreibt, zurechtstilisiert. Dabei findet eine sogenannte laterale Inhibition statt, das heißt, bestimmte Rezeptoren, die eingeschaltet sind, führen dazu, daß die Nachbarrezeptoren, die für das Komplementäre zuständig sind, abgestellt werden, so daß eine Überhöhung, eine Eskalierung, eine Übertreibung schon in der Konstruktion des Wahrnehmungsbildes bewirkt wird. Verfolgt man den Verarbeitungsstrang weiter zum Gehirn, dann stößt man auf andere komplexe Selektions- und Kontrastierungsmechanismen – bis hin zu solchen Prinzipien, nach denen Gegenstandserkenntnis in der Wahrnehmung rückwirkend sekundär, mit Hilfe bestimmter Rückkopplungsverfahren erfolgt. Außerdem kann festgestellt werden, daß die Wahrnehmungshandlungen bereits von motorischen Effekten, von motorischen Möglichkeiten und Fähigkeiten des Menschen abhängen.

Wahrnehmung ist diesen Ergebnissen zufolge also nichts rein Passives, das »einfließt« und das gleichsam auf einen unvorbereiteten Schirm kommt, wie sich das etwa die klassische Philosophie des

Sensualismus bei John Locke und seinen Nachfolgern vorgestellt hatte. Diese Philosophen gingen davon aus, daß der menschliche Verstand sozusagen leer und unstrukturiert, eine »tabula rasa« sei. Alles, was an *Inhalt* im Verstand auftaucht, käme nur von »außen« herein; »Sieh, was kommt von draußen rein!« – das war gleichsam der erkenntnistheoretische Wahlspruch. Nur die Struktur des Verstandes selbst, die Verstandesformen seien im Verstand schon enthalten, meinte Leibniz: »Nihil est in intellectu quod non prius fuerit in sensu nisi intellectus ipse.« Ähnlich sieht das übrigens auch noch Kant; er meinte, daß die Struktur des Verstandes im Verstande selber enthalten, aber nur rein formal sei. Sie besteht darin, daß man bestimmte formale Ordnungsmöglichkeiten von Vorstellungen hat. Man neigt dazu und ist sogar »notwendig« gezwungen, jede Vorstellung in bestimmten Ordnungsformen anzuordnen, z. B. in der Ordnungsform der Kausalität, des kausalen Zusammenhangs, wenn es sich um die Aufeinanderfolge von räumlich und zeitlich benachbarten Ereignissen handelt. Doch alles, was inhaltlich ist, was also der Erfahrung genuin als Gehalt eigen ist, das kommt auch für Kant von »außen«, aus der (äußeren) Sinneswahrnehmung. Kant stellte sich vor, daß die äußere Welt, die Dinge an sich (oder wie er sagt: »das Ding an sich«) die Sinnesorgane »affiziert«, quasi-kausal beeinflußt, obwohl seiner eigenen Theorie nach hier eigentlich gar keine kausalen Verhältnisse unterstellt werden können. Denn die Kausalitätsform kann sich eben nur auf das Reich der Erscheinungen oder auf die Ordnung der Sinneswahrnehmungen selbst erstrecken bzw. nur innerhalb des Bereichs der Phänomene angewendet werden und nicht auf den Zusammenhang von »Ding an sich« und Wahrnehmung bzw. auf den nur modellhaft-metaphorisch zu denkenden Vorgang der Entstehung der Sinneswahrnehmungsinhalte, die gleichwohl – analogisch – als irgendwie »veranlaßt« erlebt und gedacht werden (müssen). Nach dem Kantschen Ansatz kann der Zusammenhang der Welt, wie sie an sich beschaffen ist, und der Einflüsse zwischen ihr und dem erkennenden Subjekt bzw. auch der empirischen Wahrnehmungsapparatur des Subjekts also eigentlich nicht erkannt werden.

Diese Vorstellung läßt sich als eine Art von *Gefäßtheorie der Wahrnehmung* denken. Von außen werden Inhalte in das aufnahmebereite Sensorium gleichsam hineingefüllt und auf eine bestimmte Form dieses Gefäßes (oder des Siebes auf ihm) gebracht.

Zugleich – darauf ist später noch ausführlich zurückzukommen – ist hier ein Gesichtspunkt gängig, besonders ausgeprägt freilich in der angelsächsischen empiristischen Philosophie der Neuzeit von Locke bis Hume, den man als die Beobachterauffassung der Erkenntnis bezeichnen könnte. Erkenntnis entsteht demzufolge primär aus einer passiven beobachtenden Haltung, die wir einnehmen und in der wir sozusagen die Welt auf uns »einströmen«, einwirken lassen. Kant stellt das bereits ganz anders dar und er kritisiert als erster dieses Prinzip der Beobachterauffassung. Die Entstehung eines Bildes wird bei ihm schon aktivistisch gedeutet: Wir bearbeiten das, was auf uns einströmt, bringen es in Objektformen, konstituieren es also aus den einströmenden Sinnesimputs und den Verstandesformen. Im wesentlichen bearbeiten wir nach Kant das inhaltliche Material dadurch, daß wir es in bestimmte Formen bringen, die seiner Meinung nach allgemeingültig oder objektiv sind bzw. Anspruch auf »Objektivität« (in mehrerlei Sinn) und Intersubjektivität erheben können. Kant schränkt also das Prinzip der Beobachterauffassung auf das Vorhandensein des inhaltlichen Materials der Sinne ein. Im Hinblick auf das endgültige Zustandekommen, Konstituieren der Gegenstände der Erkenntnis (auch der Erfahrungserkenntnis) vertritt er einen erkenntnistheoretischen Aktivismus: Das Von-außen-Kommende (das Material der (äußeren)[1] Anschauung) und die »innen« durch den Verstand bereitgestellten Formen werden durch Verstandestätigkeit zur Erkenntnis verarbeitet: Der Verstand prägt dem Sinnesmaterial die Form, seine Formen auf.
Die Kantsche Auftrennung, die den Sinnen nur das passiv verbleibende Material(e) zuteilt, ist heute freilich fraglich geworden: Wahrnehmungsphysiologie und -psychologie lassen diese Doppelparallelität: Sinnlichkeit = Passivität, Verstand = Aktivzentrum nicht mehr so unbefragt zu. Bereits auf der Ebene der Sinne wird konstruiert, profiliert, wie wir oben sahen.

1 Das Material der inneren Anschauung wird in einem ähnlichen Vorgang »formiert«.

1.3 Subjekt und Realität

Die traditionelle, vorkantische Beobachtertheorie der Erkenntnis hängt natürlich mit dem traditionellen Realitätsproblem zusammen. Gibt es eine externe Realität, die wir »außerhalb von uns« anordnen oder »außerhalb von uns« annehmen, die durch passive (Sinnes-)Beobachtung erkannt werden kann? Was ist diese Realität, kann man sie wahrnehmen oder erkennen und, wenn ja, wie? Die Beobachtertheorie der Erkenntnis liefert so etwas wie ein traditionelles Muster, das die gesamte Erkenntnistheorie der abendländischen Philosophie seit Beginn der Neuzeit mit wenigen Ausnahmen bis auf die gegenwärtige Zeit stark bestimmt hat. Kant scheint eine erste wichtige Ausnahme darzustellen. Eine weitere Ausnahme wird z. B. durch Marx' Empfehlung (in der elften »Feuerbach-These«) angedeutet, es komme nicht darauf an, die Welt zu erkennen (»die Philosophen haben die Welt nur verschieden interpretiert«), »es kommt aber darauf an, sie zu verändern«. Dahinter kann man in der Tat ein anderes, pragmatisches erkenntnistheoretisches Modell sehen, das auch eine gewisse Rolle etwa bei den amerikanischen Pragmatisten, besonders bei Ch. S. Peirce, aber auch bei Nietzsche spielt.

Weitere Ansätze dazu im 19. Jahrhundert finden sich z. B. auch in den Gedanken Wilhelm Diltheys hinsichtlich der Realitätsproblematik. In einem Aufsatz von 1890 unter dem Titel »Beiträge zur Lösung der Frage vom Ursprung unseres Glaubens an die Realität der Außenwelt und seinem Recht« meinte er nämlich, daß der *Widerstand*, den wir spüren, den wir empfinden, wenn wir mit Gegenständen umgehen, eigentlich das Kriterium des Realseins sei. Das Realsein wird geknüpft an das dynamische Verhältnis von Impuls und Widerstand gegenüber Körperhandlungen und Bewegungen. Dilthey meint, daß das Erlebnis von Widerstand eine Art von echter »*Willenserfahrung*« ist und von »*Empfindungen*« begleitet wird, von Tastempfindungen oder bei starkem Druck entsprechenden fast schmerzhaften Empfindungen in den Gelenken, und daß man anhand dieses Kriteriums die Realität der Außenwelt feststellen könne. »Rennen Sie mit dem Kopf gegen die Wand, dann werden Sie merken, wie real die Außenwelt ist«, so könnte man naiv – und völlig zu Recht – sagen.

»Ist z. B. das Widerstandserlebnis durch einen Stock herbeigeführt, den ich gegen eine Wand stemme, so zeigt schon der verschiedene Ort von beider Auftreten die Verschiedenheit von Tastempfindung und Widerstand: der Widerstand ist am Stockende erlebt, die Tastempfindung an der Hand«, so interpretiert etwa Max Scheler (1960, 238 f.) später Diltheys Idee. Dilthey habe jedoch insofern eine unbefriedigende Deutung angebracht, als er bloß von der *Empfindung*, den »Widerstands*empfindungen*« gesprochen bzw. die »Empfindung« nicht genügend abgehoben habe vom Willensmoment, von der Willenserfahrung, die bei dieser Bildung des Realen und von dessen Objektivierung wichtig ist. Zwar schreibt Scheler (ebd. 239), Dilthey urteile ganz richtig, wenn er sagt: »Die Annahme ist unbefriedigend, daß diese Objektivierung durch die Empfindungen (i.e. Tast- und Gelenkempfindungen), insbesondere durch die oben zuerst als Bestandteile der Widerstandserfahrung herausgehobenen Druckempfindungen, welche an den Fingerspitzen lokalisiert sind, bewirkt werde. Dies würde nur eine tote örtliche Empfindung, nichts von der Erfahrung der lebendigen Kraft im Widerstande zur Folge haben.« »Leider«, sagt Scheler, »spricht Dilthey in seiner Abhandlung immer wieder von ›Widerstands*empfindungen*‹, was doch nur den Tatbestand der durch eine entgegengesetzt gerichtete Kraft (vom Gegenstande her) als geleistet erlebte Willens*hemmung* verdunkelt, da selbstverständlich eine erlebte Hemmung der eigenen Aktivität mit irgendwelcher ›Empfindung‹, heiße sie, wie sie wolle, auch nicht das geringste zu tun hat«, – das ist übertrieben formuliert. Es geht gerade um die Beziehungen zwischen beiden Erlebnissen: der bloßen »Widerstandsempfindung« bei selbsterzeugter Aktivität gegen einen entgegenstehenden, evtl. gar willentlich selbst gesuchten Widerstand. Aber Scheler fährt (ebd.) fort: »Der beste Beweis dafür ist ja auch, daß das Erlebnis von Widerstand und Hemmung (nämlich Hemmung *infolge* des vom Gegenstand ausgehenden Widerstandes, nicht umgekehrt) an *keine* ›besondere‹ Sinnesmodalität gebunden ist, ›Widerstand in allen Sinnesmodalitäten auftreten kann‹, daß ebensowohl optisch und akustisch (bei Hemmung der dynamischen Aufmerksamkeit durch das sich in optischer, akustischer oder sonstiger Sinneserscheinung sich mir Aufdrängende) als auch sogar in *nicht*sinnlichen Akten der Perzeption und selbst des unanschaulichen Denkens an etwas (in Erinnerung, Erwartung) mir das *Was*, d. h. der Inhalt des meiner Aktivität Widerstehenden gegeben sein kann. Widerstand ist ›also‹ ein durchaus *zentrales* Erlebnis, eine

Erfahrung des *aktiven Selbst*, und hat mit den peripheren *Sinnes*erlebnissen, in denen sich das *So*sein des Widerstehenden höchstens darstellen kann (nicht muß), nichts zu tun.« Dies ist wie gesagt, übertrieben formuliert, aber die Tendenz ist richtig und einsichtig. »Aber die Intention«, so fährt Scheler weiter fort, »dieses zentralen Erlebens von Widerstand greift ihrerseits über die Sinnesinhalte (wo überhaupt solche es vermitteln) *hinaus und hindurch*. Nicht Empfindungen widerstehen, sondern die *Dinge selbst* (»Ding« = Kraftzentrum), die sich in ihren qualitativen Attributen empfindungsmäßig nur manifestieren.« Scheler meint (ebd. 240), daß »*jede* Perzeption im weitesten Sinne«, also jede Wahrnehmung, jede Sinneswahrnehmung, »durch eine *Trieb*regung und einen begleitenden *motorischen* Nervenprozeß *bedingt* ist«. Das habe die Wahrnehmungspsychologie derzeit herausgebracht. Diese Erkenntnis kann auch heute noch als richtig und bestätigt gelten. Daher kann man sagen, daß »der Realitätseindruck nicht nur durch die Widerstandserfahrung des Wollens und anderer dynamischer Aktivitäten *gegeben*« ist, sondern daß er »außerdem allen Perzeptionen notwendig *vor*gegeben ist«.
Die These ist also: Nicht die unqualifizierte Realität der Welt überhaupt ist vorgegeben, sondern die Unterstellung, daß die Realität der Welt undiskutierte Grundlage ist, hängt von den nicht abbaubaren, nicht weiter auflösbaren Eindrücken der Realität ab, wie sie in *Aktionen* stattfinden, und zwar eben in Handlungen und Bewegungen, die Widerstand provozieren, bis hin zu »bloßen« Wahrnehmungen. »Tätigkeit«, erkennt Scheler (ebd. 237), »die unser Bewußthaben und -sein in dauerndem Vollzug unterhält«, sei »schlechthin« auch im »Widerständigen«, eben im Widerständigsein gegeben: »*Realsein ist nicht Gegenstandsein*, d. h., das identische Soseinskorrelat aller intellektiven Akte – es *ist vielmehr Widerstandsein* gegen die urquellende Spontaneität, die in Wollen, Aufmerken jeder Art ein und dieselbe ist.« Mit anderen Worten, das erkenntnistheoretische Kriterium der wirklichen Welt ist der Widerstand, besser: das Widerstandserleben, das Widerstehen gegenüber dem Aktions- und Tätigkeitsdrang des Subjekts bzw. der empirischen Person.
Am Anfang dieses Jahrhunderts wurde auch im Neuen Realismus in England etwa von George Edward Moore versucht, gegen den vorherrschenden Idealismus anzukämpfen. Moores Commonsense-Realismus erkannte Alltagserfahrungen als realitätsgaran-

tierend an: An einem von demonstrativen Aktionen begleiteten Satz wie »Hier ist mein Arm« sollte kein Zweifel mehr erhoben werden können. Mit anderen Worten: Realität ist durch eine solche faktische Überprüfung anhand von Aktionen bzw. Erlebnisdemonstrationen zu sichern. Allerdings blieb die Tradition des englischen Empirismus doch zu passivistisch-sensualistisch. Mit Scheler u. a. muß man wohl hinzufügen: Realität ist (nur?) durch Alltagsaktionen *mit (wiederholbaren) Widerstand(serlebnissen)* nachweisbar. Wenn man versuchen würde, Theorien zu entwikkeln, die – wie es philosophische Traditionen getan haben – diese Realitätsbeweise angreifen, um davon unabhängig zu arbeiten, würde man sich nach dem Common-sense-Realismus in Widersprüche verwickeln, sowohl in logische als auch in praktische Widersprüche. Letztlich müßte man dann auch zu Begriffen Zuflucht nehmen, die noch viel problematischer sind als diejenigen Begriffe, die man in Moores Beispiel bei der Unterstellung einer realen Außenwelt anzunehmen hätte. Moore sagt z. B. (1903, 1905, 1917), daß ein Zusammenhang gegeben ist zwischen der Annahme einer realen Außenwelt als Ursache von Wahrnehmungserlebnissen einerseits und unserer Erfahrung andererseits, die nämlich an eine Person als erkennendes Subjekt geknüpft ist, das auf diese Weise erst mit der Erfahrung seines Selbsts als existent unterstellt werden kann. Das heißt, im praktischen, handlungsgebundenen Zusammenhang ist *unsere* Existenz als Subjekte nicht sicherer als etwa die Existenz der äußeren Gegenstandswelt, meint Moore und wendet sich damit gegen die rationalistische und subjektzentrierte Tradition des Descartes, der dem denkenden Subjekt, der denkenden Substanz, eine primäre Selbstgewißheit einräumte. Es gibt also eine unauftrennbare Verknüpfung zwischen dem Wahrnehmen, dem Erkennen der Dinge außer uns einerseits und der Existenz des erkennenden empirischen Subjekts andererseits. Das ist übrigens ein Gedanke, der lange vor Moores Aufsatz *The Refutation of Idealism* von 1903 natürlich auch schon von Kant in seinem berühmten Beweis zur Widerlegung des Idealismus in der *Kritik der reinen Vernunft* (B 275) erörtert worden ist. Kant meint dort, daß in dem Moment, wo wir etwas als etwas Objektives erkennen, bereits Subjektivität vorausgesetzt werden muß. Erst wenn der Inhalt, das Material der Erfahrung sozusagen »von außen« kommt, kann die Subjektivität als Ordnungsform der Sinneswahrnehmung durch den Verstand aktiv tätig werden.

Mit anderen Worten: das Ich, das Subjekt, das erkennende Subjekt kann nur dadurch selber »realisiert« werden, indem es Materialien, die von außen kommen, bearbeitet und strukturiert. (Dies gilt für das empirische Ich wie für das erkenntnistheoretisch-transzendentale, also die abstrakte Einheit der Erkenntnis, für den Einheitspol der Erkenntnis, der nach Kant jedem Erkenntnisspektrum ein und desselben Subjekts zugrunde gelegt werden muß. (Insofern das transzendentale Ich jedoch bei Kant als Bedingung der Möglichkeit von Erfahrung vorausgesetzt werden muß, behält es eine logische Priorität vor den Erfahrungsgegenständen/-materialien; Kant bleibt daher meines Erachtens dem cartesianischen Subjektzentrismus noch recht konsequent verhaftet, wogegen sich ja gerade auch die gegenwärtige französische Kritik der Subjektphilosophie richtet.) Es handelt sich dabei dann auch um eine aktive Konstitution des Subjektes in der Zeit. Wir können Objektivität für gewisse überprüfbare Erkenntnisse nur beanspruchen, wenn wir unterstellen, daß es so etwas gibt wie ein von dieser subjektiven Bearbeitung unabhängiges Material, Wesen oder Grundprinzip, eine Grundentität, die unveränderlich (»beharrend«) ist und eigentlich die stofflichen »Eindrücke«, die das Material für Wahrnehmungen darstellen, erst zustande gebracht hat. Nur unter der Voraussetzung eines Dings »außer uns«, eines »Dings an sich«, wie Kant sagt, das unsere Sinnesorgane beeinflußt (»affiziert«) und Wahrnehmungen provoziert – und zwar durch einen Einflußprozeß etwas mysteriöser, nicht kausaler, aber kausalanaloger Art, die Kant »Affektion« nennt – kann das Subjekt sich selber als aktivierendes Zentrum konstituieren. Subjektivität ist in einer dynamischen aktiven Einheit nur dadurch möglich, daß wirklich auch ein »Stoff« gegeben ist, der bearbeitet wird und dieser Stoff muß als von »außen« kommend vorausgesetzt werden.[2] (Diese Realitätsannahme bezieht ihre Überzeugungskraft allerdings einzig und allein noch aus den Stoff-Form-Metaphoriken.) Bekanntlich ist dieser Beweis später angegriffen worden, etwa von Fichte.

2 Das »Außen« ist natürlich mehrdeutig, bezieht sich offenbar nicht nur auf den eigenen Körper (auch innerkörperliche Erfahrungen sind zum Teil objektivierbar). Bezieht sich der Ausdruck ›Innen‹ auf die Bewußtseinssphäre? Kant äußert sich noch nicht genau genug zur Analytik von ›Außen‹ und ›Innen‹.

2 Typen des Realismus

2.1 Direkter Realismus

Über das Problem des Realismus besteht im Grunde eine schon jahrtausendealte Diskussion: Selbst wenn die erkenntnistheoretische Wendung des Realismus eigentlich erst mit der neuzeitlichen Philosophie einsetzte, stellten sich natürlich die philosophischen Probleme auch schon früher – im wesentlichen sind sie bereits von Platon thematisiert worden. Man kann nun versuchen, eine Unterscheidung und Einteilung verschiedener Typen des Realismus vorzunehmen. Zur Übersicht sei eine vorläufige Liste mit Typen des Realismus aufgeführt:

Der *metaphysische Realismus* beantwortet die bereits erwähnte Frage nach der Existenz der subjekt-, geist- oder erkenntnisunabhängigen Außenwelt. Es gibt hier natürlich, wie schon im ersten Kapitel angedeutet, durchaus unterschiedliche Auffassungen, wenn wir etwa an einen Realismus des Materiellen oder aber an einen Realismus spiritualistischer Provenienz denken. Interessanter und charakteristisch für die Neuzeit ist der *erkenntnistheoretische Realismus*, der aus der Frage entspringt, wie die von uns unabhängig existierende, also metaphysisch unterstellte Außenwelt durch Erfahrung, durch Sinneswahrnehmungen erkennbar wird, und was überhaupt erkennbare Realität heißt. Wie entstehen Realitätserfahrungen und -eindrücke?

Es wird gelegentlich, etwa von R. J. Hirst in der *Encyclopedia of Philosophy* (1967, VII, 78 ff.), unterschieden zwischen einem *direkten* und einem *indirekten* (dualistischen) *Realismus*. Der direkte Realismus ist durch die Annahme gekennzeichnet, daß die Außenwelt unmittelbar wahrgenommen wird bzw. daß eine Verbindung direkter Art zwischen der Erkenntnis und der externen Realität besteht. Der *naive Realismus*, die Ansicht, daß man erkennt oder wahrnimmt, wie die Welt an sich ist, ist solch ein direkter Realismus. Der naive Realismus, der in schwerwiegende methodologische und erkenntnistheoretische Probleme gerät, erweist sich schon als unhaltbar für das Verständnis etwa von optischen Täuschungen, Illusionen, Halluzinationen u. ä. Zur Widerlegung des naiven Realismus wird z. B. häufig das sogenannte

»Argument aus der Illusion« angeführt: Aus Illusionen oder aus verschiedenartigen einander widersprechenden Bildern kann man nicht erschließen, daß der Gegenstand sich direkt in diesen Bildern darstellt, sondern daß hier nur ein indirekter Zusammenhang vorliegen kann. Wenn man etwa einen runden Tisch von oben anschaut, dann erblickt man einen kreisförmigen Gegenstand, wenn man ihn etwas von der Seite betrachtet, dann sieht man einen elliptischen Gegenstand, da aber ein Kreis nicht gleichzeitig eine Ellipse sein kann, würden beide Wahrnehmungen als direkte genommen einander widersprechen. Blickt man den Tisch schließlich sogar ganz von der Seite an, dann sieht man ihn vielleicht nur noch als Strich oder als Strecke. Entsprechend diesem Argument kann man also nicht schließen, daß der Tisch zugleich kreis-, ellipsen- und strichförmig ist, daß also die Wahrnehmung direkt das wiedergibt, was der Gegenstand an sich der Form nach ist.

Ähnlich liegt die Problematik auch beim *Common-sense-Realismus*. Bei George Edward Moore und auch bei Bertrand Russell finden wir jedoch eine Common-sense-Position, bei der das Realismusproblem zwar im metaphysischen Sinne gefaßt, aber durch pragmatische Argumente gestützt ist: Man könne und müsse sogar praktisch davon ausgehen, daß es eine von uns unabhängige Außenwelt gibt; sobald man diese nicht voraussetzt, stoße man auf Widersprüche bzw. müsse auf Begriffe zurückgreifen, die noch fragwürdiger sind als die Ausgangsbegriffe zur Unterstellung der Existenz einer unabhängigen Realität. Dieser pragmatisch verfeinerte Common-sense-Realismus stellt damit eigentlich schon einen Übergang zu indirekten Formen des Realismus dar.

Eine weitere Form, die dem »Argument aus der Illusion« gerecht zu werden versucht, ist der sogenannte *relative Realismus* oder der *perspektivenrelative Realismus*. Dieser behauptet, daß die perspektivischen Ergebnisse eines Blicks auf einen Gegenstand, also etwa auf den erwähnten runden Tisch, an sich dem Gegenstand zugehören und selbst Teil des Gegenstandes sind. Die Perspektiven sollen also nicht in unserer Wahrnehmungsstruktur oder Erkenntnisapparatur produziert sein, sondern sie sind eher direkte Eigenschaften des Gegenstandes; dann widersprechen sie einander nicht, weil vom Tisch gar nicht mehr allgemein die Rede sein kann, sondern nur noch etwa vom Tisch in der Perspektive der Sicht von oben; man hätte also den kreisrunden Tisch vom

Tisch in der Perspektive aus der Schrägsicht zu unterscheiden usw. Im Grunde müßte man also von verschiedenen Gegenständen ausgehen, denn es ist zunächst noch gar nicht einzusehen, daß diese unterschiedlichen Perspektiv-Gegenstände nun identifiziert werden können oder müssen. Um dies einsehen bzw. nachweisen zu können, müßte man erst auf andere oder weitere Gesichtspunkte zurückgreifen, welche dann die Integration des Gegenstandes garantieren. Bestenfalls würden aber dann die Eigenschaften eines solchen integrativen Gegenstandes ins Unendliche potenziert, da ja stets unendlich viele Perspektiven in bezug auf jeden Gegenstand, den man analysieren will, zu berücksichtigen wären. Dies zeigt schon, daß der relative oder perspektivische Realismus in erhebliche argumentative erkenntnismethodologische und ontologische Schwierigkeiten mit der Unendlichkeit möglicher Perspektiven gerät. Auf ähnliche Probleme stößt übrigens auch jede Form des direkten Realismus.
Am Anfang dieses Jahrhunderts hat sich dann auch ein sog. *Neuer Realismus* etabliert, der von vielen englischen Theoretikern, später auch von B. Russell vertreten wurde.[1] Dieser Neue Realismus wurde von vielen angelsächsischen Theoretikern, die wir hier in Mitteleuropa kaum kennen, wie E. B. Holt oder R. B. Perry und vielen anderen, dem traditionellen Idealismus entgegenstellt. Sie meinten, daß verschiedene Erscheinungen eines Gegenstandes innere Eigenschaften, und zwar objektive Eigenschaften, seien, die direkt durch den Wahrnehmenden aufgenommen werden können; dieser Neue Realismus ist also eine Variante des direkten Realismus. Die Merkmalskombinationen, die man direkt wahrnimmt, *sind* demnach gleichsam der Gegenstand. Das klingt eigentlich gar nicht mehr wie eine Art des Realismus, sondern fast schon wie eine Theorie des Phänomenalismus und des positivistischen Phänomenalismus, wie sie etwa Ernst Mach und der Empiriokritizist Richard Avenarius im letzten Jahrhundert vertreten haben. Aber dieser Phänomenalismus, der eigentlich Dinge nur aus möglichst ökonomischen Zusammenhängen von Sinnesdatenkomplexen konstruiert und behauptet, Gegenstände seien nichts als möglichst ökonomische

1 Russell war allerdings zunächst sensualistischer Realist gewesen und stand dann (unter dem Einfluß Moores) lange dem Common-sense-Realismus nahe.

Zusammenfassungen von Sinnesdatenkomplexen, ist eigentlich gar kein Realismus, sondern im Grunde ein phänomenalistischer Idealismus; denn die Dinge werden ja kombiniert, konstruiert oder konstituiert durch unsere Wahrnehmungen bzw. durch unsere Erkenntnistätigkeit.

Der Neue Realismus zielte hingegen auf etwas anderes ab, insofern als er die Erscheinungsweisen den Dingen selbst als intrinsische objektive Eigenschaften zuzuschreiben versuchte. Doch auch hierbei ist es schwierig einzusehen, wie die Merkmalskomplexe der Dinge zustande kommen sollen – außer durch aktive Konstitution, Selektion, Konstruktion usw. Es zeigt sich, daß auch hier private Wahrnehmungen gar nicht ohne weiteres abgetrennt werden können von allgemein-objektiv, intersubjektiv nachprüfbaren. Dazu mußte man auf die sog. »Auswahltheorie« zurückgreifen: Aus bestimmten Merkmalen oder Merkmalskontinua werden bestimmte Komplexe ausgewählt, die charakteristisch sind für die Darstellung (= Konstitution?) eines solchen Dinges oder Gegenstandes. Die Bildung eines Gegenstandes sei also nichts weiter als die Auswahl von bestimmten Merkmalen aus einer unendlichen Menge von Merkmalen.

Diese Auswahltheorie ist wiederholt widerlegt worden. Sie wird bereits durch das erledigt, was im letzten Kapitel in bezug auf die aktive Erkenntniskonstitution und die Tätigkeit etwa der Erkenntnisapparatur beim Wahrnehmungsprozeß erörtert wurde: Der Mensch ist ein *aktiv* erkennendes Wesen, das Erkenntnis erst erwirken bzw. erarbeiten muß. Erkennen ist Handeln. Dadurch wird bereits die bloße Auswahltheorie, wie auch der Phänomenalismus widerlegt. Statt dessen muß man also so etwas wie eine Erzeugungstheorie oder eine Generierungstheorie vertreten: eine generative Theorie der erst zustandezubringenden Merkmalskombination. Diese aber läßt sich natürlich nicht mit solch einem direkten Realismus verbinden, sondern steuert schon auf einen *indirekten* Realismus zu. Mit anderen Worten, Menschen erzeugen erst ihre Wahrnehmungen, indem sie das, was an physisch dokumentierbaren Informationssignalen aufgenommen wird, strukturieren, und zwar großenteils unbewußt. Diese Erzeugungstheorie der Wahrnehmung ist viel plausibler und viel verläßlicher als jegliche Form eines direkten Realismus. Und sie ist auch vielfach empirisch gestützt durch wahrnehmungsphysiologische und -psychologische Ergebnisse. Die Empirie spricht für einen indirekten Prozeß: Nicht die Sinnesdaten selbst oder die Dinge selbst sind in der Erkenntnis vorhanden, sondern es gibt einen Zusammenhang zwischen den »Dingen selbst« und der »Abbildung«, also den Erkenntnisprodukten auf der Seite des erkennenden Subjektes.

2.2 Typen des indirekten Realismus

2.2.1 Gegen den Abbildrealismus

Damit kommen wir zu den *indirekten* oder *dualistischen* Realismen, die ebenso wie die modernen Versionen des direkten Realismus wohlbekannte traditionelle Vorbilder haben. Im folgenden sollen die verschiedenen Typen eines indirekten Realismus, die zeitweise vertreten wurden und z. T. noch aktuell sind, kurz charakterisiert werden. Zunächst ist der traditionelle *Abbildrealismus* zu nennen, der behauptet, daß die Welt unabhängig von uns existiert und in der Erkenntnis widergespiegelt wird. Auch im Dialektischen Materialismus wurde dieser Abbildrealismus vertreten. Es muß sich natürlich nicht um ein Abbild im isomorphen Sinne, das heißt um eine verknüpfungstreue umkehrbare Abbildung handeln, die alle Strukturen genau wiedergibt, sondern es kann auch ein Abbild in homomorpher Verknüpfung sein, bei der manche Verknüpfungen aufeinander projiziert werden, wo also die eindeutige Umkehrbarkeit nicht gewährleistet ist. Eine ähnliche, etwas differenziertere Erkenntnistheorie vertritt der *Darstellungsrealismus*, etwa bei John Locke. Locke meinte, daß der Mensch über die Sinnesorgane ein Abbild der äußeren Welt konstruiere, das insbesondere in bezug auf die sekundären Qualitäten, wie die Wärmeempfindung usw., aus subjektiven Beiträgen hervorgeht, die keineswegs den sicheren Status der verläßlichen Abbildung garantieren. (Die Theorie der primären und sekundären Qualitäten hat in der Erkenntnistheorie lange Zeit eine große Rolle gespielt – bis hin zur Physiologie und Physik der Wahrnehmung in der Zeit um die Jahrhundertwende und zur heutigen Wahrnehmungspsychologie.)
Auch der Abbildrealismus hat sich als unvertretbar erwiesen: Wir können nicht sagen, daß die Wahrnehmung bloß ein Abbild der äußeren Strukturen ist, daß die sinnliche Abbildung eben die Rea-

lität, »wie sie ist«, mehr oder minder unmittelbar widerspiegelt. Es gibt sehr viele Argumente, etwa die bereits erwähnten aus der neueren Wahrnehmungspsychologie und -physiologie, die zeigen, daß hier keine bloße Abbildung im Sinne einer isomorphen Entsprechung, sondern eine konstruktive, eine *aktive* Bearbeitung des Signalmaterials stattfindet. Es zeigt sich, daß die »Darstellung« gar nicht so aufgefaßt werden kann wie eine Eins-zueins-Abbildung; vielmehr laufen erst bestimmte Kontrastprofilierungsprozesse ab, Vereinfachungen und Glättungen werden immer wieder vorgenommen, es wird überhaupt eine großenteils unterbewußte Strukturierungsarbeit schon bei der bloßen Wahrnehmung »geleistet«. Schließlich ist aber auch die Überprüfbarkeit jeder Abbildtheorie der Wahrnehmung selbst problematisch, weil man ja unabhängig von der Wahrnehmung überhaupt keinen Zugang zu der Welt besitzt; daher kann die Wahrnehmung auch nicht wahrnehmungsunabhängig mit der Welt an sich verglichen werden.

Im letzten Punkt zeigt sich allerdings ein generelles Problem: Man könnte geradezu von einem egozentrischen Problem der Methodologie oder gar von einer egozentrischen Antinomie oder wenigstens von einer egozentrischen Schwierigkeit sprechen, die darin besteht, daß man strenggenommen keine Möglichkeit besitzt, unabhängig von der Wahrnehmung irgendeinen Vergleich zwischen dem Wahrnehmungsbild und den Dingen an sich vorzunehmen. Man bewegt sich immer »egozentrisch« im Rahmen dessen, was man als Wahrnehmungswelt findet, ohne aus der Welt der Wahrnehmungen aussteigen zu können, um die Wahrnehmungen und deren Urbilder zu vergleichen, sondern man kann Wahrnehmungen nur u. a. mittels anderer Wahrnehmungen beurteilen. Man bleibt gleichsam stets in der »geschlossenen Gesellschaft« der Wahrnehmungsergebnisse im traditionellen Sinne. (Wir haben ein ähnliches Ergebnis in Hinsicht auf die Interpretationsimprägniertheit erarbeitet: Auch aus der »geschlossenen« Welt der Interpretationen können wir grundsätzlich nicht ausbrechen, um etwa transinterpretative Vergleiche vornehmen zu können. (Vgl. Bd. 1, Kap. 60))

Last but not least sind natürlich diese Repräsentations- und Abbildtheorien, wie überhaupt viele Realismen, einem Beobachtermodell der Erkenntnis verpflichtet. Es handelt sich also um reine Beobachtertheorien der Erkenntnis, um eine passivistische Reflexauffassung, wie dies bereits in ihren Bezeichnungen als *Widerspiegelungs*theorien oder *Repräsentations*theorien usw. deutlich wird. Die Kritik an solchen Theorien gilt in gleicher Weise etwa für die Erkenntnistheorie des Dialektischen Materialismus wie auch für den Sensualismus in der traditionellen Form, etwa bei John Locke, oder für modernere bloße Repräsentationstheorien.

2.2.2 Kritischer Realismus

Andere Varianten des indirekten Realismus sind demgegenüber auch heute noch in der Realismusdiskussion mit guten Argumenten vertreten, da sie nicht die bisher erwähnten methodologischen Schwierigkeiten aufweisen. Eine der prominentesten Realismusvarianten ist der sogenannte *Kritische Realismus*, der ähnlich wie Kant annimmt, daß es eine Welt an sich gibt, die uns nicht direkt bekannt ist, der wir uns aber durch die wissenschaftliche Erkenntnis durchaus annähern können. Diesem Ansatz zufolge können wir die Realität indirekt durch bestimmte, relativ gesicherte Verfahren wahrnehmen. Es handelt sich also um einen indirekten Realismus in Verbindung mit einer Approximationstheorie der Wahrheit, nach der man Wahrheit erst »in the long run«, im Unendlichen näherkommen kann. Das bedeutet natürlich, daß man die wahre Erkenntnis erst am Ende aller Zeiten erreichen kann, vorausgesetzt es gibt so etwas wie einen stetigen wissenschaftlichen Fortschritt. Dies ist in gewissem Sinne ein utopisches Modell, denn es weist auf einen unendlichen Prozeß der Erkenntnisverbesserung und -vergrößerung hin. Der Kritische Realismus entsprang ursprünglich der psychologischen Gestalttheorie der Würzburger Schule und wurde zunächst insbesondere von Oswald Külpe vertreten, der als Psychologe einer der führenden Gestalttheoretiker war. In den zwanziger und dreißiger Jahren wurde der Kritische Realismus von dem heute weitgehend vergessenen Philosophen August Messer vertreten. In Amerika ist dieser Ansatz später durch Wilfried Sellars bekannt geworden, der einen großen Einfluß auf die führende Generation der zeitgenössischen analytischen Philosophie besaß. Außerdem wird ein Kritischer Realismus auch von Karl Raimund Popper und den Kritischen Rationalisten verfolgt. Diese vertreten die These, daß die Welt unabhängig von unserer Erkenntnis und unserer Aktivität existiert, in Grenzen erkannt werden kann und daß wir die Fähigkeit haben, auf verschiedene Weise objektiv überprüfbare Erkenntnis zu gewinnen.[2] Erkenntnis kommt diesem Ansatz gemäß auf z. T. sehr verzwickte Weise zustande – also nicht unmittelbar durch Wahrnehmung und Erfahrung und durch Bestätigung i. S. einer Wahrheitsgarantie oder Verifikation, sondern u. U. auf einem sehr indirekten Wege: Bei Popper spielt die Falsifikation genauer: die prinzipielle Falsifizierbarkeit jeder empirisch gehaltvollen Hypothese oder Theorie eine große Rolle. Jede Wahrheitsvermutung ist vorläufig, tentativ: Wir können eine Theorie solange als akzeptabel oder haltbar annehmen, solange sie keine Widersprüche mit der Erfahrung aufweist bzw. nicht falsifiziert ist. Einfache Beispiele sind zur Hand: Es galt lange Zeit als ausgemacht, daß alle Schwäne weiß und alle Raben schwarz sind. Beides galt sozusagen als Naturgesetz. Seit aber in Australien schwarze Schwäne und in Äthiopien weiße Raben entdeckt wurden – vom Albinoproblem ist hierbei abgesehen –, mußten die Biologen die entsprechenden Naturgesetze in dieser einfachen Form fallenlassen oder abändern. Damit waren diese Gesetze falsifiziert. Popper hielt es für ausgemacht, daß eine falsifizierte Theorie nicht mehr als eine realistische Beschreibung der Welt dienen kann. Die ursprünglichen Gesetze über die Farben von Schwänen und Raben mußten durch kompliziertere ersetzt werden. (Selbstverständlich ist auch diese Darstellung vereinfacht: Die Artgesetze dessen, was einen Raben oder einen Schwan ausmacht, waren bereits vordem komplizierter.)

Der Kritische Realismus hatte gewisse Schwierigkeiten im Zusammenhang mit dem Problem, wie man Erkenntnis sichern bzw. ob man die Wahrheit garantieren kann. Offensichtlich, nach Popper jedenfalls, gibt es keine Möglichkeit der sicheren Garantie, man kann sie nur vermuten oder erhoffen. Popper meinte jedoch, daß sich die Wissenschaft immer besser der Wahrheit annähert, d. h., daß sie nicht nur nach wahrheitsnäherer Beschreibung »der Wirklichkeit« strebt, sondern diese auch zunehmend zu geben gestattet. Die Wahrheitsannäherung ist das Leitmotto seiner Erkenntnistheorie. Dafür wären aber *Argumente* anzugeben, ohne die man nur unbegründet hoffen kann, der Wahrheit im Laufe der

2 »auf verschiedene Weise« bezieht sich hier sowohl auf das Zustandekommen als auch auf die Überprüfung der Erkenntnis.

Wissenschaftsentwicklung näherzukommen. Und selbst als methodologisches Ansinnen – eher im Sinne eines Postulats statt einer Garantie – treten einige Schwierigkeiten auf, insbesondere wenn es sich um Wahrscheinlichkeitsgesetze handelt, die ja explizit Ausnahmefälle zulassen. Wie man statistische Hypothesen künstlich falsifizieren, als jenseits einer Akzeptierbarkeitsgrenze erklären kann, ist gegenwärtig noch eine umstrittene und z. T. recht komplizierte Problematik, so daß hier nicht darauf eingegangen werden kann. Man kann aber feststellen, daß der Kritische Realismus durchaus noch ein diskutabler Ansatz ist, der heutzutage von vielen Wissenschaftlern und Wissenschaftstheoretikern vertreten wird; dieser Ansatz ist also noch keineswegs widerlegt oder aus der Diskussion ausgeschieden.

2.2.3 Transzendental(idealistisch)er Realismus

Ein weiterer wichtiger Ansatz ist der *transzendental-idealistische Realismus*, wie man Kants Position zum Realismusproblem nennen könnte. Kant selbst hat ihn allerdings nicht so genannt, er spricht eigentlich nur vom transzendentalen Idealismus; aber er meint damit seine erkenntnistheoretische Hauptthese, daß wir die Formen unserer Erkenntnis und die zum Bewußtsein gebrachte wirkliche ausgeführte Fassung unserer Erkenntnis durch unsere Verstandesstrukturen zustande bringen. Diese Erkenntnisformen sind für Kant in jedem Menschen, ja, in jedem vernünftigen Wesen – eben durch dessen »Wesen« – festgelegt, und sie sind auch unveränderbar. Wie bereits im ersten Kapitel erwähnt wurde, muß der Inhalt der Erfahrung oder der Erkenntnis von »außen« kommen – außer, wenn es sich um formale Erkenntnisse handelt, etwa in der Mathematik, in der Logik oder in allen rein idealwissenschaftlichen Disziplinen, welche die Strukturen von Ideen selbst zum Inhalt haben. In solchen Ideal- und Formalwissenschaften – und nur in ihnen – können wir eine direkte intellektuelle Anschauung der Strukturen und Zusammenhänge gewinnen. Die Erfahrungserkenntnis hingegen ist für Kant eine Erkenntnis, die notwendig auf den Input durch die Sinnesorgane angewiesen ist; die Signale müssen von »außen« auf die Rezeptororgane treffen, das Inhaltliche oder Materiale der Erfahrung muß »von außen« kommen und kann dann erst zu einer Erfahrungserkenntnis verarbeitet werden, indem es gleichsam durch »Formen« in einem Formungsprozeß konstituiert wird. Die Erfahrungserkenntnis kann sich nur auf das Reich der Anschauungen bzw. der Sinneswahrnehmung oder der »Erscheinungen« beziehen, wie Kant sagt; und nur insoweit wir Erfahrungen haben, können wir auch von äußeren, »externen« Gegebenheiten etwas wissen.

Allerdings ist bei Kant zu berücksichtigen, daß Gegenstände eben nicht »an sich« gegeben sind, sondern erst konstituiert werden. (Dies wird oft vergessen und wurde auch in der Diskussion des neueren Realismus vielfach übersehen; deswegen findet man häufig erkenntnistheoretisch einen Rückschritt hinter Kant.) Bei Kant ist also die Formierung, die Bildung oder die Konstitution von Gegenständen nur »im Reich der Erscheinung(en)« möglich. Ein Gegenstand ist etwas, das aufgrund der Wahrnehmung, die wir haben, konstituiert wird als ein konstantes und komplexes strukturtragendes »Phänomen«. Bei dieser Konstitution spielt also auf der einen Seite der sensorische Input eine Rolle: Über die Sinneswahrnehmung gelangt das Inhaltliche der Erfahrung zum Erkenntniszentrum. Auf der anderen Seite wird das Formierende, die Form, die Struktur durch den Verstand kraft seiner Anlage beigebracht: Der Verstand ist das aktiv prägende »Agens«. Kant diskutiert nicht, was für eine Anlage des Verstandes diese Fähigkeit ist; er diskutiert nicht, ob es sich um eine biologische Anlage handelt. Er neigt mehr dazu, diese Strukturierungspotenz für eine Anlage der allgemeinen Vernunft zu halten, obwohl er auch gelegentlich von einem »Präformationssystem« der Vernunft und der Erkenntnis redet, das man fast biologisch interpretieren könnte. Aber Kant konnte natürlich die Evolutionstheorie Darwins noch nicht voraussehen; außer den Ahnungen über das Prädeterminationssystem (KrV B 167) hat er also einen vordarwinistischen Standpunkt vertreten.[3] Der transzendentale Realismus besagt, daß die Welt an sich vorhanden ist – nachweislich, wie Kant meinte –, daß sie aber »an sich« nicht eigentlich erkennbar ist; erkennbar im eigentlichen Sinne sind nur Gegenstände in der

3 Kants Rede von einem Präformationssystem der reinen Vernunft (a.a.O.) bezieht sich wohl eher auf Leibniz, von dem er sich meines Erachtens gerade an dieser Stelle abgrenzen möchte; gleichzeitig lehnt er auch jede Form einer Begründung der Notwendigkeit durch Verweis auf biologische Anlage ab.

Welt der Erscheinungen, und dieses Reich der Erscheinungen ist zusammengesetzt aus solchen bearbeiteten Wahrnehmungskomplexen, deren Teile wir erst zu Gegenständen konstituieren. Das geschieht natürlich nicht subjektiv, sondern mit Anspruch auf Allgemeingültigkeit. Für Kant gibt es sogar Sätze, die mit dem (so konstituierten) Gegenstand »übereinstimmen«, – und deswegen vertritt Kant auch die traditionelle Wahrheitstheorie der Korrespondenz.

Erkenntnis, die auf der Basis solcher Konstitutionsprozesse entsteht, ist ein Konstrukt aus Anschauung oder sinnlicher Wahrnehmung einerseits und verstandesmäßiger formaler Strukturierung und Bearbeitung andererseits. Beides zusammen macht für Kant erst Erkenntnis aus. Wir können also nie die Dinge oder die Welt, wie sie an sich sind, erkennen, sondern immer nur im Lichte unserer verstandesmäßig strukturierten, formengemäß zugeschnittenen Erkenntnis. Kant nennt die reinen Verstandesbegriffe dieser Formungen »Kategorien« (damit benutzt er den Ausdruck ganz anders als etwa Aristoteles, der nur die verschiedenen Arten von Fragen nach der Seinsweise von Gegenständen und Ereignissen und die diesbezüglichen Antwortdimensionen als »Kategorien« auffaßte). Wir können nach Kant also das äußere Ding an sich nur aufgrund seiner Einwirkung auf uns annehmen, und erkennbare Dinge werden erst mit Hilfe unserer Verstandesformen strukturiert, zurechtgestutzt, konstruiert, konstituiert. Insofern ist also die Erkenntnis der Form nach und damit im Endergebnis eigentlich vom Subjekt selbst gemacht. Kant spricht sogar davon, daß wir der Natur die Naturgesetze »vorschreiben« und sie nicht aus ihr entnehmen, daß also die Naturgesetze nicht in der Natur an sich vorhanden sind, sondern von unseren Verstandesformen und -fähigkeiten geprägt, konstruiert, konstituiert werden; deswegen der Ausdruck »transzendentaler Idealismus«. *Idealismus* bedeutet zwar, aus dem Subjekt geboren bzw. projiziert, aber der *transzendentale* Idealismus ist nur ein Idealismus im eingeschränkten Sinne. Er bezweifelt nicht, daß es eine unabhängige Welt an sich oder Dinge an sich gibt, welche die Erfahrung qua Einfluß über die Sinneswahrnehmung erst mit Material versorgen und insofern mitprägen; aber dieses Material ist auf die Bearbeitung durch die Formungstätigkeit des Verstandes angewiesen. Insofern ist dieser transzendentale Idealismus nach Kant verbunden mit einem »empirischen Realismus« (alle Erfahrung und material gehaltvolle

Erkenntnis steht unter Bedingungen der Sinnesanschauung) und mit einem metaphysischen Realismus. Das letztere gilt insofern, als erstens die Außenwelt als von uns unabhängig existierend unterstellt bzw. erwiesen wird (Kants Beweis des Realismus, bzw. die Widerlegung des Idealismus, KrV B 274 f., wurde schon erwähnt), und zweitens insofern, als die Welt an sich, die Dinge an sich eine initiierende Rolle für das Zustandekommen des Inhalts der Erfahrung spielen. Realismus und formaler oder erkenntnistheoretischer Idealismus gehen also bei Kant zusammen. Idealistisch ist sozusagen nur die Form, die strukturelle Darstellung der Erkenntnis, »realistisch« ist das Material der Erkenntnis, wenn man das etwas verkürzend und plakativ sagen kann.

Dieser transzendental-idealistische Realismus trifft auf eine Reihe von erkenntnistheoretischen Schwierigkeiten und wird daher heute nicht mehr sehr häufig vertreten. Sicherlich kann man von Kant die Lehre von den Verstandesformen, den Kategorien nicht in ihrer Ganzheit übernehmen, sondern man muß das Modell zumindest erheblich abwandeln. Es kann heute wohl kaum noch gelten, insbesondere nicht für die wissenschaftliche Erkenntnis, daß die Kategorien, die Formen, durch die die Erkenntnis geprägt wird und die Kant schon mit der Möglichkeit der Bildung von Urteilsformen überhaupt gegeben sieht, ein und für alle Mal für jeden Menschen, ja, für alle Zeiten und gar für jedes vernünftige Wesen dieselben sind und bleiben; sondern auch hier gibt es Alternativen, Wandlungen, verschiedene Prägungsmuster. Das hat sich insbesondere auch in der Wissenschaft gezeigt: Wenn man etwa an die Ablehnung der Kausalitätskategorie bzw. des Kausalprinzips in der Quantenphysik denkt, dann zeigt sich, daß hier die Verhältnisse nicht so einfach sind, wie Kant sie sich vorgestellt hatte, daß man hier also eine weit höhere Flexibilität und Alternativenvielfalt einbauen muß. Man kann aber die Kernidee Kants übernehmen, nämlich die aktivistische Grundidee, daß Erkenntnis vom Menschen zurechtgemacht ist, strukturiert ist. Diese These ist nach wie vor richtig, selbst wenn man andererseits Kant wohl vorhalten muß, daß er die Bereitstellung des »Materials« der Erkenntnis, den Einfluß des Sinnlichen und der inhaltlichen Strukturierung durch die Sinnesorgane zu passivistisch gesehen hat; denn auch er hat ja die traditionelle »Gefäßtheorie« der Wahrnehmung vertreten, derzufolge das Material einfach »von außen« hineinkommt und dann erst im Übergang von der Perzeption zur bewußten Aneignung (Apperzeption) bearbeitet wird. Der Umstand, daß selbst bei der Perzeption und der Wahrnehmung, also schon vor der logisch-verstandesförmigen Prägung, ein Strukturierungsprozeß stattfindet, wenn auch zum großen Teil unbewußt, dieser Sachverhalt war Kant noch nicht deutlich.

Außerdem kann Kants ursprüngliche Annahme, daß Ding(e) an sich jenseits des Reichs der Erscheinung irgendwie (kausalanalog?) die Affizierung der Sinnesorgane leisten und dann erst Anlaß zur Konstitution der (Erscheinungs-)Objekte geben, nicht mit der expliziten Einschränkung der Kategorien, der Verstandesformen wie z. B. der Kausalität, auf die Erscheinungswelt vereinbar gemacht werden; ebenso ist der Begriff des vor aller Gegenstandskonstitution »Gegebenen« nicht widerspruchsfrei explizierbar, wie Wolfgang Röd neuerdings (1993, vgl. auch sein Buch *Erfahrung und Reflexion*, 1991) nochmals deutlich gemacht hat: Nach Röd muß die Konstitutions- und Affektionstheorie Kants durch eine bei Kant schon implizit angelegte »Interpretationstheorie« oder »Subsumtionstheorie« der Erfahrungserkenntnis ersetzt werden, derzufolge das Subjekt Inhalte und Objekte immer schon im Kontext eines theoretischen Rahmens oder Zusammenhangs *deutet*: Gegenstände, Inhalte wie auch die kategorischen Beziehungen seien »Konstrukte«, wobei ihre Bedeutung »durch ihre Funktion innerhalb der Theorie bedingt ist«. Es handelt sich also in unserem Sinne um Interpretationskonstrukte. Dabei weist Röd nach, daß die Deutungstheorie, um überhaupt zu funktionieren, einen *»rudimentären externen Realismus«* voraussetzen muß.

Besonders in seinem Buch *Erfahrung und Reflexion* (1991) und in einem Vortrag (1993) entwickelt Röd im Anschluß an den Kantischen Ansatz der Realitätsauffassung und im Rahmen einer liberalisierten, von Röd so genannten problematizistischen Transzendentalphilosophie eine Lösung des Realitätsproblems, die dem hier entwickelten Ansatz sehr ähnlich ist. Deshalb soll sie kurz diskutiert werden. Röd betont zu Recht den Hypothesencharakter aller metaphysischen Ansätze und sieht wie ich, daß keine erfaßte Erfahrung deutungsfrei gewonnen werden kann: Alle »Gegenstände«, »Erscheinungen« usw. sind Deutungen und somit formal vom Subjekt abhängig; es gibt »keine deutungsfreie Grunderfahrung«, der »Mythos der Unmittelbarkeit erweist sich ... als unhaltbar« (1991, 172). Damit ist aber auch jede direkte »Gegebenheit« nicht unabhängig von interpretierten Daten, Erfahrungen und Deutungsprozessen erfaßbar. Allenfalls kann ein »Residuum der Erfahrungsanalyse«, das wir aber nicht direkt kennen, unterstellt und auf eine »subjektunabhängige Wirklichkeit« an sich »bezogen werden« (ebd., 174). Die Aufgabe des Realisten besteht dann darin, so etwas wie einen minimalen Realismus oder ein *»realistisches Minimum«* (ebd., 178 ff.) »zu zeigen«, das einem »rudimentären Realismus« (1993) entspricht. Ein gewisses »Gegenstandsmoment« entzieht sich nach Röd »allen Versuchen der Subjektivierung«, läßt sich »als solches nicht vollständig auf das Subjekt und seine Deutungen reduzieren«, da »unabhängig von der Beziehung auf Gegenstände in der Erfahrung ein Subjekt« nicht existieren könnte und »nicht begreiflich gemacht werden könnte, warum das Subjekt etwas denken sollte, das nicht mehr Subjekt, sondern etwas dem Subjekt Gegenüberstehendes ist« (1991, 181).

Röd kehrt die Descartessche Zweifelmethodik geradezu um und spricht von einem »inversen methodischen Zweifel« (ebd.): »Ich erfahre Gegenstände, und da die Gegenstände zwar von Deutungen abhängig sind, diese Deutungen aber etwas voraussetzen, das ihnen zugrunde liegt und daher als dem Subjekt vorgegeben zu betrachten ist, ist etwas vom Subjekt Unabhängiges anzuerkennen. Kurz: Etwas wird als Interpretiertes erfahren, also gibt es eine Wirklichkeit an sich« (ebd., 181). Das Cartesische *Cogito, ergo sum* wird also sozusagen umgekehrt in *Interpretor, ergo realitas est.*[4] Deutungen können für Röd nicht im leeren Raum existieren: Es muß etwas zu Deutendes oder Deutungsunabhängiges für den Deutungsprozeß unterstellt werden, also etwas »Reales an sich«.

Das unterstellte »Reale an sich« kann aber nicht im Kantischen Sinne »gegeben« sein, da jedes Gegebene bereits geformt, geordnet, abgegrenzt sein muß: »Der Begriff des Gegebenen kann daher nur ein theoretisches Konstrukt sein« (Röd, 1993). Ähnlich führt die

4 Das ist freilich in Wirklichkeit keine Umkehrung der Descartesschen Methode des Zweifelns; denn gerade Descartes diskutiert ja ausführlich, ob und unter welchen Bedingungen die res cogitans Urheber ihrer eigenen Vorstellungen/Deutungen ist. Wenn jede Deutung etwas Zugrundeliegendes voraussetzt, dann läßt sich außerdem daraus noch lange nicht der Schluß ziehen, daß dieses auch subjektunabhängig sei.

Problematik der bloß zu denkenden, aber nicht zu erkennenden, nicht-schematisierten Kategorieanwendung der Kausalität auf das Verhältnis zwischen Ding-an-sich und der Sinnesreizung bzw. dem wahrgenommenen Sinnesmaterial zu Widersprüchen und kann eigentlich in der Kantischen Theorie nicht konsistent aufgelöst werden. Daher unterstellt Röd im Anschluß an Hossenfelder (1978), daß Kant nicht nur eine konstitutive Synthesis der reinen Apperzeption zur Konstruktion von Gegenständen angenommen habe, sondern später mehr zu einer Interpretationstheorie der Erfahrung übergegangen sei, die freilich von Kant selbst von der früheren Konzeption nicht »scharf abgegrenzt« worden ist. Röd nennt diese Theorie etwas mißverständlich »Subsumtionstheorie« (1991, 168 ff.), welche die Konstitutionstheorie des früheren Kant ersetzt habe; er nennt sie aber auch terminologisch besser eine »Interpretationstheorie« der Erfahrung (1993; 1991, 168).

Diese Interpretationstheorie nimmt an, daß Erscheinungen und Gegenstände im Kantischen Sinne dadurch gebildet und erfaßt werden, »daß das denkende Subjekt innerhalb eines theoretischen Rahmens gegebene Inhalte interpretiert« (1993), der Inhalt der Erfahrung »sich als Ergebnis seiner Interpretation mit Hilfe allgemeiner Bestimmungen« darstellt (1991, 169), also stets in bezug auf einen Kontext steht bzw. auf andere bereits gegebene, schon gedeutete Erscheinungen und Interpretationen bezogen ist. »Als Gegenstand gilt nun etwas, sofern es innerhalb eines theoretischen Rahmens – letzten Endes des Rahmens der Grundsätze des reinen Verstandes – gedeutet ist« (1993). Im Kontext der Gegenstandszusammenhänge und der Deutungen setzt nun jede Interpretation etwas von der jeweiligen Deutung Unabhängiges voraus, das aber nicht von jeglicher Interpretation unabhängig ist, nicht interpretationsfrei »gegeben« oder endgültig und absolut erfaßbar und begründbar wäre. Dennoch könnte man den nicht erfaßbaren Residualrest der Erfahrungsdeutung im erwähnten Sinne mit der subjektunabhängigen Wirklichkeit an sich identifizieren (1991, 171, 174 f., 178 ff.). »Nach der Interpretationstheorie haben zwar alle Erfahrungsgegenstände als deutungsabhängig zu gelten, so daß Gegenstände nur innerhalb eines Deutungsrahmens erkannt werden können; hieraus folgt aber nicht, daß es keine von Deutungen unabhängige Wirklichkeit gibt. Tatsächlich hat Kant nicht gezögert, vom Standpunkt der Interpretationstheorie aus eine Wirklichkeit an sich anzuerkennen, d. h., er weigerte sich, die

Wirklichkeit auf den Bereich der deutungsabhängigen Gegenstände zu beschränken« (Röd, 1993).
Der Zusammenhang zwischen Wirklichkeit an sich und gegenständlicher Wirklichkeit ist nun so zu deuten, daß es sich hier um »komplementäre Betrachtungsweisen der Dinge«, nicht aber etwa um die Kausalwirkung eines hinter den Erscheinungsgegenständen stehenden Dinges an sich handelt. Das »Dahinterstehen« ist keine kausale oder repräsentative Beziehung, sondern abhängig von den jeweiligen Deutungsaspekten – ich würde sagen, von den Ebenen und Stufen der jeweiligen Interpretationen. Kant war in der Tat der Meinung, daß Erscheinungen nicht ohne etwas gedacht werden können, das der Erscheinung in irgendeiner Weise zugrunde liegt, daß »zu gedeuteten Dingen, d. h. zu Erscheinungen, immer eine den Deutungen zugrundeliegende Wirklichkeit gehört«, also »auch etwas von Deutungen Unabhängiges gedacht und anerkannt werden (muß), ohne daß es jedoch als erkennbar gelten dürfte« (Röd, 1993). Nach Röd sind »Erscheinungen und An-Sich als zwei Seiten ein und desselben Dings aufzufassen ..., das aber auch unabhängig von diesem Deutungsrahmen gedacht und als wirklich erkannt werden kann«. Kant habe »den Zusammenhang von Erscheinung und Wirklichkeit an sich für völlig unbezweifelbar« gehalten, »und zwar unabhängig von irgendwelchen Schlüssen von Erscheinungen auf ein An-Sich. Seiner Ansicht nach ist nicht nur Selbstwahrnehmung unabhängig von der Gegenstandswahrnehmung unmöglich, sondern auch die Wahrnehmung von Gegenständen und die Selbstwahrnehmung zusammen lassen sich nicht begreifen, wenn nicht die Wirklichkeit an sich anerkannt wird« (ebd.) (vgl. Kants Widerlegung des Idealismus, *KrV* B 275, aber auch *Reflexionen* 5642, 6314 u. a.). Sind nun »zwar alle erkennbaren Gegenstände deutungsabhängig«, so erkennt man aber »zugleich eine von Deutungen unabhängige Wirklichkeit an«, die nun nicht mehr in einer kausalen Beziehung mit den Gegenstandserscheinungen steht, sondern den von der Erkenntnistheorie abhängigen »Grenzbegriff von etwas« bedeutet, »das in keiner Weise mehr gedeutet ist«. Dieses Etwas wird als solches natürlich nicht erkannt, erfaßt, sondern es ist allenfalls – sogar durch Interpretieren – nur als notwendige Bedingung der Möglichkeit der Erfahrungserkenntnis auf der erkenntnistheoretischen Interpretationsebene – z. B. auf der Stufe IS_6 der Interpretationsstufen (vgl. Bd. 1, 259, 261 ff.) – zu verstehen.

Die Deutungsabhängigkeit bezieht sich also nur auf die Erfahrung und die Erfassung, auf die Form der erkannten bzw. erkennbaren Gegenstände, aber nicht auf deren allgemeine Existenz, die von ihrer Umreißbarkeit und Erfaßbarkeit i. S. einer Gegenstandsklassifikation oder Artenumgrenzung unabhängig ist und als erkenntnistheoretische Interpretationsvorbedingung gefordert werden muß, jedenfalls widerspruchsfrei gefordert werden kann. (Aber dies gilt methodologisch gesprochen nur interpretationsschichtspezifisch, etwa auf IS_2-IS_5, unter der Voraussetzung, daß »Existenz« und »Gegenstand« nicht schon als IS_6-interpretationsimprägnierte Begriffe aufgefaßt werden.) Jegliche Theorie der Erfahrung braucht – auch wenn sie umfassend von Deutungen abhängig ist – den »unaufhebbaren Hintergrund aller Theorien«, das erwähnte »Residuum der Erfahrungsanalyse«, das vorausgesetzt werden muß, damit wir überhaupt von Interpretations- und Deutungsvorgängen sprechen können. Es muß also etwas Deutungsunabhängiges, Interpretationsjenseitiges, sozusagen das Andere der Interpretation, in irgendeiner Weise unterstellt werden, ohne je unverzerrt *gegeben* sein zu können und als Gegebenes unabhängig von Interpretationen erkannt werden zu können, damit letztlich ein interpretativer theoretischer Zusammenhang der Erfahrung möglich ist.
Soweit würde ich auch mit Röd einig gehen und glauben, daß der realistisch-interpretationistische Ansatz genau diesem modifizierten problematizistischen transzendentalphilosophischen Ansatz entspricht. Röd stellt in der Tat sehr klar die transzendentale Fragestellung der Suche nach den notwendigen Bedingungen der Möglichkeit der Erfahrungserkenntnis selbst heraus und lehnt jegliche rein deskriptiv-ontologische wie auch psychologische Deutung der erkenntnistheoretischen und metaphysischen Realitätsproblematik in dieser Hinsicht zu Recht ab.
Kritisch würde ich darüber hinaus modifizierend anmerken, daß man vielleicht auch nicht einfach naiv von »*der* Realität«, »der Wirklichkeit« sprechen kann – oder allenfalls in alltäglicher oder bewußt vereinfachender Weise, jedenfalls nicht in philosophischer und erkenntnistheoretischer Hinsicht, sondern daß man auch die Unterstellung und Abspaltung bzw. Distanzierung von Realem und Wirklichem an sich auf einer höheren Stufe, nämlich der erkenntnistheoretischen, selbst als ein Interpretationskonstrukt erkenntnistheoretischer Art oder als metatheoretische Hypothese

über Hypothesen auffassen kann und sollte. Die Konstruktbildung der von uns erkenntnismäßig abzusondernden Wirklichkeit an sich ist gerade transzendentalphilosophisch gesehen auf der Ebene der erkenntnistheoretischen Interpretationskonstrukte eine Modellbildung, die ähnlich wie die Bildung der Begriffe »Subjekt« und »Objekt« eine höherstufige Konstruktbildung bewußter Art darstellt.

Entsprechend kann man auch nicht einfach *Strukturen* der Wirklichkeit selbst und an sich unterstellen, die wir zwar nicht erkennen können – jedenfalls nicht differenziert –, die aber doch eine »Ordnung« der Wirklichkeit sind, die dieser an sich zukommt. Eine solche Zuschreibung ist zwar in gewisser, naiver Weise als »Grenzbegriff eines deutungsfreien Nebeneinander« im Raume oder eines entsprechend interpretationsfreien »Nacheinander« in der Zeit oder gar als eine Art Grundnaturzusammenhang einer Ordnungsrelation oder gewisser Beziehungen in der Wirklichkeit an sich aufzufassen, meint Röd (1991, 185 ff.; 1993). Doch ich halte dagegen, daß dies eine zu einfache Unterstellung ist, die wiederum naiv – wenn auch abstrakter: relationenkonfrontierend – quasi realistisch vorgeht und auf höherer Ebene dasselbe Problem wieder erzeugt. Man kann nicht einfach Relationen, Strukturen, Ordnungen in die Wirklichkeit an sich projizieren und diese als absolut deutungsfreie Verhältnisse auffassen, wie Röd das tut (z. B. 1991, 174 f., 181 f., 185 ff., 189 f.; 1993). Dies würde einen Relationsrealismus bedeuten, der dieselben Schwierigkeiten aufweist, wie sie die Kausalbeziehung in Anwendung auf das Verhältnis zwischen Dingen an sich und Erscheinungen in der Kantischen Affektionslehre aufweist. Allenfalls können wir sagen, daß wir uns auf der erkenntnistheoretischen Ebene Modelle bilden, die eine Wirklichkeit an sich von uns distanzieren und diese in einer Verfassung unterstellen, die es uns erlaubt, auf der Ebene der Erscheinungen nun Theorien zu verwenden und Gegenstandsgefügen Formen, Strukturen, Relationen und Ordnungen zuzuschreiben. Man ist also nicht zu einer direkt(istisch)en Projektion einer, wenn auch nur abstrakt unterstellten, nicht spezifisch geformten und zu erkennenden räumlichen, zeitlichen oder sonstigen relationalen »Struktur« der Wirklichkeit gezwungen; dennoch kann man von einer interpretationistischen und realistischen These einer Wirklichkeit an sich sprechen, wenn auch nur im Sinne einer interpretationsimprägniert zu beschreibenden, »Ver-

faßtheit« (die keine Erfassung ist oder unmittelbar, interpretationsfrei eine solche erlaubt). Dabei ist natürlich auch die Rede von »Wirklichkeit an sich«, wie gesagt, auf höherer Ebene als ein erkenntnistheoretisches Konstruktmodell, also als Interpretationskonstrukt aufzufassen.
In Weiterführung von Röds Interpretation der Kantschen Interpretationstheorie der Erfahrung (von Röd, wie gesagt, meist »Subsumtionstheorie« genannt) müßte man also weiterschreiten zu einer differenzierten Unterscheidung zwischen Interpretationsebenen in der von mir schon 1987 (vgl. z.B. 1988) ausgearbeiteten Interpretationsebenenschichtung, die denn auch in der (brieflichen) Diskussion mit Günter Abel von diesem übernommen und in einem Dreierschema differenziert sowie von mir in vorläufig sechs Stufen der Interpretation unterteilt wurde (vgl. Bd. 1, 259). Die meisten Probleme der Erfaßbarkeit und der Beurteilung des Zusammenhangs zwischen »Erscheinung« oder »Gegenstand« einerseits und Theorie bzw. der Wahrheit von Theorien andererseits beziehen sich dann auf die Vergleiche zwischen den Konstrukten unterschiedlicher Ebenen dieser Interpretationsstufen. Daß freilich generell der interne Realismus etwa Putnams in diesem Sinne »nicht weit genug« gehe und »der Schritt zu einem rudimentären externen Realismus ... unvermeidlich« sei, hat Röd (1993) zu Recht betont. Er kommt dabei zu demselben Ergebnis wie mein realistisch-interpretationistischer Ansatz, der freilich weniger theoretische Konsistenzüberlegungen der Interpretationstheorie in der Kantischen Erfahrungsanalyse, sondern lebenspraktische Argumente des notwendigen Unterstellens der von uns unabhängigen Wirklichkeit verwendet, wobei diese Wirklichkeit in Gestalt der Konfrontationen, denen unsere Konzepte, Begriffe und Auffassungsweisen gegenüberstehen, und der Möglichkeit des Scheiterns sowie der Widerständigkeit und Endlichkeit der Lebenserfahrungen gefaßt wird. Lebenspraktische Argumente führen also zu demselben Ergebnis wie die modellmäßige interne Konsistenzforderung im Anschluß an die hypothetisch problematisierte Transzendentalphilosophie Kants unter der Idee der Interpretationstheorie der Erfahrung bzw. der »interpretativen Synthesis« (Hossenfelder, 1978).

Eine durchaus moderne Fassung hat diesbezüglich schon Helmholtz vertreten, der berühmte Physiker, Physiologe und Philosoph des letzten Jahrhunderts, der gerade auch in der Wahrnehmungspsychologie eine herausragende Rolle gespielt hat. Helmholtz meinte, daß die Unterstellung der Realität so etwas wie eine Hypothese sei; die Realitätsannahme sei eine brauchbare, präzise und überdies auch die einfachste Hypothese, mit welcher sowohl der Wissenschaftler als auch der Mensch der Alltagswelt arbeitet.[5] In seiner Schrift *Die Tatsachen der Wahrnehmung* (1959, 41) heißt es: »Die mit dem Charakter der Wahrnehmung aufzunehmenden Bewußtseinsakte verlaufen *so, als ob* die von der realistischen Hypothese angenommene Welt der externen Dinge wirklich bestände.« Dieses »Als ob«, das sich so bescheiden gibt, bietet im Grunde nur eine metaphorische Formulierung, die das Problem nicht löst. Man hat später die gesamte theoretische Philosophie Kants unter dieser Gleichnisstruktur des Als-ob gedeutet, wie etwa von Vaihinger vorgeführt. Doch diese Interpretation präsentierte nur eine Metapher statt einer Problemlösung.

Ähnlich und damit zusammenhängend ist ein Realismus zu sehen, der von Robert Jennings (1989) im Anschluß an Simon Blackburn (1980, 1984) vertreten worden ist, der sogenannte »Quasi-Realis-

5 Das Postulat von der Ähnlichkeit oder Parallelität zwischen einer Erkenntnistheorie der Wissenschaften und einer Erkenntnislehre des Alltagslebens war damals eine gängige Auffassung. Eine ähnliche These der Ähnlichkeit hatte auch schon Kant im wesentlichen vertreten, obwohl fälschlich. Denn daß die Erkenntnistheorie der Wissenschaften eine ganz andere sein kann als die Erkenntnislehre der Alltagserkenntnis und der Sinneswahrnehmung und der Erfahrung im normalen Leben, das hat Kant nicht gesehen. Er hielt die Formen der Erkenntnis für universell. Insofern könnte man durchaus sagen, daß seine traditionellen Kategorien nach wie vor eine relativ verläßliche Beschreibung der Strukturen der Alltagserkenntnis liefern. (Liegt aber einer Theorie der Alltagserkenntnis, aus der sich Grundsätze der Euklidschen Geometrie und der Newtonschen Mechanik a apriori begründen lassen sollen, nicht ein szientistisches Mißverständnis der Alltagserkenntnis zugrunde?) Man wird wohl nicht den Anspruch erheben können, eine Darstellung notwendiger Strukturen der Alltagserkenntnis sei a fortiori generell auch eine solche der wissenschaftlichen Erkenntnis. Ähnliches gilt dann übrigens auch für diese These bei Helmholtz.

mus«. Dieser übernimmt zwar bestimmte Sprechweisen des Common sense bzw. des naiven Alltagsrealismus, der, wie schon ausgeführt, ein direkter Realismus ist, aber nicht dessen ontologische Verpflichtungen und Implikationen. Man kann keine endgültigen, absoluten Feststellungen über die Existenz der Außenwelt vertreten, aber man redet widerspruchsfrei und sozusagen »intern« konsequent und folgerichtig von den Dingen, wie man es eben im Alltag tut. Dieser Realismus projiziert bestimmte Annahmen und bestimmte Sprechweisen und vertritt insofern eine Als-ob-Theorie. Auch diese Theorie hat ihre Schwierigkeiten, die jetzt allerdings nicht auszuführen sind. Jedenfalls diskutiert man heute und seit Helmholtz das erkenntnistheoretische Problem unter dem Gesichtspunkt eines *hypothetischen Realismus*, d.h., man nimmt an, daß wir als Erkennende hypothetisch eine reale Welt unterstellen (müssen), selbst wenn man diese Annahme nicht beweisen kann. Der diesbezügliche Skeptizismus blickt auf eine lange Tradition seit dem Altertum zurück und hat sich insbesondere auch in der Neuzeit auf die Frage nach der Verläßlichkeit des Wissens von der Außenwelt konzentriert. Der Skeptizismus ist letztlich logisch gar nicht widerlegbar, weil er jedes Realität unterstellende Argument von vornherein unterminiert: Um die Frage der Zulässigkeit einer solchen Unterstellung geht es ja gerade.

Wenn man dennoch darüber hinaus irgendeinen Realismus annehmen will oder praktisch muß, so kann man freilich die These der hypothetischen Realisten als eine sehr sinnvolle und pragmatisch zu rechtfertigende Annahme unterstellen. Im normalen Leben muß man sie sogar aus bestimmten lebenspraktischen Gründen zugrunde legen. Auch von manchen Vertretern der Evolutionären Erkenntnistheorie wird heutzutage, etwa von Gerhard Vollmer, bewußt diese Position des hypothetischen Realismus gewählt. Man stellt fest, daß erst die biologische Evolution zur Ausbildung unserer Erkenntnisorgane geführt habe; Erkenntnis sei erst und nur mit realen evolutionär gebildeten Organen möglich. Wir müssen davon ausgehen, daß wir in einer bestimmten Welt, in der uns umgebenden Umwelt im biologischen Sinne, leben und daß diese Welt vorgegeben und somit uninterpretiert zu unterstellen, vorauszusetzen ist. In dieser Welt hat sich der Mensch als ein Evolutionswesen entwickelt, »um« zu überleben, »um« möglichst ein biologisches Überleben im Sinne der Erhaltung und Erweiterung des eigenen Genpools zu sichern. Es gibt hierzu verschiedene

Theorien, die erklären wollen, inwiefern, wodurch und inwieweit der Mensch bestimmte Erkenntnisapparaturen, Erkenntnisorgane, entwickelt hat – besser: sich als mit den vorhandenen Erkenntnisorganen ausgestattetes Wesen biologisch entwickelt hat. Das ist der Ansatz der Evolutionären Erkenntnistheorie, die von einem solchen hypothetischen Realismus ausgeht, ohne die traditionelle Frage nach der Existenz der äußeren Welt und deren Beweis überhaupt als offen zuzulassen. Ihre Vertreter meinen, es sei unsinnig, eine solche Frage überhaupt zu diskutieren. So spricht etwa Majorie Grene, eine bekannte Biologiephilosophin, von einem umfassenden (comprehensive) Realismus, der eben diese nicht weiter zu diskutierende oder in Frage zu stellende Grundaussage macht, daß der Mensch in einer real existierenden biologischen Umwelt eingebettet sei; in dieser Umwelt haben sich seine Erkenntnisorgane unter evolutionären Gesichtspunkten so entwickelt, daß er in relativ optimaler Anpassung auch als Art überlebt habe. Für die Bildung und Ausprägung unserer Erkenntnisorgane seien nämlich die entsprechenden evolutionären Prozesse verantwortlich zu machen, wie wir sie auch im Zusammenhang der Entwicklung anderer Orange kennen. Es handelt sich also um eine Variante des – biologistischen – Realismus, die den oben erörterten Formen der naiven oder wenigstens direkten Realismen entspricht.

Im übrigen gilt die Einsicht von der grundlegenden Schema- und Interpretationsimprägniertheit der Erkenntnisse (und der Handlungen) auch für die Evolutionäre Erkenntnistheorie, wenn man sie restrealistisch interpretiert. Eve-Marie Engels (1989) hat z. B. gezeigt, daß auch die Evolutionäre Erkenntnistheorie einen Minimalrealismus voraussetzen muß: eine Welt, an welche sich die Erkenntnisorgane in der Stammesentwicklung über Selektionsprozesse anpassen, muß bereits vorgegeben sein. Es muß etwas da sein, an das ein Organismus bzw. eine Art oder ein Genpool sich anpassen kann; sonst wären Mutation und Selektion überhaupt nicht möglich. Allerdings wird das nicht immer so gesehen. Engels zeigt überzeugend, daß manche Varianten der Evolutionären Erkenntnistheorie sich in Widersprüche verwickeln. Beispielsweise meint Vollmer, daß die »Passung« allein durch diese Funktionsmechanismen und den Überlebenswert, durch den funktionalen Vorteil der Selektion, gegeben ist; gleichzeitig gewährleistet nach ihm aber die beste Erkenntnis eine reale Wiedergabe der

Sachverhaltsstrukturen in der Wirklichkeit im Sinne des Korrespondenzprinzips der Wahrheit: So sei die wissenschaftliche Erkenntnis die »beste« Wahrheitsannäherung, die ein Organismus bzw. der Mensch erreichen könne.

Dieser Komplex von Überzeugungen enthält, wie Engels nachweist, verschiedene Widersprüche; z. B. muß man wohl zugestehen, daß die wissenschaftliche Erkenntnis eine sehr späte Entwicklung ist, die keineswegs etwa einer stammesgeschichtlichen Selektion entsprungen ist. Sie müßte insofern also – evolutionär gesprochen – der mesokosmischen, also der alltäglichen Erkenntnis unterlegen sein und könnte nicht beanspruchen, die »wahrere« oder die »bessere« zu sein; denn die Alltagserkenntnis hat sich stammesgeschichtlich seit langer Zeit als überlegen erwiesen (und sie wird auch durch die wissenschaftliche Erkenntnis generell keineswegs verdrängt). Anders gesagt: wenn man das Prinzip der besseren Erkenntnis durch Selektion ernst nimmt, dann müßte eigentlich die Alltagserkenntnis gegenüber der wissenschaftlichen Erkenntnis als überlegen gelten, denn nur erstere wurde unter stammesgeschichtlicher Selektion herausgebildet. Andererseits wird behauptet, die wissenschaftliche Erkenntnis gebe die »realen« Strukturen der Welt adäquater wieder. Beides läßt sich wohl nur aufrecht erhalten, wenn man den Evolutionsprozeß unter Einschluß der in den letzten dreihundert Jahren stattgefundenen schnellen wissenschaftlichen Entwicklung als eine pseudobiologische Evolution auffaßt, ohne zwischen unterschiedlichen Arten der Entwicklungen und Fortschritte zu differenzieren. Aber dann gerät man natürlich in Schwierigkeiten; denn man kann ebensogut auch behaupten, wie viele sagen (z. B. der Biologe Carsten Bresch), daß die Prinzipien der biologischen Evolution gerade bei der Entwicklung der Menschheit bzw. der menschlichen Kultur nicht mehr greifen. Z. B. ermöglichen wir ja aus ethischen Gründen die Fortpflanzung eigentlich evolutionär benachteiligter Menschen. In der Kulturwelt, der technisierten Kunstwelt des Menschen sei insbesondere der Evolutionsdruck, aber auch die evolutionäre Konkurrenz zu anderen Arten weitgehend entfallen, denn wir gestalten uns unsere Umgebung nach unseren Bedürfnissen.

Das evolutionäre Kriterium der Überlebens- und Selektionswerte wird offenbar in der Evolutionären Erkenntnistheorie – jedenfalls bei Vollmers erster Entwicklungsphase seiner Theorie – nicht wirklich konsequent angewendet. Inzwischen wurde jedoch auch die neuere Diskussion von Vollmer berücksichtigt, und er hat dabei in der Tat manche seiner früheren Behauptungen zurückgenommen. Er ist heute nicht mehr der evolutionär-korrespondenztheoretische Abbildtheoretiker von ehedem; aufgrund der Diskussion mit vielen Kritikern in bezug auf die Möglichkeiten der Evolutionären Erkenntnistheorie, etwa philosophische Erkenntnisprobleme de iure (unter dem Rechtfertigungsaspekt) zu lösen, ist er viel vorsichtiger geworden. Es lohnt sich sicherlich, sich gesondert mit dieser Theorie und ihren Möglichkeiten näher als hier möglich auseinanderzusetzen, ohne sie nun absolut zu überschätzen.

Ebenfalls wäre es sinnvoll, näher auf die entsprechenden Überlegungen anderer mit der Evolutionären Erkenntnistheorie oder der genetischen Entwicklung in der Biologie zusammenhängenden Entwicklungen einzugehen, etwa auf die Theorie der »Merkwelten« und »Wirkwelten« von Jacob von Uexküll und auch auf die genetische Erkenntnistheorie von Jean Piaget, der ja ein Phasenmodell der kindlichen Bildung operationaler und begrifflicher Konstrukte entwickelt hat, demzufolge bestimmte formale operationale Verfahren erst entwickelt werden können, wenn eine bestimmte ontogenetische Entwicklungsphase erreicht ist: Das »Konstruieren« beginnt in einer präoperationalen Phase und gelangt schließlich über mehrere Stufen zu einer Entwicklung der formalen und abstrakten Fähigkeiten – natürlich immer in Auseinandersetzung mit der Umwelt. Bei Piaget spielten ja die Assimilation, also die Einordnung von Umweltreizen und den Invariantenbildungen der unmittelbaren Wahrnehmung in das eigene Schema, und die Akkomodation, also die Anpassung des Organismus mitsamt seiner Schemabildungen und seiner Aufnahmefähigkeiten an die Umweltreize, eine große Rolle. Auch hier zeigt sich das, was zuvor betont wurde – nämlich, daß offensichtlich auch ein Minimalrealismus vorausgesetzt werden muß, selbst wenn man eine Piagetsche konstruktivistische Theorie entwickelt.

Wesentlich vorsichtiger ist dagegen der hypothetische *Als-ob-Realismus*, der von Helmholtz vertreten wurde. Freilich kann man eine solche realistische Auffassung der indirekten und hypothetischen Form auch der Evolutionären Erkenntnistheorie zugrundelegen, wie es etwa von Vollmer (1975, 1985 (I), 1986 (II))

vertreten und weiterverfolgt wird. Hier wird die schwächere Behauptung aufgestellt, daß man Erkenntnis so interpretieren kann oder muß, als rühre sie von einer externen Quelle her. Dieser Ansatz ist im Grunde ein modellorientierter, man könnte fast sagen, von einem bestimmten interpretatorischen Modell ausgehender, hypothetischer Realismus, solange er wirklich dieser Als-ob-Deutung konsequent verpflichtet ist.
Hinsichtlich des *Zustandekommens*, also der Frage der Entwicklung, der Genese der Erkenntnisorgane bietet die Evolutionstheorie durchaus einen interessanten und wichtigen Ansatz. Dabei bleibt aber die Frage offen, wieweit eine solche Theorie nicht selber schon von gewissen erkenntnistheoretischen Voraussetzungen abhängt, etwa auch von der Voraussetzung eines Realismus; dann kann man dieses Argument wiederum nicht zur Grundlage eines Arguments für den Realismus machen, ohne in einen Zirkel zu geraten. Außerdem ist problematisch, wieweit man die traditionelle Rechtfertigungsfrage, die Frage nach der Gültigkeit und Verläßlichkeit der Erkenntnis, einschränken kann auf die Frage nach der Entstehung der Erkenntnisorgane bzw. nach deren stammesgeschichtlicher Entwicklung. Das sind erkenntnistheoretische Probleme, die derzeit im Zusammenhang mit der Evolutionären Erkenntnistheorie durchaus kontrovers diskutiert werden. Muß nicht auch eine empirische Theorie wie die Evolutionstheorie schon eine erkenntnistheoretische Konzeption voraussetzen, so daß sie ihrerseits nicht zur Grundlegung einer solchen dienen kann? Wenn sich die Herausbildung der menschlichen Erkenntnisapparatur zum guten Teil auf evolutionäre Anpassungsprozesse im Sinne der biologischen Evolutionstheorie zurückführen läßt, dann ist nämlich die Frage zu stellen: Wieso sollte die Evolutionstheorie selber als eine wissenschaftliche Theorie nicht ihrerseits auch erkenntnistheoretischen Bedingungen unterliegen, denen wissenschaftliche Theorien generell unterstehen? Sie muß das in der Tat. Sie kann dann aber nicht ihrerseits als quasi metaphysische Voraussetzung der Erkenntnistheorie verstanden werden – insofern, als eine *empirische* Theorie ja nicht gleichsam die erfahrungsunabhängige Voraussetzung für eine *philosophische* Erkenntnistheorie werden kann.
Es gibt freilich noch andere Varianten eines indirekten Realismus, die besonders in der angelsächsischen Literatur diskutiert werden und die auf einer Abschwächung gegenüber dem traditionellen

wissenschaftlichen Realismus beruhen. Dieser hatte ja angenommen, daß man nicht nur eine externe Außenwelt zugrunde legen und etwas über diese Außenwelt wissen kann, das sich in wahren Sätzen ausdrückt, sondern er basiert auf der wesentlich stärkeren Behauptung, daß dieses Wissen auch vervollkommnet oder sogar vollständig erreicht werden kann. Das heißt, es gibt diesem wissenschaftlichen Realismus zufolge eine die Wirklichkeit beschreibende, wahre Erkenntnis im Sinne einer absoluten Gegenstandsbezüglichkeit der Ausdrücke: Die Gegenstandsterme, die wir in unseren Theorien verwenden, beziehen sich tatsächlich auf die Gegenstände in der wirklichen Welt. Absolute Referenz, Gegenstandsbezug und Zuordenbarkeit sowie Beschreibbarkeit in einem nichtrelativen Sinne ist ein Kennzeichen dessen, was man mit Nicholas Rescher (1987) den *deskriptiven Realismus* nennen kann. Ein solcher *Beschreibungs-* und *absoluter Referenzrealismus* wird aber von den meisten Vertretern der Wissenschaftstheorie heutzutage entschieden abgelehnt, weil er zu weit gehe. Man zieht sich daher auf einen gemäßigten Realismus zurück; bei Rescher z. B. heißt ein solcher moderater Realismus »*kognitiver Realismus*«. Er wird verbunden mit dem metaphysischen Realismus, also mit der These von der Existenz der Außenwelt, und mit der Behauptung, daß wir in bezug auf diese Außenwelt durchaus etwas wissen können: Wir können exakte und richtige Information über die Natur des Realen erlangen. Aber diese Information ist nicht absolut: Sie ist nicht vollständig und nicht frei von Relativitäten. Wir können keine vollständige beschreibende Kenntnis erreichen und daher keinen vollständigen deskriptiven Realismus behaupten, sondern wir können nur an Nahtstellen zwischen unseren theoretischen Entwürfen und Konstrukten und der Realität Prüfstellen, Kontaktbezüge, Vergewisserungen einführen.

2.2.5 Abgeschwächte Realismuskonzepte

Insofern wir etwas intersubjektiv kontrollieren können, sind wir durchaus in der Lage, etwas »objektiv« zu erkennen; aber wir erreichen dabei keine Gewißheit, ob die Ausdrücke, die wir verwenden, insbesondere wenn es sich um abstrakte oder theoretische Begriffe handelt, sich nun wirklich auf einzelne Gegenstände in der Realität beziehen. Das ist in der Tat eines der großen Probleme, das uns noch beschäftigen wird: Wie können sich Ausdrücke, Terme, die abstrakte Gegenstände bezeichnen, oder wenigstens zunächst etwas, das (gegenwärtig oder prinzipiell) nicht gesehen, nicht gemessen werden kann, auf Gegenstände in der Realität beziehen? Und was soll das heißen, daß sich gewisse theoretische Begriffe/Terme auf (theoretische) Entitäten beziehen? In welchem Sinne existieren dann konstituierte oder postulierte Entitäten? Wieweit ist hier eine Relativität notwendig eingebaut? Oder gibt es unabhängig von diesen begrifflichen Relativitäten doch Möglichkeiten, den Gegenstandsbezug und die Realität der theoretischen Entitäten, die durch theoretische Begriffe und Ausdrücke bezeichnet werden, zu sichern? Das sind schwierige erkenntnistheoretische Fragen, die unmittelbar die Wissenschaftstheorie betreffen. Was ist z. B. mit der experimentell (indirekt) erwiesenen Existenz der offenbar nur unfrei existierenden Quarks gemeint? Wie gesagt, Rescher ist ein Vertreter eines solchen gemäßigten Realismus, der die metaphysische und kognitive Komponente insofern annimmt, als er glaubt, man könne eine Erkenntnis über Zusammenhänge in der Welt entwickeln, ohne einen deskriptiven (absoluten) Referenzrealismus im engeren Sinne zu behaupten.

Mary Hesse, die Wissenschaftstheoretikerin aus Cambridge, die durch ihre Arbeiten über Modelle, Annahmen und Schlußfolgerungen in der Wissenschaft bekannt geworden ist, vertritt heute ebenfalls einen wissenschaftlichen Realismus, den sie früher einen »lauwarmen« Realismus, neuerdings (in einem Referat von 1989 einen *»gemäßigten« (moderaten) Realismus* nennt. (Vgl. auch den »modest realism« bei Newton-Smith 1989). Gewisse Aussagen müßten nach diesem Realismus als zweifelsfrei angenommen werden, und sie meint weiterhin, daß theoretische Aussagen einen Wahrheitswert haben (eine Aussage, die ich für fragwürdig halte). Man müsse unterstellen, daß die materielle Welt sich nicht aufgrund unserer Theorien oder in Abhängigkeit von unseren Theorien ändert, sondern daß sich umgekehrt unsere Theorien der materiellen Welt »anpassen«. Ferner bestehe der Charakter der wissenschaftlichen Erkenntnis bzw. des wissenschaftlichen Wissens darin, daß es einen dauerhaften und kumulativ wachsenden Zugriff auf »wahre Sätze« gibt, die der Wirklichkeit korrespondieren. Hier wird also immer noch relativ naiv eine Korrespondenztheorie der Wahrheit unterstellt. Die Frage ist aber: Wie können wir im einzelnen erkennen, was der Gegenstand einer solchen dauerhaft wahren Aussage ist – im Gegensatz etwa zu Aussagen, die sich ändern? Die Wissenschaft unterliegt ja in der Tat vielen Änderungen und Wandlungen. Als Antwort auf diese Frage gibt Hesse ein Argument, das sie das »Übersetzungsargument« nennt. Sie meint, wenn man ein theoretisches System, man denke etwa an die klassische Mechanik, in ein anderes theoretisches System übersetzt, seine Aussagen durch Übersetzung umformuliert, etwa in die relativistische Mechanik überträgt, dann gibt es eine Reihe von Aussagen, die wahr bleiben, deren Wahrheitswert erhalten bleibe. Hesse meint, da die Wahrheitswerte von solchen Aussagen bei der Übersetzung in andere theoretische Systeme erhalten bleiben, könnten diese Wahrheiten nicht von der einzelnen Theorie abhängig sein, sondern sie sind theorieunabhängig. Man müsse daher solche Entitäten als wirklich existierend annehmen, die von verschiedenen Theorien zwar verschieden beschrieben werden, deren gemeinsamer Bezug jedoch durch die *Übersetzungsrelation* gewährleistet ist.

Hesses These basiert in gewissem Sinne auf einer Version des sprachphilosophischen Prinzips der Nachsichtigkeit (vgl. Bd. 1, 160 f., 164 f.), demzufolge man, wenn man z. B. die Sprache eines fremden Stammes lernen will, zunächst annimmt, daß der Partner, der in der fremden Sprache spricht, keinen Unsinn redet, sondern sinnvolle Sätze äußert, die solchen in unserer Sprache entsprechen. Diese Art von Vertrauensvorschuß müßte auch hier beim Übersetzen von einem theoretischen System in das andere vorausgesetzt werden und würde dann zu dem Urteil führen, daß Sätze, die in verschiedenen theoretischen Systemen in gleicher Weise unter Beibehaltung des Wahrheitswertes vorhanden sind, eben solche sind, die sich auf Entitäten beziehen, die wirklich existieren. Aber diese These Hesses liefert keine metaphysische oder erkenntnistheoretische Garantie, weil sie auf einem methodologischen begrifflichen Postulat, auf einer pragmatisch zwar notwendigen, aber fragwürdigen Unterstellung beruht, deren Berechtigung ja gerade zur Diskussion steht! In gewissem Sinne ist das eine Position, die einerseits noch an dem traditionellen korrespondenztheoretischen Ansatz der Wahrheit festhält, hier: eine Korrespondenz zwischen theoretischen Termen und den Objekten, Gegenständen, Dingen in der Wirklichkeit. Auf der anderen Seite wird aber auch ein bestimmter Zugang zu Existenzfragen ausgezeichnet, nämlich der (sprachphilosophische) Weg über den Erhalt von Wahrheitswerten bei Übersetzungen. Es geht hier aber gerade darum, ob man bestimmte Entitäten, die in verschiedenen Theorien dargestellt werden, als existent anerkennen oder unterstellen kann. Es geht also eigentlich weniger um Wahrheitswerteerhaltung generell, sondern um die elementweise Referenzbeziehung und deren durchaus fragliche Möglichkeit: verschiedene Theorien können ganz unterschiedliche Gegenstandskonstitutionen und Bereichsaufgliederungen vornehmen. Die Welt ist nicht in bereits eindeutig unterteilten und ohne Theorieanwendung parzellierten Segmentierungen vorgegeben. (Alltags-)Interpretationen und theoretische Konstituierungen bzw. Konstruktbildungen erst ermöglichen die Trennung und Identifizierung bzw. Erfassung der Weltelemente; die Diskussionen um die holistischen Deutungen der Quantentheorie haben sogar gezeigt, daß selbst die These der grundsätzlichen Separierbarkeit der Welt in Elemente und unabhängige Systeme höchst problematisch, ja unhaltbar ist (vgl. Kap. 5).

Die abgeschwächten Formen des Realismus sind natürlich sehr en vogue und haben auch viel für sich, man muß allerdings sagen, daß keine dieser Varianten bisher vollständig ausgearbeitet worden ist. Ferner finden sich hier oft auch Anleihen bei einem erkenntnistheoretischen Idealismus, etwa bei Nicholas Rescher, der am Ende seines Buches *Scientific Realism* (1987) sagte, der Form nach habe der Idealismus recht, während dem Inhalt nach der Realismus recht habe.

Realistische Ansätze lassen sich nicht auf eine einzige Position verkürzen, sondern sie umfassen eine Reihe oder sogar eine Schichtung von verschiedenartigen Auffassungen, je nachdem, ob es sich um ontologische, semantische oder erkenntnistheoretische Blickrichtungen handelt. Man könnte diese Auffassungen ähnlich wie Rescher (1987, passim, z. B. 154) nach folgender Stufung der Verschärfungen charakterisieren: Der *metaphysische* oder *ontologische Realismus* nimmt an, daß es eine von Geist, Subjekt und Auffassungsweisen sowie von menschlichen Erfassungen, Formungen, Erfahrungen und Erkenntnissen unabhängige Wirklichkeit, Welt oder Realität gibt, die zumeist – jedenfalls beim materialistischen Realismus – als eine physische Wirklichkeit oder materielle Realität aufgefaßt wird. Der weitergehende *erkenntnis-*

theoretische Realismus ist durch die Behauptung zu kennzeichnen, daß wir etwas über die Wirklichkeit wissen, d. h., daß wir exakte oder wengistens verläßliche Informationen über die Wirklichkeit und deren Wesen oder Natur erhalten können – entweder umfassend (umfassender erkenntnistheoretischer Realismus) oder wenigstens teilweise (partieller Realismus).
Soweit unterstützt Rescher den Realismus; er vertritt also eine Position, die den ontologischen Realismus mit dem (partiellen) erkenntnistheoretischen Realismus verbindet. Dagegen lehnt er die verschärfende These ab, daß es ein exakt zutreffendes und als solches wiederum durch die Übereinstimmung mit ihr kontrollierbares, beschreibendes Wissen von der Wirklichkeit gibt, daß diese i. S. einer Widerspiegelungstheorie, so wie sie in sich selbst ist, beschreibt – und zwar auf eindeutige referentielle Weise, d. h. in nichtrelativer Verbindung mit Dingen, Sachverhalten und Strukturen der Welt an sich, wobei keine interpretativen Varianten und alternativen Klassifikationen, Kategorisierungen und Beschreibungen im Lichte verschiedener Theorien (wenigstens prinzipiell, im idealen Endzustand der Wissenschaft) zugelassen sind. Den »deskriptiven Realismus« lehnt Rescher also ab und zieht sich in erkenntnistheoretisch-methodologischer Hinsicht auf die Möglichkeit von alternativen theoretischen Ansätzen und Konstrukten zurück, also auf einen methodologischen und formalen Idealismus, der mit dem Realismus ontologischer und erkenntnistheoretischer Provenienz wie erwähnt vereinbar ist. Insofern wird auch der starke *wissenschaftliche* Realismus verworfen, der eine These der exakten Beschreibbarkeit und Informationsgewinnung über die physische Realität in der Weise behauptet, daß die Gegenstände der Wissenschaft so existieren, wie die Wissenschaften (möglicherweise in utopisch ferner idealisierter vollkommener Entwicklung) sie beschreiben, wobei ebenfalls keine (wenigstens im Endstadium der Wissenschaftsentwicklung) grundsätzlich möglichen Abweichungen und Alternativen zugelassen wären. Insbesondere lehnt Rescher den »Schulbuch«-Realismus, wie er sich in Lehrbüchern findet, als zu simpel ab. Statt dessen gelangt er (1987, 95 f.) zu einem »bedingten« oder relativistischen Realismus, der die prinzipielle Bedingtheit aller Theorien und Gesetzesaussagen von Konzeptualisierungen und menschlichen Konstruktionen zuläßt – ähnlich wie der methodologische Interpretationismus es sieht. Die Konstrukteabhängigkeit der Aussagen über

Wirklichkeit und jeglicher Zugriffe auf die sogenannte Realität wird von Rescher also deutlich gesehen.
Der von Rescher entwickelte gemäßigte Realismus ähnelt dem sogenannten *»blinden« Realismus* von Robert Almeder (1987). Auch dieser Autor behauptet, daß man durchaus an eine externe Welt glauben kann und diese auch unterstellen muß – selbst dann, wenn man bspw. die Korrespondenztheorie der Wahrheit aufgibt, wenn man also nicht mehr korrespondenztheoretisch in bestimmten Sätzen oder Propositionen (Gehalten, die in den Sätzen ausgedrückt sind) Konstellationen und Sachverhalte der Wirklichkeit abgebildet sehen möchte. Die Existenzannahme einer externen Welt unter Aufgabe der Korrespondenztheorie der Wahrheit ist also die erste Forderung dieses sog. »blinden« Realismus. Die zweite Behauptung besteht darin, daß es auch einige vollkommen berechtigte Aussagen bzw. Meinungen über Zustände und Verhältnisse in der externen Welt gibt, die in einem bestimmten, erfaßbaren Grade korrekt beschrieben werden können. Almeder umschreibt das etwas mißverständlich, indem er Sachverhalte postuliert, »von denen gesagt werden kann, sie zeigten in einem nennenswerten Maße (in some important measure), wie die Welt ist (how the world is)«. Was das heißen mag, erklärt er nicht näher – und das dürfte auch der kritische Punkt seines »blinden Realismus« sein. Das Charakteristische gegenüber anderen Formen des wissenschaftlichen Realismus ist jedoch das dritte Postulat, in dem Almeder behauptet, wir können nicht berechtigt sagen oder irgendwie herauspicken (otherwise pick out), welche unserer gegenwärtigen (vollkommen berechtigten) Meinungen korrekt die externe Welt beschreiben. Das heißt, wir wissen nur, *daß* einige unserer Meinungen korrekt die Welt wiedergeben, aber wir können nicht sagen, *welche*; schließlich besitzen wir ja auch keine unabhängige Möglichkeit, diejenigen auszuwählen, die einen solchen korrekten Zugang zur Wirklichkeit gewähren – in diesem Sinne sind wir blind.
Der »blinde Realist« sagt also, daß wir nicht in der Lage sind, festzustellen oder auszuwählen oder zu charakterisieren, welche unserer autorisierten, durchaus berechtigten Meinungen diejenigen sind, die nun die externe Welt korrekt beschreiben, weil wir eben keinen Weg haben, um diese unsere berechtigten Meinungen daraufhin zu analysieren, ob und welche von ihnen in Zukunft etwa abgeändert werden würden. Viele wissenschaftliche Sätze

unterliegen ja einem Wandel, und das gilt insbesondere auch für Sätze, die im Alltag, z. B. in einer bestimmten historischen Epoche, als besonders sicher gelten oder galten: Man konnte sich in der Antike gar nicht vorstellen, von einigen scheinbar verrückten »Spinnern« wie z. B. Eratosthenes abgesehen, daß die Erde keine Scheibe ist, man konnte sich auch nicht denken – außer etwa Aristarch und wenige andere –, daß das geozentrische Weltbild falsch sei; denn dies war ja sehr erfolgreich für die Nautik und für Vorhersagen, für Orientierungen usw. zu verwenden; es gab also kaum eine Möglichkeit, daran zu zweifeln. So gibt es auch keine Möglichkeit, bei vielen anderen Dingen, die uns selbstverständlich erscheinen, von vornherein zu sehen, was falsch und was richtig ist, was dereinst einmal abgeändert, revoziert oder umgeworfen wird. Wissenschaftliche Revolutionen sind immer und überall möglich. Die dritte These des »blinden« Realismus von Almeder ist natürlich verwandt mit der These von der prinzipiellen Hypothesenhaftigkeit aller Erkenntnis, wie sie der Kritische Rationalismus Poppers vertritt, und mit dem abgeschwächten wissenschaftlichen Realismus der kognitiven Art von Rescher. Almeders Position zeigt wiederum, daß es durchaus abgeschwächte Varianten des Realismus gibt, die interessant sind.

Besonders bekannt geworden ist eine Abschwächung des transzendental-idealistischen realistischen Ansatzes, nämlich der sogenannte *interne Realismus* von Hilary Putnam, dem Wissenschaftstheoretiker von der Harvard-Universität. Dieser interne Realismus behauptet, es sei nur sinnvoll, die Frage nach der »realen« Existenz von Objekten einzig und allein im Zusammenhang mit einer bestimmten theoretischen Sicht aufzuwerfen. Realitätsfragen stellen sich nicht unabhängig von bestimmten theoretischen (und praktischen) Zugriffen und (u. U. wertenden) Sichtweisen; sie sind abhängig von der Vorauswahl einer Theorie oder einem theoretischen Zugang, sie sind somit relativ zu einer Sichtweise, die man immer schon mitbringen muß. Die Fragen der realen Existenz stellen sich erst nach Einnahme der Perspektive und nur innerhalb der Theorie. Das ist eine Auffassung, wie sie auch schon der späte Rudolf Carnap, der frühere Neopositivist, in seiner letzten Phase vertreten hatte: Seiner Meinung nach muß man zwischen »externen« und »internen« Fragen der Ontologie und der Existenz von Referenten der Begriffe unterscheiden. Interne Fragen sind im wesentlichen Fragen, die nur das betreffen, was *innerhalb* einer Theorie als existent angenommen werden kann. Die Existenz etwa von Primzahlen innerhalb eines bestimmten arithmetischen Systems ist eine typische interne Frage der Arithmetik. Die Frage, was Zahlen an sich sind und ob ihnen irgendeine, und wenn ja, welche Existenzweise zukommt, wäre demgegenüber eine externe Frage. Das Problem der intern-realistischen Erkenntnistheorie ist nun, ob sich die Frage nach der Realität der Außenwelt nur als interne Frage beantworten läßt oder ob es eine externe Frage ist.

In seinen *Scheinproblemen der Philosophie* (1927) hatte Carnap solche Fragen noch als sinnlose Scheinprobleme abgelehnt und gemeint, die Frage nach der Realität der Außenwelt sei überhaupt keine sinnvolle Frage, denn die Frage, ob eine Außenwelt existiert, sei nicht sachhaltig, nicht wissenschaftlich bearbeitbar, weil sie nicht empirisch entscheidbar, nicht verifizierbar ist. Damals war Carnap noch der Meinung, daß alles, was wissenschaftlich entscheidbar sei, zurückgeführt werden müsse auf direkte Verifikation durch Beobachtungssätze. Dieses ursprüngliche neopositivistische Programm ist dann später gescheitert, weil die theoretischen Begriffe nicht auf Beobachtungsbegriffe reduziert und weil keineswegs alle generellen Sätze durch Beobachtung verifiziert werden können.

Putnam ist heutzutage der Meinung – etwa in seinem Buch *Representation and Reality*, 1988 (dt. *Repräsentation und Realität*, 1991) –, daß dieser interne Realismus, wie er zuerst besonders eindringlich in seinem Buch *Vernunft, Wahrheit und Geschichte* geschildert worden war, eigentlich ein *pragmatischer* Realismus ist und als solcher hätte bezeichnet werden sollen. Die Idee besteht im wesentlichen darin, daß wir einerseits doch so etwas annehmen (müssen) wie eine von unseren Intentionen und subjektiven Konstruktionen unabhängige Wirklichkeit, daß wir diese aber nicht im einzelnen kennen, sondern die Teile der Wirklichkeit in Abhängigkeit von unseren theoretischen Schablonen strukturieren und konstituieren und danach beschreiben, erklären usw. Jede Beschreibung ist abhängig von theoretischen Konstrukten und Voraussetzungen; eine Theorienrelativität ist also unvermeidlich. Jede Erkenntnis, jede Unterscheidung ist bereits theoriegeladen; wir können aus der Theoretizität nicht aussteigen (ebensowenig wie aus der Interpretativität). Das ist Putnams Grundüberzeugung. Es geht darum, daß wir uns nicht im Sinne eines

Beweises oder einer Erklärung des Realismus ein theoriefreies Bild machen können – das einzusehen, meint Putnam, sei sehr wichtig. Wir müssen uns ein Bild davon machen, wie wir unsere Stellung in der Welt auffassen können. Es geht also darum, daß wir ein Bild finden, das Sinn hat in bezug auf die Phänomene, die wir erfahren und erkennen; und zwar muß dieses Bild von »innen« konstruiert werden, aus unserer Welt, aus unserer Erfahrung, aus unserer Sprachwelt, aus unserer jeweiligen Kultur, also aus der »Innenperspektive«, der Innerweltlichkeit heraus und nicht von außen, etwa von einer »Gottesperspektive« aus. Die Gottesperspektive der Außenansicht auf die Welt ist zu vermeiden, denn wir können sie eigentlich gar nicht einnehmen oder nachvollziehen. Vielmehr muß man stets die begriffliche Relativität, die durch unsere Verortung in der Lebenswelt gegeben ist, anerkennen und mit in Betracht ziehen.

Putnam benutzt zur Illustration und Erläuterung seiner Grundthese verschiedene Beispiele, etwa die Frage, wieviele Gegenstände in diesem Raum sind. Er versucht zu zeigen, daß diese Frage ohne theoretische Voraussetzungen gar nicht eindeutig beantwortbar ist, weil die Antwort davon abhängt, was man unter »Gegenständen« versteht, wie man sie umgrenzt, abgrenzt, unter welchem Feinheitsraster man Gegenständlichkeitsanalysen und -zuschreibungen vornimmt. Soll man unter »Gegenständen« etwa nur bestimmte strukturelle Ganzheiten oder bestimmte zusammenhängende Dinge verstehen? Dann fällt die Antwort auf die Frage sicherlich ganz anders aus, als wenn man Atome und Elementarteilchen als eigene »Gegenstände« zählen würde. Hierbei erweist sich natürlich gerade auch die Frage der Gegenstandsbegrenzung fast schon prinzipiell, jedenfalls aber praktisch als unlösbar. Oder darf man gar bestimmte Mengen von Gegenständen, also Anhäufungen in direktem mereologischen Sinne, im Sinne etwa des polnischen Logikers Lesniewski und seiner mereologischen Ontologie, bestimmte Anhäufungen oder Summenobjekte auch als Objekte betrachten, die nicht unbedingt räumlich zusammenhängend sein müssen, aber doch als einheitliche Objekte zu zählen sind? Meine Nase und die Ohren meiner Frau könnten z. B. zusammen als ein einziges Objekt im mereologischen Sinne verstanden werden. Dann würde man natürlich eine ganz andere Antwort auf die Frage nach der Anzahl der Objekte bekommen. Putnam stellt also nur fest, daß die Frage nach der Zahl der Objekte in diesem Raume – und Entsprechendes gilt selbstverständlich für alle anderen Fragen im ähnlichen Sinne – eine Konvention über den Gegenstandsbegriff voraussetzt (1991, 157; vgl. auch schon 1987, S. 32 f.). Denn die Antwort hängt ersichtlich davon ab, was wir unter »Objekt« oder »Gegenstand« verstehen (wollen) – und das müssen wir erst klären, bevor wir die Frage präzise stellen und verstehen können: Wir müssen also zuerst einen entsprechenden Interpretationsrahmen bereitstellen und definieren, was wir unter einem Objekt verstehen (wollen); dann erst können wir die Antwort geben. Die Antwort ist daher notwendig konventionsabhängig, interpretationsimprägniert.

Damit ist die Antwort aber keineswegs *ausschließlich* eine Sache der Konvention bzw. der absoluten Beliebigkeit. Konventionsabhängig ist im wesentlichen nur die begriffliche Strukturierung, und insoweit ist es auch die Antwort, die nach Vornahme der begrifflichen Strukturierung gegeben werden kann. Doch zum Teil ist die jeweilige Antwort innerhalb des Strukturierungsrahmens auch von der Außenwelt abhängig. Was also faktisch und was konventionell ist, ist eine Angelegenheit des Grades. Realitätsentsprechend und Wahrheit sind in diesem Sinne eine Angelegenheit von Konvention und von Gradierung.

Da es viele verschiedene Weisen gibt, wie man bestimmte Begriffe, etwa den des »Gegenstandes« oder »Objektes«, verwenden kann, verneint der interne Realismus entschieden, daß es nur den *einen* richtigen Weg gäbe, eine bestimmte Situation zu kategorisieren, zu klassifizieren, zu strukturieren, zu konstituieren. Das heißt, es gibt viele verschiedene Weisen, die Welt aufzufassen – und die Art und Weise, wie wir diese entsprechende Auffassung strukturieren, ist von »innen« her festgelegt, von uns erst »gemacht«, sie ist nicht selbstverständlich oder gar unabhängig von unseren Zutaten, von unseren Wahlen und Konventionen. Das ist die Grundauffassung. Es gibt keine einfachen Tatsachen und Fakten, die von uns *entdeckt* werden, die abgepackt, sicher auszumachen und determiniert »außerhalb« vorhanden sind und von uns nur nachgezeichnet, abgemalt, wiedergegeben werden müßten, sondern die Weltuntergliederung ist davon abhängig, was für uns Fakten sind, wieviele Fakten es für uns gibt und von welcher Art die Fakten für uns sind, wie die »Fakten« (mit)konstituiert sind. Die Tatsachen, die Sachverhalte, in die wir die Welt strukturieren, sind davon geprägt, welche begrifflichen Schemata wir anlegen. Der Begriff und somit das Phänomen »Faktum« ist nicht durch die Welt an sich fixiert, sondern es ist abhängig von der Ordnung nach vorangehenden Konventionen und Entscheidungen. Entsprechendes gilt für die Konventionsabhängigkeit aller extern gerichteten Begriffe – alle diese werden projizierend zur Weltuntergliederung verwendet.

Diesen Grundsatz kann man natürlich in vielerlei Hinsicht ausarbeiten. Putnam hat diese Einsichten auch so verstanden, daß die Wahrheit unserer Meinungen über die Welt prinzipiell nicht die Art und Weise überschreiten kann, in der wir überhaupt von der Welt sprechen können: Wahrheit wird im Sprachgebrauch *konstituiert*; es gibt nicht so etwas wie eine unabhängig von unserem Sprachgebrauch und unserer Weltstrukturierung zu entwickelnde »Wahrheit« bzw. eine Erkenntnis der Welt an sich, sondern Wahrheit und rationale Akzeptierbarkeit im Lichte einer bestimmten Weltsicht, einer bestimmten wissenschaftlichen Theorie, einer bestimmten Sprachwelt, sind Wechselbegriffe; sie hängen in ihrer Konstitution und Entwicklung voneinander ab. In *Vernunft, Wahrheit und Geschichte* hatte Putnam noch gemeint, daß Wahrheit nichts anderes sei als rationale Akzeptierbarkeit – und zwar in idealisierter Form: sozusagen rationale Akzeptierbarkeit »in the long run«. In seinen neueren Büchern vertritt er diese These aber nicht mehr, sondern behauptet nur, daß Wahrheit und rationale Akzeptierbarkeit voneinander abhängige Begriffe sind, deren Definition oder Konstitution bzw. erfahrungsmäßige oder gar experimentelle »Realisierung« stets einen wechselseitigen Bezug erfordern. Wahrheit hat etwas mit rationaler Akzeptierbarkeit zu tun und ist im Zusammenhang mit einem idealisierten Begriff der rationalen Akzeptierbarkeit zu sehen: Die Aussage, die man »in the long run« als rational akzeptierbar annehmen könne, sei auch »wahr«, ohne daß beide Begriffe nun synonym seien.[6]

6 Leider erläutert Putnam diesen Gedanken nicht näher. Er verwickelt sich meines Erachtens dabei sogar in einen Widerspruch, weil er einerseits – jedenfalls in *Vernunft, Wahrheit und Geschichte* – sagt, Wahrheit sei idealisierte rationale Akzeptierbarkeit; andererseits behauptet er jedoch, der Wahrheitsbegriff transzendiere nicht den Gebrauch, gehe über den faktischen Gebrauch nicht hinaus. Aber der idealisierte Begriff der Wahrheit, sozusagen Wahrheit als Idealisierung in the long run, am utopischen Ende der Wissenschaftsentwicklung, ist natürlich eine über jeden faktischen und aktuellen Gebrauch hinausge-

Ähnliches wie für den Wahrheitsbegriff gilt auch für die Begriffe der Bezugnahme von Ausdrücken auf Gegenstände. Referenz ist keine Angelegenheit einer bloß kausalen Verknüpfung zwischen dem aktuellen Sprachgebrauch (Namenverwenden) und einem Taufakt, den man auszeichnet, um einen Ausdruck einzuführen, wie es Kripke und noch der frühe Putnam meinten; sondern Referenz ist wesentlich auch eine Angelegenheit von Konventionen und Interpretationen, die auch durchaus abhängig sind von sozialen Zusammenhängen, Deutungen und Einbettungen, kurz: von kulturellen und historischen Traditionen und Überlieferungen.
Putnam meint sogar, daß eine vollständige Analyse oder Formalisierung der Interpretation von Ausdrücken wie »Objekt«, »Wahrheit« oder »Referenz« überhaupt nicht gegeben werden könne. Und auch der Interpretationsbegriff sei ein Begriff, der sich letztlich jeder möglichen Formalisierung, Präzisierung entzieht.
Soweit die Kurzschilderung des internen Realismus von Putnam, der also eigentlich ablehnt, daß es so etwas »gäbe« wie die Menge der Gegenstände »an sich«, die »da draußen« sind – und das gilt erst recht auch für die sogenannten »inneren« Gegenstände. Eine an sich gegebene fixierte Gegenständlichkeit bzw. auch eine naturgegebene Referenz werden abgelehnt; der interne Realismus legt vielmehr wesentlichen Wert auf unsere strukturierende und interpretierende Tätigkeit, die bei der Konstitution und Herstellung von Gegenständen, Referenzen usw. notwendig ist. Die *offene Verfassung* der Begriffe »Referenz«, »Bedeutung«, der Begriffe von Vernunft – selbst des Begriffs der Wahrheit, des Gegenstandes usw. – ist eine Hauptthese des internen Realismus. Es wird demzufolge als notwendig erachtet, daß wir von »innen« her

hende Idee. Auch z. B. der transzendentale Pragmatismus oder Sprachpragmatismus von K. O. Apel nimmt in Anschluß an Charles Sanders Peirce ein sog. konsensuelles Wahrheitskriterium an; diese Idee selbst ist aber nicht bloß auf den aktuellen oder auch nur aktualisierbaren Sprachgebrauch beschränkt, sondern geht weit darüber hinaus. Das bedeutet aber für diese beiden Ansätze von Putnam und Apel, daß hier noch einiges geklärt werden muß. Ein Problem jeglicher Konsensustheorien der Wahrheit ist außerdem die pragmatische Relativierung des Wahrheitsbegriffs im aktuellen Gebrauch; will man sich aber exklusiv auf den idealisierten Konsens der Wissenschaftlergemeinschaft im fiktiven Endreich perfekter Erkenntnis kaprizieren, so verliert man jegliche Operationalisierbarkeit des Begriffs.

unsere Tunnel graben, um die dunkle Welt zu erforschen; wir besitzen keinen externen Zugang zu dieser, aber es spielt doch eine große Rolle, wie die Welt, metaphorisch gesprochen, auf unsere Fragestellungen reagiert. Dieser Gesichtspunkt entspricht gänzlich dem Grundsatz der umfassenden Interpretations-Imprägniertheit, die hier jedoch auf die Formen jeder Erfaßbarkeit beschränkt wird.

Allerdings hat Putnam noch einen Punkt betont, der in gewisser Weise einen Unterschied gegenüber dem von mir vertretenen interpretationistischen Ansatz darstellt. Er meint, daß man sich letztlich immer auf bestimmte Sprachgebräuche einer Sprachgemeinschaft zurückziehen muß, daß man letztlich keine Möglichkeit hat, Zuordnungen unabhängig von einer, von der eigenen Sprachgemeinschaft vorzunehmen. Dadurch wird bei aller Offenheit, die dieser Ansatz vertritt, nun doch ein gewisses Zwangsmoment eingeführt, das Putnam[7] letztlich eigentlich nicht konsequent durchhalten kann. Man könnte ja ohne weiteres auch von den Sprachgebräuchen seiner eigenen Kultur, seiner Sprachgemeinschaft abweichen, selbst wenn man es normalerweise nicht tut und es zumeist auch nicht sinnvoll ist. Man kann nicht sozusagen realistische Ansprüche an den sozialen Input der Bedeutung erheben und somit deren soziale Komponente ontologisch überfrachten, ebensowenig wie man sagen kann, welcher Input nun im einzelnen von der Außenwelt auf entsprechende Bedeutungen ausgeübt wird.

Ein solcher Ansatz eines theoretisch reduzierten Realismus kann natürlich auch noch *pragmatisch* differenziert werden. Auf beson-

7 Sicherlich ist Putnams interner Realismus hier noch nicht detailliert genug dargestellt, sondern im wesentlichen nur sein konzeptueller Relativismus. Putnam versucht in seinem internen/pragmatischen Realismus darüberhinaus durch seine Argumente bzw. sein Programm, einen bestimmten Begriffs- und Theorienrahmen durch rein interne Kriterien auszuzeichnen, wobei er Anleihen sowohl bei der evolutionären Erkenntnistheorie als auch beim Common sense macht. In bezug auf die Wissenschaft wären diese Kriterien dann in seinem (dynamisch verstandenen, theoretische und praktische Aspekte verknüpfenden, fast schon hegelianischen) Rationalitätsbegriff zu suchen, der für Putnam generell und speziell hier nicht mehr weiter expliziert werden kann. Putnams Theorien sind freilich im deutschen Sprachraum bekannt genug; sie brauchen hier nicht weiter ausgeführt zu werden.

ders interessante Weise hat dies Ian Hacking in seinem Buch *Representing and Intervening* (1983) durchgeführt. Dieser Ansatz versucht, den gesamten Rahmen der Realismus-Diskussion neu aufzuspannen, indem nicht nur die traditionellen Fragen hinsichtlich der theoretischen Entitäten gestellt werden, z. B. ob Gravitationskräfte oder Elektronen existieren, sondern indem in neuer Sicht anstelle der traditionellen Beobachtertheorie der Erkenntnis der praktische Kontext der experimentellen Interventionen in den Vordergrund gerückt wird. Hinsichtlich der Frage nach der Existenz theoretischer Entitäten meint Hacking – und in gewissem Sinne ist ihm da zuzustimmen –, daß die Frage nach der Realität der Entitäten in der theoretischen Wissenschaft sich durchaus zeitabhängig stellt: Vor 1900 war z. B. die Existenz der Atome eine zweifelhafte Hypothese; man weiß, daß sich noch Mach, Ostwald u. a. heftig gegen die Atomtheorie gewendet haben. Ähnlich war es auch zunächst mit der Annahme der Existenz von Elektronen, später mit jener der Neutronen, die seit 1932 theoretisch gefordert und erst danach experimentell nachgewiesen wurden. Entsprechendes gilt auch für die Nachweisprobleme vieler Elementarteilchen und zuletzt der verschiedenen, nur gebunden vorkommenden Quarks. Mit anderen Worten: es gibt eine Zeitphasengebundenheit für Existenzannahmen in Abhängigkeit von experimentellen Nachweisbarkeiten und nicht nur allein eine Abhängigkeit von der Theorieentwicklung. Theoretische Interpretation und experimentelle Intervention sind ineinander verwoben, praktisch nicht voneinander zu trennen – allenfalls analytisch, also sekundär, zu unterscheiden.

Hackings Auffassung, die in ihren Grundzügen durchaus mit meinem pragmatisch-interpretationistischen Ansatz übereinstimmt, ist, daß man von der bloß kognitivistisch denkenden Erkenntnistheorie Abschied zu nehmen hat. Hacking kommt zu einer aktionistisch-pragmatischen, ja, interventionistischen Deutung, die sich bspw. darin ausdrückt, daß wir *handelnd* interpretieren und interpretierend handeln. Bei Hacking ist das alles im Modell eines Experimentalismus dargestellt; er wirft zu Recht der traditionellen Erkenntnistheorie vor, daß sie zu sehr einer passiven Darstellungstheorie, einer bloßen Beobachtertheorie verhaftet gewesen sei. Die wesentliche Lehre sei hingegen: Man soll eher über die Praxis der Nachweise nachdenken; nicht im Theoretisieren, sondern im ingenieurmäßigen Zugriff, im Manipulieren, im

Intervenieren liegt der beste »Beweis« für den wissenschaftlichen Realismus in bezug auf theoretische Entitäten. Mit anderen Worten, es geht nicht einfach um einen bloßen, von der Grundlagenforschung theoretisch zu erbringenden Nachweis, der auch stets nur sehr indirekt sein könnte, sondern es geht darum, ob man bestimmte Dinge benutzen, systematisch verwenden und manipulieren kann – und zwar zu anderen als zu rein theoretischen Zwecken. Der »direkte« Existenz-»Beweis« der Elektronen besteht nach Hacking in unserer Fähigkeit, diese gezielt zu manipulativen Zwecken, etwa zu der Erzeugung und Beherrschung von induktiven Strömen, von elektromagnetischen Wechselwirkungen usw. einsetzen zu können. Überhaupt sei der technische, der ingenieurmäßige Zugriff das Entscheidende für den Nachweis der Existenz. Existenzbeweise sind in den Fähigkeiten zur Beherrschung zu suchen, in diesem Sinne sind sie ein Ergebnis von Experimenten. »The proof of the pudding is in the eating«, sagt ein englisches Sprichwort: Dieses wäre abzuwandeln in: »The proof of the pudding lies in the (capacity of) cooking«! Das ist die Idee, aus der Hacking eine quasi ingenieurwissenschaftlich orientierte Wissenschaftstheorie zu entwickeln versucht.
Recht ähnlich, wenn auch allgemeiner und weniger auf spezielle Kontexte eines Experimentalismus konzentriert, ist der Gesichtspunkt, den wir im Zusammenhang mit der Methodologie der Interpretationsphilosophie – oder besser gesagt: des interpretatorischen Konstruktionismus – entwickelt haben und noch weiter entwickeln werden.
Alle in diesem Übersichtskapitel bisher vorgestellten Realismen, die älteren wie die zuletzt behandelten neueren, sind in gewissem Sinne noch naiv; denn sie hinterfragen nicht ihren eigenen Status als theoretische Entwürfe. Ihre Proponenten sehen nicht, daß die jeweiligen realistischen Varianten selbst Interpretationskonstruktionen und ihre Modelle Interpretationskonstrukte sind und nichts anderes. Es handelt sich eben nur nicht mehr um objektsprachliche und inhaltliche, sondern um erkenntnistheoretische Interpretationskonstrukte. Insofern sie diesen Umstand nicht berücksichtigen und den eigenen Modellcharakter nicht reflektieren, verbleiben fast alle realistischen Ansätze, die wir kurz Revue passieren ließen, doch auf einer naiven Basis – mit Ausnahme vielleicht des internen Realismus von Putnam und des noch ausführlich darzustellenden Referenzrealismus von Harré (vgl. Kap. 4).

Sehr deutlich hat auch Franz v. Kutschera (1989, 494) herausgestellt, daß weder ein rein empiristischer Realismus im ontologischen Sinne noch ein ontologischer Idealismus oder gar ein semantischer Realismus in jeweiliger extremer Zuspitzung die Wahrheit im Zusammenspiel von Beschreibung, Erkenntnis und Wirklichkeit erfassen oder sich ihr wenigstens annähern können. Semantischer Realismus ist die These, daß es eine von unseren sprachlichen Fassungen, Strukturen – generell von unserer Sprache – unabhängige Wirklichkeit, also eine »sprachunabhängige Realität« gibt, die von der beschreibenden Sprache eben in gewisser Weise erfaßt wird. Die Sprache ist also ein Instrument zur Beschreibung der sprachunabhängigen Realität, und Referenz sowie Wahrheit werden als Relation zwischen sprachlichen Ausdrücken und der sprachunabhängigen Wirklichkeit gefaßt. Kutschera stellt das so dar, daß »die Namen« (alle oder nur bestimmte Namen?) in bezug auf die vorausgesetzte Sprache objektiv reale Objekte, die Prädikate der Sprache objektive Attribute solcher Gegenstände und die Sätze entsprechend objektive Sachverhalte bezeichnen (ebd., 492). Der semantische Realismus ist also die Verneinung der (ihrerseits antirealistischen) linguistischen Relativitätsthese (nach Sapir und Whorf oder schon W. v. Humboldt), daß die Sprache erst die Wirklichkeit bestimmt und diese dann ihrerseits beschreibt. Von Kutschera verweist zu Recht darauf (ebd., 494), daß die Sprache weder nur ein »Instrument des Beschreibens« noch nur eines des »Bestimmens von Realität« ist, sondern daß in solchen extremen und radikalen »Formulierungen der Relativitätsthese« die Einsicht der Abhängigkeit des Erfaßten von unserer Sprachformulierung überspitzt wird – »ähnlich wie im Idealismus die Einsicht, daß unsere Erfahrungen nicht nur von der Außenwelt bestimmt werden, sondern auch von den subjektiven Faktoren wie der Organisation unseres Wahrnehmungs- und Denkapparats sowie von unseren Erwartungen abhängen: Beidesmal wird die Abhängigkeit eines Resultats von zwei Faktoren in die Abhängigkeit von nur einem Faktor umgedeutet, so daß der zweite als Funktion des ersten erscheint – die Welt als Produkt des Bewußtseins bzw. der Sprache« (ebd.).

Ontologischer und semantischer Realismus in diesem Sinne sind nicht identisch noch wechselseitig voneinander abhängig: Man könnte auch einen semantischen Realismus mit einem Idealismus der Existenz sprachunabhängiger Sachverhalte in Gestalt von Vorstellungsverbindungen kombinieren[8] – wie in einer klassischen transzendentalphilosophischen und idealistischen Philosophie (etwa ohne den transzendentalen Realismus des »Dings an sich« bei Kant). Umgekehrt könnte etwa eine kantische Sicht der unerkennbaren Welt an sich als hypothetisch-metaphysischer oder quasi ontologischer Realismus[9] in Verbindung mit einem semantischen Anti-Realismus vertreten werden, indem man behauptet, daß die Sprache keine Beschreibung der Welt, wie sie ist, zuläßt.

Nach einer sehr plausiblen Kritik antirealistischer (etwa bei Dummett), pluralistisch-relativistischer (bei Goodman) und internalistisch-realistischer (bei Putnam vertretener) Positionen, die zumeist unzureichende Referenz- und Wahrheitstheorien entwikkeln, insbesondere etwa das Bivalenzprinzip der Wahrheit opfern oder begründete und rationale Akzeptierbarkeit, also ein pragmatisches Kriterium im Sinne idealer Standards als Wahrheitsmaßstab verstehen, gelangt v. Kutschera zu einem »bescheideneren«, »*realistischen Realismus*« (ebd., 512ff.), der von ihm später auch als »*immanenter Realismus*« (1993, 182) charakterisiert wird. Einerseits wird die Unabhängigkeit der Welt im Sinne des ontologischen Realismus anerkannt, andererseits wird aber die Sprachabhängigkeit und die Theorieabhängigkeit der Erkenntnis und aller Zugriffsweisen zu dieser Welt anerkannt und die Welt als eine in bezug auf die Menge der Sachverhalte und der entsprechenden Beschreibungen offene aufgefaßt. Unter »Welt« versteht v. Kut-

8 Bedeutete das aber nicht, daß die Vorstellung(sverbindung)en als sprachunabhängige/nicht-sprachliche Ideen(!?) gefaßt werden müßten? Was wäre denn dann z. B. unter einer solchen bewußtseinsabhängigen, aber sprachunabhängigen Idee zu verstehen? Hier läßt sich wohl kaum ein transzendentalphilosophischer Ansatz à la Kant als Referenz anführen, denn Kant hatte ja gerade die Kategorien aus den Urteilsformen, also aus sprachlichen Kategorien abgeleitet.

9 Wenn man mit Kant die Position eines ontologischen Realismus vertreten möchte, dann bräuchte man zwar keine Aussagen über die Struktur und Erkennbarkeit der Welt, aber man müßte doch zumindest eine Existenzaussage machen. Diese wäre dann aber in kantischen Kategorien faßbar, zumindest denkbar, wenn auch nicht erkennbar. Daher formuliert Kant ja auch selbst mit aller Vorsicht keinen expliziten ontologischen Realismus; vielmehr betrachtet er das Ding an sich, dessen Existenz er *denkend* unterstellt, im Sinne seines Noumenon-Begriffs nicht als positiv – d. h. durch Kategorien –, sondern nur als negativ bzw. durch Grenzbegriffe bestimmbar; vgl. KrV, B 344.

schera »etwas, das Eigenschaften haben und Arten von Objekten enthalten kann, die wir in unserer Sprache, so wie sie gegenwärtig ist, nicht beschreiben können, etwas, das anders sein kann, als es die Theorien darstellen, die wir gegenwärtig akzeptieren« (ebd., 514). Es gibt aber doch so etwas wie einen Referenzbezug von sprachlichen Ausdrücken im Sinne des oben charakterisierten semantischen Realismus, wobei aber Theorie- und Sprachabhängigkeit der Kategorisierungen, sozusagen der herausgreifenden Formen und Funktionen der Sprache – z.B. in Gestalt von Konditionalisierungen, also in den bedingten Grundstrukturen der Konzeptualisierungen – anerkannt werden. Die begriffliche Bestimmung (Theoriebeladenheit, Sprachabhängigkeit) läßt sich also grundsätzlich nicht umgehen, ist auch »oft eine Form des Bestimmens, nicht eine Benennung von etwas bereits unabhängig von der Sprache Bestimmten«, dennoch muß diese Sprachbeladenheit ebenso wie die Theoriebeladenheit nicht absolut in dem Sinne aufgefaßt werden, daß keinerlei Beschreibung sprachunabhängiger Sachverhalte mehr möglich wäre, sondern in dem Kleid der entsprechenden Sprache und Theorien ist eine Charakterisierung der Sachverhalte durch Sätze der entsprechenden Sprache – im Sinne des semantischen Realismus – möglich: »Der semantische Realismus ist nun so zu formulieren, daß er mit dieser Konzeption der Sprache als Instrument des Begreifens verträglich ist. Diese Bedingung ist aber erfüllt, wenn die sprachunabhängige Realität, über die man mit einer empirischen Sprache im Sinne der These SR (semantischer Realismus, H.L.) spricht, als Welt im Sinne der obigen Bestimmungen verstanden wird, denn wir begreifen danach zwar die Welt mit Hilfe der Sprache, aber in einer revidierbaren, vorläufigen Weise, so daß man nicht sagen kann, die Welt sei durch eine Sprache bestimmt und damit von ihr abhängig« (ebd., 515). Die Sprachabhängigkeit wird also nicht als totale Bestimmung durch die Sprache verstanden, sondern als eine relative, die sich ausschließlich auf die Formen bzw. das Kleid der Darstellung, nicht aber auf den Gehalt bzw. die Referenz bezieht,[10] die weiterhin als Beziehung zwischen sprachlichen Aus-

10 Das läßt sich auch umgekehrt verstehen, denn mit den Annahmen einer objekthaft strukturierten Welt und eigenschaftstragender Objekte (s.o.), also mit dem vermeintlichen »Gehalt«, werden doch vielleicht nichts anderes als grammatische *Formen* der Sprache trans-

drücken und Wirklichkeit verstanden wird. Referenz ist also nur sprachlich und begrifflich *vermittelt* zu erfassen, aber nicht ausschließlich sprachproduziert oder -theorien*erzeugt*. Ebensolches gilt nach v. Kutschera auch für Wahrheit (ebd., 516). Wir müssen so etwas wie eine Wirklichkeit, die unabhängig von uns ist, unterstellen; schon wenn wir von »konkurrierenden Theorien« sprechen, hypostasieren wir so etwas wie »die gleiche Realität (oder den gleichen Realitätsausschnitt)« (ebd., S. 517), die (bzw. den) sie beschreiben. Revidierbarkeit und Alternativität von konkurrierenden Ansätzen sowohl in Theorie als auch in Sprache (Beschreibungsversionen der Welt durch Sprachwelten im Sinne der auf die Formungen eingeschränkten Relativitätsthese) sind also mit der ontologischen Unterstellung einer sprachunabhängigen Welt nicht nur vereinbar, sondern erfordern diese sogar, wenn sie sinnvollerweise konzipierbar sein sollen. (Ähnliches gilt übrigens für das Inkommensurabilitätsproblem der Wissenschaftstheorie.)

Ich denke, daß v. Kutscheras Punkte – insbesondere die hier nicht behandelten Kritiken an den antirealistischen, pluralistischen und intern-realistischen Ansätzen – richtig sind, daß aber sein eigener Sprachgebrauch etwas zu naiv auf die Unterscheidung von Welt und Sprache an sich zurückgeht, ohne explizit – und wie methodologisch erforderlich – zu berücksichtigen, daß seine eigenen erkenntnistheoretischen Ansätze natürlich auch auf höherer Stufe interpretationsgeladen sind. Der ontologische Realismus ist eine Position, die selbst auf der einfachen, deskriptiven Sprachverwendung aufbaut – und eben einfach die Trennung von Begriffswelt und Welt an sich (objektiven Sachverhalten, Gegenständen und Eigenschaften oder Relationen im Sinne der jeweils gewählten Grundsprache oder Grundtheorie) voraussetzt. Der offene, Variationen erlaubende, aber dennoch die Existenz einer sprachunabhängigen Wirklichkeit unterstellende semantische Realismus kann als eine Stufe höher zu verorten – sozusagen als eine epistemologische oder lingualistisch-erkenntnistheoretische Fassung einer

portiert, wie man spätestens seit Nietzsche und Wittgenstein kritisiert. Der semantische Realismus müßte sich also gerade gegen diese Kritik behaupten, wonach die grammatischen und tiefengrammatischen Strukturen (nicht irgendwelche Gehalte!) unsere ontologischen Annahmen prägen.

gleichsam verfeinerten theoretischen Ansatzweise – aufgefaßt werden, die i. S. der Fragestellung des erkenntnistheoretischen Realismus den ontologischen Realismus überformt. Dabei kann es durchaus sein, daß eine agnostische oder verneinende Position in Hinsicht auf den stärkeren erkenntnistheoretischen Realismus eingenommen wird (unerkennbares »Ding an sich«), obwohl wenigstens hinsichtlich der sprachlichen Bezeichnungsweisen (Referenz) dennoch semantisch realistisch die Unabhängigkeit der Dinge von der Sprache selbst anerkannt wäre.[11]

Während v. Kutschera freilich unterstellt, daß »realistisch gesehen, eine Relation zwischen sprachlichen Ausdrücken und der Welt« erst Referenz und Wahrheit begründet und geradezu die Idee des bescheidenen »realistischen Realismus« ausmacht oder erst sinnvoll macht, so hat er selber einfach – und das ein wenig zu simplizistisch – die eine Ebene des Sprechens von »der Welt« als in direkter Supposition unterstellt und nicht den Modellcharakter des interpretativen Konstrukts, der auch gerade in diesen erkenntnistheoretischen Ansatz eingeht, deutlich gesehen oder herausgestellt. Es mag sein, daß das nur eine Frage der Analyse-Ebenen, der Metastufen der Perspektiven oder Interpretationen ist, aber diese darf nicht einfach ausgelassen werden. Wir können nicht einfach den Ausdruck »die Welt« naiv im Rahmen unseres umfassenden philosophisch-erkenntnistheoretischen Ansatzes verwenden, sondern müssen sehen, daß wir beim Sprechen von »der Welt« im philosophisch verfeinerten Diskurs – insbesondere wenn es um Fragen der ontologischen Konzepte und deren Erfassung in Modellen und um die sprachlich-theoretisch-modellartige Erfassung der entsprechenden Beschreibungsweisen geht –, allenfalls

11 Faßt man sprachliche Bezugnahme- und Bezeichnungsweisen als sprachlichen Niederschlag von Erkenntnisresultaten auf, dann setzt der semantische Realismus sogar einen erkenntnistheoretischen Realismus voraus und wäre also die stärkste Realismusposition. Diese Hierarchie besitzt jedenfalls seit den drei skeptischen Thesen von Gorgias in der Philosophie Tradition. v. Kutscheras Formulierung eines »semantischen Realismus« übergeht die ursprünglich von Dummett in die Diskussion des semantischen Realismus eingebrachte These, wonach der erkenntnistheoretische und ontologische Realismus eigentlich auf der Grundlage der damit stets vorausgesetzten Bedeutungs- und Wahrheitstheorien – und in diesem Sinne überhaupt erst als »semantische Realismen« – zu diskutieren seien.

von einem Interpretationskonzept oder Interpretationskonstrukt »die Welt« sprechen können, welches im Gegensatz zum alltäglichen und üblichen Gebrauch durchaus auch gewissen Verfeinerungs- und Revidierbarkeitsbedingungen – jedenfalls unter den Maßgaben einer exakten Sprachformierung – unterliegt. Mit anderen Worten: Man muß auch die Auffassungen von Referenz und Wahrheit als Beziehungen der sprachlichen Ausdrücke zur »Welt« selbst als ein metatheoretisch-epistemologisches Konstrukt, eben als erkenntnistheoretisches Interpretationskonstrukt oder -modell auffassen. Gerade das wird z. B. auch von Dummett in der Diskussion über seinen sogenannten semantischen Realismus im Unterschied zu der hier referierten Position gefordert. Erst dann kann diese Teilabhängigkeit der Erfassung eben durch die Sprachabhängigkeit und Interpretationsabhängigkeit sowie durch Theoriebeladenheit im Gegensatz zu der Unterstellung der unabhängigen Wirklichkeit auf der Stufe der naiven Sprechweise deutlicher herausgearbeitet werden. Alle erkenntnistheoretischen Modelle der Sprachauffassungen sind ihrerseits interpretationsimprägniert, interpretationsbeladen oder eben teilweise abhängig von konstruktiven Gesichtspunkten der Modellkonzeption, wie sie den erkenntnistheoretischen Ansätzen zugrundeliegen. Erkenntnis von »Welt« und Reden über »Welt« ist immer nur in Erfassungsformen möglich, die sowohl sprachimprägniert, theorieimprägniert als auch schematagebunden sowie interpretationsimprägniert im weitesten Sinne des Wortes sind.
Dennoch können unser Normalrealismus des Common sense und der ontologische Realismus mit guten Gründen unterstellt werden, aber diese Gründe sind im wesentlichen praktischer und pragmatischer Art: Wir können eben keine alternativen theoretischen Beschreibungen und Erkenntnisfortschritte, keine konkurrierenden Weltsichten miteinander vergleichen, wenn wir nicht praktisch handelnd und erkennend so etwas wie ein erkenntnistheoretisches und handlungsrealistisches Modell des ontologischen Realismus unterstellen, also uns auf in gewissem Sinne naive Sprechweisen einlassen. Auch aus lebenspraktischen Gründen ist der Realismus unumgänglich, selbst wenn er gegenüber einem an übertrieben raffinierten Standards ausgerichteten Skeptizismus, nicht bewiesen werden kann. Der Realismus in diesem Sinne ist also ein etwas differenzierterer pragmatischer Realismus, der zwar »bescheidener« ist und mit den zuvor diskutierten Formen des

moderaten, gemäßigten, schwachen Realismus weitgehend übereinstimmt oder vereinbar ist, der jedoch durchaus keine einseitige erkenntnistheoretische Variante eines deskriptiven Realismus bedeutet und etwa die Einzigkeit wissenschaftlicher Beschreibungen der realen Welt (wie im strengen wissenschaftlichen Realismus unterstellt) annehmen würde. Es gibt gute, praktische, lebenspraktische und pragmatische (performative Widersprüche vermeidende) Gründe für bestimmte Varianten des Realismus, des abgeschwächten Realismus, die zeigen, daß ein solch bescheidener oder Theorieabhängigkeiten und Sprachabhängigkeiten im Kategorisieren bzw. Konzeptualisieren anerkennender, gleichsam »intern(alistisch)er Realismus« in diesem Sinne (vgl. v. Kutscheras (1993) »immanenter Realismus«) als pragmatischer Realismus formuliert werden kann, der sich auf gute Gründe stützt, aber keinen irgendwie gearteten absoluten Beweis zuläßt. Darüber hinaus muß ein solches Modell selbst als ein erkenntnistheoretisches Konstrukt, also als selbst interpretationsimprägniert, wenn auch aus pragmatischen Gründen, aufgefaßt werden und kann seinerseits nur in recht verwickelter, gleichsam »sophistizierter« Weise als ein Realismus aufgefaßt werden. Als ein Realismus des Bezugs von Sprache und Welt kann, ja, muß dieser eingeschränkte Realismus auf einer bestimmten objektsprachlichen oder der Objektsprache näheren Ebene verstanden werden, die ihrerseits überformt wird durch das diesen Realismus eben als ein erkenntnistheoretisches Interpretationsmodell auffassendes metastufiges Herangehen. In einer der Objektsprache näheren Sprechweise handelt es sich in der Tat bei dem realistischen Bezug – etwa des Referenzbegriffs – um eine Relation zwischen sprachlichen Ausdrücken, theoretischen Konzepten (etwa theoretischen Entitäten) und »der Welt«, wie wir sie normalsprachlich, naiv verstehen. In anderer, höherstufiger Hinsicht, die erkenntnistheoretisch differenzierter ist und eben den Modellcharakter des naiven Sprechens in Betracht zieht, handelt es sich bei dem relationalen Zusammenspiel zwischen sprachlich-theoretischen Ausdrücken einerseits und »der Welt« andererseits ebenfalls um ein, eben nun *epistemologisches* Konzept, das seinerseits Varianten der Konstruktion zuläßt, jedenfalls selbst – auf dieser höheren Stufe – interpretationsimprägniert ist. Die grundsätzliche Abhängigkeit von mehreren Faktoren, etwa von der (auf niederer Stufe so bezeichneten) Wirklichkeit sowie von der Konstruktbildung auf der höheren

Stufe der sprachlich-begrifflichen Formierung oder theoretischen Imprägnierung, ist damit nicht geleugnet, sondern ausdrücklich einbezogen. Revidierbarkeit, Alternativität und pragmatische Verwendung sowie Kommunizierbarkeit und Handlungsorientierung in der Normalwelt des Alltags sprechen für ein solches Konzept des pragmatischen Realismus. Jeglicher eingeschränkte Realismus ist auf höherer Stufe auch ein interpretationsimprägnierter. Es ist sicherlich richtig, daß wir über die Welt und ihre Beschaffenheit immer nur in einer Sprache und abhängig von Interpretationen und Theorien sprechen können und dabei schon ontologisch relevante Unterstellungen implizit einbringen. Realismus und Interpretationismus sind insofern vereinbar, als wir auf bestimmten Stufen der pragmatischen Welteinstellung notwendig realistische Modelle unterstellen und annehmen müssen, auch wenn diese sich auf anderer Stufe wiederum als interpretationsimprägniert, also aus dieser Sicht als konstruktionsabhängige, wenn auch pragmatisch notwendige, Modelle erweisen. Realismen sind methodologisch gesprochen eine Angelegenheit von Interpretationskonstruktionen auf bestimmten Stufen. Auch ein pragmatisch notwendiger Realismus ist interpretationsintern, jedenfalls von dieser Warte aus. Jeder pragmatische, jeder »schwache« oder eingeschränkte Realismus ist methodologisch-erkenntnistheoretisch eine (Unter-)Variante des Interpretationismus. Wir können von einem *interpretationistischen Realismus* oder einem pragmatisch-realistischen Interpretationismus sprechen.

2.2.6 Abgeschwächte Realismen und Interpretationismus

Zusammenfassend kann man zum Stand der Debatte über Abschwächungen des Realismus feststellen: Der pragmatisch-realistische Interpretationismus i. S. eines an hypothetische realistische Unterstellungen gebundenen Schemainterpretationismus hat Gemeinsamkeiten sowohl mit dem »realistischen Realismus« v. Kutscheras (s. o.) wie auch mit dem problematizistisch-transzendentalphilosophischen »rudimentären« externen Realismus Röds; er geht jedoch angesichts der direkten Positionen und Sprechweisen von der »Wirklichkeit an sich« bzw. angesichts möglicher Unterstellung von »Strukturen«, »Ordnungen«, »Relationen« in der

Wirklichkeit insofern differenzierend über diese Ansätze hinaus, als solche Konzepte jeweils im Licht der Interpretationskonstruktbildungen auf den unterschiedlichen Interpretationsstufen gesehen werden und dementsprechend auch erlauben, die transzendentalen Fragen nach den Bedingungen der Modellbildungen und der Erfahrungsanalyse selbst differenzierter und präziser zu stellen.

Allgemein kann man sagen, daß man selbst die sehr indirekten Realismen, wie den internen, »realistischen«, abgeschwächten, moderierten oder »blinden« und schließlich dem »rudimentären« Röds, methodologisch noch etwas differenzierter hinterfragen und die Redeweisen von »der Wirklichkeit an sich« oder »dem externen Realen« selber als erkenntnistheoretische Konstrukte einer bestimmten Stufe auffassen muß, was freilich nicht bedeutet, daß diese Konstruktbildungen willkürlich seien, sondern sie sind gerade lebenspraktisch und auch intern unter Konsistenzgesichtspunkten unerläßlich. Die ihrerseits schon sehr indirekte Bezugnahme auf »das Reale an sich« in diesen Modellen des abgeschwächten Realismus ist also nochmals zu relativieren, noch indirekter, sozusagen zweigestuft indirektistisch, zu konzipieren. Auch im denkenden Erfassen kommen wir aus den interpretationsgebundenen Modelldeutungen nicht heraus.

Dies bedeutet freilich nicht, daß alle Interpretationsimprägniertheiten nunmehr willkürlich oder beliebig oder variabel wären, wie das Vorkommen von Ur- oder Primärinterpretationen (vgl. Bd. 1, 259) zeigt. Auch in einer doppelt indirektistischen Verkleidung macht ein realistischer Ansatz Sinn, löst das, was von den Ausdrücken »Wirklichkeit an sich«, oder »das Reale an sich« bezeichnet wird, keineswegs in Beliebigkeit auf. Zwar ist alles nur interpretationsgebunden oder interpretationsimprägniert erfaßbar, aber dies bedeutet nicht, daß alles Existierende auch lediglich Interpretation oder Interpretationskonstrukt sei, selbst wenn alles in der Tat auch und nur unter den Formen interpretativer Konzepte *erfaßbar* ist. Interpretation ist nicht alles, nicht alles ist interpretativ; doch alles ist als Etwas nur interpretatorisch erfaßbar. Die Erfassung einer als interpretationsunabhängig unterstellten Verfassung einer Wirklichkeit an sich, ja, selbst deren Konzeption, ist nur interpretatorisch möglich. Dennoch können und müssen lebenspraktisch Existenz und Verfassung der Realität an sich als das deutungsunabhängige »Andere der Interpretation«

aufgefaßt werden – selbstverständlich freilich in deutender Form und interpretationsimprägnierter Weise.

2.3 Der wissenschaftliche Realismus als Wahrheitsrealismus

In diesem Abschnitt soll ein charakteristischer Zug aller bisher vorgestellten Realismusansätze näher betrachtet werden, der gerade in der neueren Realismusdiskussion besondere Bedeutung erlangte. Für alle diese Ansätze gilt nämlich, daß sie – soweit es sich nicht um Ansätze handelt, die von vorneherein einen Als-ob-Standpunkt vertreten – *die Realismusfrage an die Wahrheitsfrage und an das Prinzip der Zweiwertigkeit der Wahrheit, das sog. Bivalenzprinzip, knüpfen*. Die Realismusannahme wird an die These gekoppelt, daß jeder theoretische Satz im Rahmen eines größeren Satzsystems einen festen Wahrheitswert besitzt, und zwar nur entweder »wahr« oder »falsch«, etwas Drittes gebe es nicht (vgl. etwa zur Diskussion Newton-Smith 1989).
Da die meisten Theorien falsch sind bzw. sich später als falsifiziert herausstellen, stellt sich natürlich die Frage, wie wir überhaupt sicher sein oder gerechtfertigt annehmen können, daß die jeweils gegenwärtig beste, fortgeschrittenste und favorisierte Theorie in einer bestimmten Domäne wahr sei; denn aller Wahrscheinlichkeit nach wird auch sie nach einigen Jahr(zehnt)en als abgesunkenes Kulturgut in das Kuriositätenkabinett der falschen Theorien eingehen. Mit anderen Worten: es gibt keine Möglichkeit, eine absolute oder auch nur sehr hohe Sicherheit für das Überdauern einer Theorie zu erlangen.
Auch der zeitweilige Erfolg von Theorien kann hier nicht viel zur Garantie beitragen: Der Erfolg der Ptolemäischen Astronomie z. B. für die Voraussage von bestimmten Sternkonstellationen oder für die Nautik usw. ist nicht zu bezweifeln – dennoch ist die Theorie längst falsifiziert. Ähnlich steht es mit verschiedenen Theorien, die z. T. jahrhundertelang als die präzisesten und bestgesicherten Theorien überhaupt galten; man denke etwa an die Newtonsche Gravitationstheorie oder die Newtonsche Dynamik. Theoretisch sind heute beide durch die Allgemeine und die Spezielle Relativitätstheorie überholt. Letztere, die Relativitätstheorien, sind durch viele entscheidende Experimente inzwischen

besser bestätigt als die Newtonschen Theorien, weil eben bestimmte Phänomene nur durch sie erklärt oder vorausgesagt werden können – Ereignisse und Prozesse, die Newtons Theorie nicht erklären konnte – wie bspw. die Lichtablenkung im Schwerefeld der Sonne, die Präzession der Perihelbewegung des Merkur im Laufe eines Jahrhunderts usw. Neuerdings sind auch wieder eine Reihe von weiteren Bestätigungen der Allgemeinen Relativitätstheorie gelungen, die zeigen, daß die Allgemeine Relativitätstheorie hinsichtlich der Gravitationsphänomene tatsächlich die Newtonsche Theorie überholt hat. Trotzdem hat man mehrere Jahrhunderte geglaubt, daß die Newtonsche Theorie das »Non plus ultra« sei. Kant z. B. war ja geradezu begeistert vom Triumph der Newtonschen Theorie und hielt sie für so sicher, daß er gar glaubte, das Gravitationsgesetz a priori, also erfahrungsunabhängig, herleiten zu können. Selbst heute noch wird die Newtonsche Theorie ja für Berechnungen von Satellitenbahnen usw. verwendet, obwohl sie »falsch« ist, wiederholt falsifiziert wurde und daher nicht mehr als die beste und der Wahrheit »am nächsten stehende« Theorie angesehen werden kann. Die historischen Beispiele zeigen also, daß das Wahrheitsprinzip in dem Sinne, daß die generellen Sätze einer Theorie entweder wahr oder falsch sein müßten, zweifelhaft ist. Fragwürdig ist ganz allgemein die vermeintlich endgültige Zuschreibung von Wahrheitswerten zu generellen theoretischen Hypothesen oder Theorien.[12]
Auch das *Korrespondenzprinzip der Wahrheit*, wonach die Wahrheit eines Satzes in dessen Übereinstimmung mit der Wirklichkeit bestehe, ist problematisch. Man kann eben gar nicht unabhängig von angenommenen Sätzen, von theoretischen Entwürfen, unter Umständen von experimentellen und damit schon theoriegebundenen Zugriffen feststellen, wie und ob ein Satz mit der Wirklichkeit übereinstimmt. Diese »Übereinstimmung« ist nicht unabhängig von bereits hypostasierter Wahrheit, nicht unabhängig von

12 Der wissenschaftliche Realismus auf der Grundlage des Bivalenzprinzips behauptet freilich (etwa schon seit E. Nagels *Structure of Science*) nicht die Wahrheit von bestimmten (erfolgreichen) Theorien, sondern vielmehr die »Wahrheits- bzw. Falschheitsfähigkeit« von allgemeinen Sätzen, und zwar gerade auch *unabhängig von unseren Fürwahrhaltungen* und Erkenntniszugängen. Die definitive Zuweisung des Wahrheitswertes »falsch« ist demnach genauso problematisch wie die definitive Zuweisung von »wahr«.

Sätzen, Satzfeststellungen und Satzüberprüfungen feststellbar. Wir haben keinen theorieunabhängigen, keinen sätzeunabhängigen, keinen interpretationsunabhängigen Zugang zu einer jenseitigen Wirklichkeit und können dort nichts theorieunabhängig oder interpretationskonstruktefrei überprüfen. Die Korrespondenztheorie der Wahrheit läßt sich also in der traditionellen Form nicht mehr einfach verfechten. Daher ist die Verteidigung des traditionellen korrespondenztheoretischen Wahrheitsrealismus aus heutiger Sicht äußerst problematisch.

Eine umfassende Kritik des wissenschaftlichen Realismus als Wahrheitsrealismus legte in letzter Zeit Rom Harré in seinem Buch *Varieties of Realism* (1986) vor, auf das später noch ausführlich einzugehen ist (vgl. Kap. 4). Harré setzt sich mit den Problemen des Realismus zwischen Wahrheitsrealismus und Entitätenrealismus auseinander, das heißt mit der Frage, welche Gegenstände nun wirklich existieren und wie wir von der Existenz von Gegenständen sprechen, sowie mit der Frage, ob der Realismus primär auf Annahmen über die Wahrheit von Sätzen oder über die Existenz von Entitäten zu gründen ist. Wie bereits gesagt, wurde der wissenschaftliche Realismus meistens durch den korrespondenztheoretischen Wahrheitsrealismus definiert – so z. B. in dem bekannten Buch *The Rationality of Science* von Newton-Smith (1981), der den realistischen Standpunkt eben dadurch expliziert, daß theoretische Sätze der Wissenschaft wahr oder falsch sein können, ja, müssen und es eine dritte Möglichkeit nicht gebe.[13] Newton-Smith geht davon aus, daß jeglicher wissenschaftliche Realismus ein Wahrheitsrealismus ist; das Realismusproblem hängt also seiner Meinung nach grundsätzlich mit der Definition und Anwendung des Wahrheitsprädikates bei theoretischen Sätzen und wissenschaftlichen Theorien zusammen. Diese These kann man in gewissem Sinne das Zweiwertigkeitsprinzip der Wahrheit oder des wissenschaftlichen Realismus nennen. Theorien oder theoretische Sätze einer jeden Wissenschaft sind wahr

13 Wir befassen uns hier zwar nicht nur mit dem wissenschaftlichen Realismus, sondern allgemein mit Fragen des Realismus. Dennoch kann man sagen, daß die Diskussion des wissenschaftlichen Realismus in der allgemeineren Realismusproblematik auch für die Art der gegenwärtigen Auseinandersetzung charakteristisch ist, da man davon ausgeht, daß die wissenschaftliche Erkenntnis die fortgeschrittenste Form der Erkenntnis und der Konfrontation mit Realität überhaupt ist.

oder falsch aufgrund dessen, »wie die Welt ist«, so stellt es etwa Rom Harré in seiner Besprechung und Kritik des Zweiwertigkeits- und des Korrespondenzprinzips der Wahrheit dar. Theoretische Sätze einer jeden Wissenschaft sind wahr oder falsch – allein oder vorwiegend bzw. entscheidend – aufgrund dessen, »wie die Welt ist« – das ist der Ausgangspunkt für den wissenschaftlichen Wahrheitsrealismus.

Wir haben bereits gesehen, daß die meisten besprochenen Varianten des wissenschaftlichen Realismus ähnlich argumentieren und ähnliche Grundlagen haben. Z. B. spricht Mary Hesse ausdrücklich von der Wahrheit von theoretischen Sätzen als Kennzeichen des wissenschaftlichen Realismus. Auch Putnam bekannte im Anschluß an Michel Dummett: »Ein Realist im Hinblick auf eine gegebene Theorie oder einen gegebenen Diskurs behauptet, daß erstens die Sätze dieser Theorie wahr oder falsch sind. Und zweitens, daß das, was sie wahr oder falsch macht, etwas Externes ist, d. h., es ist im allgemeinen nicht in unseren Sinnesdaten, seien sie aktuell oder potentiell aufgefaßt, oder in der Struktur unseres Geistes oder in der Sprache usw. vorhanden« (Putnam 1975, 69 f.). Das heißt also, die externe Realität entscheidet darüber, was wahr oder falsch an unseren Sätzen ist; sie ist die Entscheidungsinstanz. Es zeigt sich hier, daß der wissenschaftliche Realismus oder der Realismus generell herkömmlicherweise als Wahrheitsrealismus aufgefaßt wurde. Das Wahrheitsprinzip der Zweiwertigkeit ist allerdings problematisch und fragwürdig. Man kann sogar sagen, daß der wissenschaftliche Realismus, soweit er durch diesen Wahrheitsrealismus im Sinne des Zweiwertigkeitsprinzips der Wahrheit definiert wird, gravierende methodologische Schwierigkeiten aufweist, so daß diese Version eines Wahrheitsrealismus nicht zu retten ist.

Bevor wir im übernächsten Kapitel auf Harrés eigenen Ansatz eines Referenzrealismus eingehen, seien hier zunächst einige der wichtigsten Argumente resümiert, die gegen die umfassende Annahme des Zweiwertigkeitsprinzips und auch des Korrespondenzprinzips der Wahrheit sprechen und damit gegen die Definition des wissenschaftlichen Realismus bzw. des Realismus generell im Sinne oder mit Hilfe dieses Zweiwertigkeitsprinzips:

a) Bei der Diskussion des »blinden Realismus« von R. Almeder wurde bereits festgestellt: Wir können nicht sicher sein und in bezug auf jeden Satztyp wissen, welche Sätze aus unseren wissenschaftlichen Theorien wahr sind. Die Frage ist, ob z.B. die Newtonsche Physik in ihren Grundaxiomen »wahr« genannt werden kann. Jahrhundertelang hat man das gedacht, und doch meint man heute, daß es sich um eine falsifizierte, überholte Theorie handelt, obwohl sie faktisch und praktisch immer noch verwendet wird.

b) Verschiedene Theorien können empirisch dasselbe leisten. Wenn man beispielsweise daran denkt, daß die Newtonsche Gravitationstheorie durch kleine Ad-hoc-Zusätze etwa zum Gravitationsgesetz ergänzt werden kann, dann kann man auch die Berechnungen, die z. B. zu irgendwelchen Besonderungen im Zusammenhang mit der Einsteinschen Theorie führen, in der Newtonschen Theorie nachvollziehen.[14] Z.B. kann man durch ein Korrekturglied auch die Perihelbewegung des Merkur, die Präzession des äußersten Punktes der Merkurbahn bei seiner Bahn um die Sonne, durchaus berücksichtigen. Ähnliches mag gelten etwa für die Erfassung der Lichtablenkung im Schwerefeld, wenn man die Korpuskeltheorie des Lichtes zugrunde legt. Verschiedene Theorien können also empirisch dasselbe leisten, d.h. gleiche Meßwerte ergeben. Wenn sie aber dieselbe Leistungsfähigkeit haben, im logischen Sinne jedoch verschieden, genauer: miteinander unvereinbar sind, dann kann nur höchstens eine von ihnen wahr sein. Sie schließen einander aus, d. h., wenn die eine wahr ist, dann muß die andere falsch sein. Wir könnten aber bei gleicher Leistungsfähigkeit eigentlich eine derartige Unterscheidung empirisch nicht treffen, es sei denn, man nimmt eine solche Unterscheidung nur anhand von Ad-hoc-Gründen vor. Man kann z. B. sagen, daß bei der Korrektur des Newtonschen Gravitationsgesetzes durch ein Zusatzglied, das nur ad hoc dazu eingerichtet ist, um bspw. die Präzession der Perihelbewegung des Merkurs auszudrücken, sich keine neue allgemeine Theorie ergibt. Die bloße Einfügung eines Ad-hoc-Gliedes macht die modifizierte Theorie weniger vertrauenswürdig als etwa ein genereller Neuansatz, wie er in der Einsteinschen Gravitationstheorie vorliegt. Trotzdem

14 Die Frage ist dabei allerdings, ob solche »Korrekturglieder« physikalisch interpretiert werden können (d. h., ob ihnen eine direkte Meßgröße zugeschrieben werden kann) oder ob das Gesetz damit nicht einfach den Status einer beliebig anpaßbaren numerischen Gleichung erhält.

kann man sagen, daß in der theoretischen Physik vielfach mit einer Einführung von solchen Ad-hoc-Gliedern gearbeitet wird. Man führte öfter, etwa in der Elementarteilchen-Theorie, zusätzliche Glieder ein und postulierte u. U. gewisse Entitäten, von denen man hofft, daß sie später gefunden werden können usw. Entsprechende Maßnahmen haben auch in der traditionellen Theorie der Astronomie zu erheblichen Erfolgen geführt; man denke etwa an die Einführung der Annahme bestimmter zusätzlicher Planeten aufgrund von Störungsrechnungen bei bestimmten Bahnunregelmäßigkeiten, welche im letzten Jahrhundert zur Entdeckung des Planeten Neptun und auch des Pluto geführt hat. Mit anderen Worten, es gibt durchaus auch methodologisch eine Berechtigung, mit solchen Ad-hoc-Annahmen zu arbeiten – in der Hoffnung, daß sich diese heuristische Annahmen dann später als richtig bzw. fruchtbar herausstellen werden. Aber es geht hier ja um die Beurteilungsfrage und nicht um die Frage, wie der Wissenschaftler heuristisch vorzugehen hat.

c) Die Wahrheitsakzeptanz oder die Frage, nach welchen Kriterien man eine Theorie als »wahr« annimmt oder akzeptieren soll, welche man demgegenüber verwirft und wie im Konkurrenz- oder Konfliktfall zwischen zwei Theorien zu entscheiden ist, stellt ein weiteres kritisches Problem dar. Die Wissenschaftsgeschichte legt nahe, daß hier kein klares Kriterium zu finden ist, sondern daß die Wahrheitsakzeptanz historisch recht wandelbar ist. Fast alle Theorien, die man bisher in der Wissenschaft entwickelt hat, erwiesen sich schließlich als unzureichend oder »falsch«; denn jede vergangene Theorie wurde wieder durch eine neue überholt, welche die alte verdrängte, etwa aufgrund eines falsifizierenden Experiments dann außer Kraft setzte, falsifizierte. Doch auch rein theoretische Fortschritte, Eleganz, systematische Einfachheit, umfassender Charakter usw. spielten neben der besseren empirischen Erklärungs- und Vorhersagekraft eine Rolle für die Theorieakzeptanz. Mit anderen Worten, Wahrheitsakzeptanz ist historisch wandelbar und *von mehreren Gesichtspunkten* mitbestimmt. Das scheint dafür zu sprechen, daß es keine einfachen und eindeutigen Kriterien gibt zur Feststellung, welcher von zwei miteinander inkompatiblen, empirisch gleichwertigen oder gleich leistungsstarken Theorien das Prädikat ›Wahrheit‹ zuzuschreiben ist. Haben wir ihnen immer nur vorläufige Wahrheit zugesprochen bzw. zuzusprechen? Kann man nur von vorläufiger, tentativer

Wahrheitsvermutung oder relativer Wahrheitsnähe sprechen? Daß die letztere Lösung nicht unproblematisch ist, wurde weiter oben schon angedeutet. Wenn man nämlich von der Approximation der Wahrheit »in the long run« oder im »Unendlichen« redet, dann muß man entweder in der Lage sein, den Abstand vom unendlich fernen Wahrheitspunkt zu messen oder zu schätzen oder man muß statt ›Wahrheit‹ ein anderes Prädikat einführen, etwa ›Wahrheitsähnlichkeit‹ (verisimilitude), wie es z. B. Popper und die Popperianer tun, aber bisher noch nie wirklich präzise expliziert und definiert haben. Oder man muß es dabei belassen, daß man hier einen idealisierten Begriff hat und im Grunde nur von der utopisch fernen Wahrheit redet, die man aber doch nie erlangen kann, die nie operational greifbar wird. Wahrheit in diesem Sinne ist also prinzipiell nicht zugänglich.

d) Ist Wahrheit also nur pragmatisch, gebunden an eine historische Entwicklungsepoche oder an eine bestimmte kulturelle Tradition, zuzuschreiben und insofern auch immer vorläufig? Ist Wahrheit kein semantisches Prädikat in dem Sinne, daß ein Satz allein aufgrund seiner Bedeutung und unabhängig von der Rolle, die er in einer Zeit spielt, und von seiner Bedeutsamkeit für Sprecher und Hörer bzw. für eine wissenschaftliche Gemeinschaft, »wahr« ist? Sind »Wahrheit« und das Prädikat »ist wahr« also nur pragmatische Prädikate? Kann man nur die rational gerechtfertigte Akzeptierbarkeit, die zeitgebundene Akzeptanz als »*die* Wahrheit« auffassen? *Die* Wahrheit kann nicht mit der jeweiligen Fürwahrhaltung gleichzusetzen sein. Was heute für mich akzeptierbar ist, kann übermorgen schon nicht mehr akzeptierbar sein oder umgekehrt: Was heute nicht akzeptierbar ist, kann sich in Zukunft als akzeptierbar erweisen; auch können sich die Rechtfertigungen durchaus wandeln. Mit anderen Worten, die gerechtfertigte Akzeptierbarkeit – wenn man »rechtfertigen« im Sinne des rationalen Argumentierens versteht, also im Sinne einer methodischen systematischen Rechtfertigung – ist ein pragmatischer Begriff. Das würde heißen, daß Wahrheit sich als relativ erwiese in bezug auf eine bestimmte historische Situation, in bezug auf Sprecher, Empfänger usw. Der Wahrheitsbegriff würde dann sehr variabel anwendbar, gleichsam »politisiert«, denn er würde von der Akzeptanz oder von der Durchsetzung von Rechtfertigungsargumenten in der Scientific community abhängig. Das ist eine These, die heute vielfach vertreten wird, sowohl von den Anhängern von Thomas S. Kuhn (von Kuhn selbst übrigens späterhin nicht mehr!), als auch etwa von vielen Wissenschaftssoziologen des sog. strengen Konstruktivismus, welche versuchen, die wissenschaftstheoretischen Fragen dadurch zu beantworten, daß sie die Wissenschaftler und ihre Tätigkeit nach dem Muster ethnologischer Studien, also wie einen fremden Stamm, untersuchen. Auf diese Weise versuchen sie nachzuzeichnen, welchen Kriterien der Wissenschaftler nun wirklich folgt. Es ist klar, daß man auf solch eine empirische Untersuchung der Verhaltensweisen, der faktischen Verhaltensweisen der Wissenschaftler keine normativen Aussprüche gründen oder gar zu Rechtfertigungskriterien für Theorien im methodologischen Sinne gelangen kann. Aber es wäre durchaus interessant, die Wechselverbindungen zwischen diesen konstruktivistischen wissenschaftssoziologischen Ansätzen einerseits und den wissenschaftstheoretischen Kriteriendiskussionen andererseits genauer auszuführen und weiterzuverfolgen.

Man kann natürlich auch, wie Hilary Putnam, die rationale Rechtfertigung der Akzeptierbarkeit als einen Idealbegriff verstehen. Idealisierte rationale Rechtfertigung oder idealisierte gerechtfertigte Akzeptierbarkeit von Sätzen würde dann letztlich als ein Kriterium dafür verwendet, daß bestimmte Sätze »wahr« sind. Doch wird der Begriff Wahrheit damit letztlich entgegen der allgemeinen Intuition »pragmatisiert«. Ich hatte schon gesagt, daß Putnam in seinem Buch *Vernunft, Wahrheit und Geschichte* die Wahrheit im Sinne einer Art von Synonymität als idealisierten Begriff einer ins Unendliche projizierten rationalen Akzeptierbarkeit definierte, aber später in seinem Buch *Repräsentation und Realität* nur behauptete, daß es sich hierbei um ein Kriterium und nicht um eine Definition handelt. Das heißt, daß beide Begriffe voneinander verschieden sind, aber in Wechselwirkung miteinander stehen; alles was sich als »wahr« in der Wissenschaft erweist, wäre letztlich unter diesem Gesichtspunkt der idealisierten rationalen Akzeptierbarkeit zu sehen. Und umgekehrt: was dem Kriterium der idealisierten gerechtfertigten Akzeptierbarkeit genügt, wäre dann auch als »wahrer« Satz oder als »wahre« Theorie anzusehen. Es handelte sich also nur um Wechselbegriffe, aber nicht um eine Synonymität oder definitorische Austauschbarkeit.

Der Rückgriff auf Idealisierungen löst das Problem freilich ebensowenig wie die weiter oben erörterte Approximationstheorie der

Wahrheit. Die dort vorgebrachten Argumente über Utopismus und Nichtoperationalisierbarkeit gegen die Approximationstheorie der Wahrheit sind hier ganz ähnlich zu konstruieren; sie richten sich auch gegen die Idealisierung der rationalen Akzeptierbarkeit – ähnlich wie etwa gegen Peirce' Idee der Wahrheit als der »end«gültigen Konsensfähigkeit derjenigen Theorien, die von den Wissenschaftlern am Ende aller Geschichte in einer utopischen großen Versammlung nun einstimmig als wahr erklärt würden. Alle diese Idealisierungen sind wenig greifbar. Sie unterstellen ein ebenfalls hinreichend oft widerlegtes Bild von der linearen wissenschaftlichen Entwicklung; sie stellen nämlich die Theorienfortschritte als kumulativ dar, als stetiges Aufbauen, als Wachstum. Mit anderen Worten: die Entwicklung der Wissenschaft wird so wie der Ausbau neugewonnenen Landes durch Deichbau an der Nordsee dargestellt. Das ist jedoch ein Bild des Wachstums, das sich insbesondere durch die wissenschaftlichen Revolutionen, wie sie beispielsweise in der Mathematik und Physik zu Beginn dieses Jahrhunderts oder mehrfach auch in den Sozialwissenschaften stattfanden, als ungeeignet erwiesen hat. In den Wissenschaften wurden die Grundlagen immer wieder umgestürzt, »revolutioniert«, und es ist nicht einsichtig zu machen, daß dies in Zukunft anders sein wird. Man beginnt immer wieder die Fundamente umzulegen, neu zu gestalten, baut von unten neu, weil man nicht mehr an die alten Fundamente anbauen kann: Das Bild von der Wissenschaft als einem kumulativ fortschreitenden Unternehmen ist ein Bild, das durch wissenschaftsgeschichtliche Studien endgültig widerlegt worden ist. So hatten insbesondere Thomas S. Kuhn und auch schon Paul K. Feyerabend vor ihm, nachgewiesen, daß wissenschaftliche Revolutionen nicht nach dem Muster des kumulativen Wachstums gedeutet werden können. Die Galileische Physik ist kein Ausbau oder Anbau der Aristotelischen Physik. Auch etwa Einsteins Revolution der klassischen Kinematik und Dynamik sowie auch der Gravitationstheorie durch seine Spezielle und Allgemeine Relativitätstheorie ist eine Grundlagenrevolution, welche die meisten traditionellen Grundbegriffe außer Kraft setzte, ganz neue Grundkonzeptionen einsetzte, neue Gesetze postulierte und nicht etwa nur das gesammelte klassische Kulturgut der Wissenschaft einfach ausbaute und ergänzte. ›Revolution‹ heißt ja im ursprünglichen Sinne »Umwälzung«.
Man kann nicht einfach davon ausgehen, daß Begriffe, die in un-

terschiedlichen theoretischen Ansätzen vorkommen, dasselbe meinen, dieselben Gehalte haben oder sich gar auf dieselben Gegenstände beziehen, obwohl eine gewisse Gemeinsamkeit letztlich immer noch die Grundlage ist, die für den Theorienvergleich herangezogen wird. Von Mary Hesses Übersetzungsargument war bereits oben die Rede. Aber auch ein Experimentalphysiker geht intuitiv etwa davon aus, daß z. B. Elektronen, deren Bahnen nach klassischen Theorien berechnet werden, die gleichen »Gegenstände« sind wie jene Elektronen, die in bezug auf ihre relativistischen Effekte bei besonders schneller Bewegung berechnet werden. Mit anderen Worten, man geht eigentlich von der Voraussetzung aus, daß die Gegenstände, auf die sich die Theorie bezieht, »die gleichen« sind, obwohl die Theorien ganz unterschiedlich sind. Ist aber diese Voraussetzung gerechtfertigt? Kann man davon ausgehen, daß die Gegenstände, auf die die Ausdrücke der Theorien »referieren«, also bspw. »Elektron« oder »Elementarteilchen« oder »Atom«, in verschiedenen Theorien dieselben Gegenstände bezeichnen? Man *muß* das wohl unterstellen. Übrigens wird das auch jeder experimentierende Wissenschaftler tun; und es ist auch gerechtfertigt, daß er von dieser Annahme ausgeht. Doch diese Rechtfertigung ist letztlich natürlich abhängig von einem Postulat, von einer methodologischen Unterstellung; und diese Unterstellung ist ihrerseits zunächst keineswegs durch irgendein zwingendes Argument begründet.
Gegen das Kumulationsmodell der wissenschaftlichen Entwicklung und allgemein gegen die Vorstellung einer Vergleichbarkeit und Fortschrittsmeßbarkeit verschiedener Theorien wurde die Idee von der grundsätzlichen Inkommensurabilität verschiedener wissenschaftlicher Ansätze insbesondere von Paul Feyerabend vorgebracht und entwickelt. Nach der Inkommensurabilitätsthese der Wissenschaftstheorie wären etwa die Welt der klassischen Physik einerseits und die Welt der Relativitätstheorien oder die Welt der Quantenphysik andererseits so voneinander verschieden, daß sie im Grunde ganz andere wissenschaftliche Konzeptionen, Weltbilder aufspannen, daß sie eigentlich gar nicht mehr kommensurabel (vergleichbar) sind. Das sieht man z. B. schon daran, daß äußerlich gesehen zwar gleiche Begriffe in den Theorien vorkommen, wie z. B. der Energiebegriff, der Impulsbegriff usw., und auch etwa gleichartige Zeitvariablen, daß aber diese Größen ganz unterschiedlichen Gesetzen in den klassischen und trans-

klassischen Theorien genügen. Insofern als die theoretischen Begriffe in ihrer Bedeutung durch die Gesetze, in denen sie auftreten, wenigstens mitdefiniert werden, handelt es sich um ganz verschiedene und inkommensurable Begriffe (man spricht von »Gesetzesbündelbegriffen«, Begriffen, deren Bedeutung wesentlich durch das Bündel von Gesetzen, in denen sie auftreten, mitbestimmt wird). Es ist klar, daß diese Begriffe gar nicht mehr explizit miteinander kommensurabel sind, selbst wenn sie eine ähnliche Stellung innerhalb ihrer jeweiligen Theorie einnehmen. Die Impulsbegriffe, Energiebegriffe, selbst die Variablen »Zeit« und »Ort« sind in den klassischen und den transklassischen physikalischen Theorien voneinander zu unterscheiden. Es handelt sich um unterschiedliche Begriffe, die nicht einfach aufeinander zurückgeführt werden können, weil sie sich bedeutungsmäßig und logisch-strukturell dadurch unterscheiden, daß sie in verschiedenen Gesetzen vorkommen, die ihre (strukturelle) Bedeutung wesentlich mitbestimmen.

Dieses Problem der Inkommensurabilität der Theorien ist bislang keineswegs gelöst, obwohl ich glaube, daß die extreme Variante, wie sie etwa von Feyerabend und Kuhn vertreten wird bzw. wurde, nicht haltbar sein dürfte. In der Tat ist es ja so, daß die modernen transklassischen Voraussagen und Rechnungen durch klassische Experimente kontrolliert werden. Für die Quantenphysik verlangte das schon das sog. Korrespondenzprinzip Bohrs. In der Praxis ist also durchaus eine Verbindung von klassischen und transklassischen Theorien gegeben und muß sogar unterstellt werden. Mit anderen Worten: Indem man auf praktische Vergleiche oder gewisse Anknüpfungsmöglichkeiten zurückgreift, nimmt man an, daß eine totale Inkommensurabilität aus praktischen Gründen undurchführbar ist. Die klassischen Theorien liefern aber auch keine bloßen Spezialfälle oder Grenzfälle der transklassischen Theorien für kleine Geschwindigkeiten oder große Massen oder makroskopische Effekte. Eine derartige Vergleichsmöglichkeit gibt es nur sehr pauschal im Numerischen, wenn z. B. die Ergebnisse relativistischer und klassischer Vorausberechnungen bestimmter Meßwerte (z. B. bei kleinen Geschwindigkeiten) im Rahmen der Meßgenauigkeit zusammenfallen. Entsprechendes gilt bei der Quantentheorie für die Effekte etwa großer Massenansammlungen; im Makroskopischen mitteln sich die Mikroeffekte heraus, und man kann dort eben die klassische

Physik verwenden, die in diesem Bereich hinreichend verläßlich ist. Aber logisch läßt sich der Übergang nicht so einfach über einen Kamm der Theorienverzahnung scheren, denn man kann nicht von zwei logisch miteinander unvereinbaren Theorien die eine als Spezialfall der anderen ansehen. Dies würde bedeuten, daß die logische Unvereinbarkeit bei bestimmten aus praktischen Gründen vorzunehmenden Grenzübergängen (etwa zu kleinen Geschwindigkeiten oder großen Massen) einfach mißachtet würde. Das aber läßt sich wissenschaftstheoretisch und logisch nicht sauber durchführen. (Hier wäre freilich noch deutlicher zu unterscheiden zwischen dem praktischen Grenz*übergang* und dem theoretischen Grenz*fall*.)

e) Das vielleicht wichtigste Argument gegen das umfassende und generelle (metaphysisch verstandene) Korrespondenzprinzip der Wahrheit theoretischer Sätze ist, daß es keinen von theoretischen Zugriffen oder von interpretativen Zugängen, von Interpretationsmechanismen und -verfahren unabhängigen Zugang zur Welt an sich gibt, um etwa die Übereinstimmung eines Satzes mit der theoriefreien Wirklichkeit zu ermöglichen oder durch einen Vergleich festzustellen. Es gibt keine unkorrigierbare Liste theoriefreier Fakten; es gibt nicht das theoriefrei Gegebene, das man einfach vorliegen hätte und von dem aus weitergebaut werden könnte. Das »Gegebene« scheint allenfalls in gewissem Sinn für den Umgang mit Beschreibungen im Alltag, mit sog. »harten Fakten« und Tatsachen im Alltag, mit der »Hartnäckigkeit der Tatsachen« in der Lebenswelt zu gelten. Doch auch hier gehen natürlich gewisse interpretative Gesichtspunkte, theorieähnliche Ansätze und Vorsätze – etwa kulturelle Traditionsprägungen – auch in die Sicht des Alltags ein. Auch sind unsere Wahrnehmungsurteile stets von einer bestimmten Vororientierung geprägt (vgl. Kap. 3); das kann man bereits im Alltag feststellen, wenn man z. B. die unterschiedlichen Unfallberichte von Beteiligten und unbeteiligten Beobachtern desselben Zusammenstoßes miteinander vergleicht. Solch eine Einsicht führt zu einer Einschränkung des Prinzips des »Gegebenen« oder der Faktenberichte selbst im Alltag. In der Wissenschaft gilt Entsprechendes natürlich noch viel expliziter und härter, da es keine Liste theoriefreier Faktenaussagen, undiskutierbarer unveränderlicher Tatsachen bzw. Wahrheiten gibt. Es gibt also keinen theorieunabhängigen Zugang zur Wirklichkeit, um überhaupt die Sätze oder Theorien mit der Wirklichkeit an sich vergleichen zu können. Die »Übereinstimmung« mit der Wirklichkeit läßt sich nur leer postulieren; man kann sie sich nicht wirklich greifbar machen oder operational und ihrerseits theorieunabhängig garantieren.

Auch die Dichotomie zwischen beobachtbaren und nichtbeobachtbaren Qualitäten bzw. Größen und Phänomenen kann keine Grundlage für das Korrespondenz- und das Zweiwertigkeitsprinzip liefern. In der Tat ist es ja so, daß offenbar das, was aufgrund wissenschaftlicher Verfahren beobachtbar ist, sich wandelt, daß ›Beobachtbarkeit‹ ein relativer Begriff ist, der sich im Laufe der Zeiten mit der fortschreitenden experimentellen Entwicklung bzw. der Entwicklung der Instrumente u. U. stark verändert und gar durch den Begriff ›Meßbarkeit‹ z. T. verdrängt oder ergänzt wurde. Mit der Entwicklung aufwendiger Meßinstrumente gewinnt auch vieles einen (direkten oder zumindest indirekten) Status der Beobachtbarkeit, was zuvor der Beobachtung prinzipiell entzogen war. Das gilt schon im trivialen Sinne: Wenn man z. B. vor hundert Jahren fragte, wie die Rückseite des Mondes aussieht, dann hätte man zur Antwort erhalten: »Wahrscheinlich sieht sie so aus wie die Vorderseite, aber genau kann das niemand sagen, weil man die Hinterseite leider nicht sehen kann; diese ist prinzipiell jedem menschlichen Zugriff entzogen, wir haben keinerlei Möglichkeit sie zu sehen!« Wie wir alle wissen, stellt sich die Lage heute anders dar. Die Rückseite ist direkt beobachtbar geworden im ureigensten Sinne, ja, sogar begehbar. Insofern ist also ganz deutlich, daß ›Beobachtbarkeit‹ ein recht relativer Begriff ist, der von der Entwicklung des methodischen und instrumentellen Standes von Wissenschaft und Technik an der Front der Forschung abhängt.

Im übrigen liefert selbst die Zweiwertigkeit, also die Behauptung, daß jeder wissenschaftliche Satz »wahr« oder »falsch« »ist«, keine wirkliche Trennung zwischen Realismus und Antirealismus; denn viele Varianten etwa antirealistischer Ansätze, wie der sog. konstruktive Empirismus von Bas van Fraassen, dargestellt in seinem Buch *The Scientific Image* (1980), reden genauso von wahren und falschen Theorien wie jeder Wahrheitsrealismus.[15] Man sieht also, daß die Frage des Wahrheitsrealismus in diesem Sinne nicht geeig-

15 Van Fraassen kann allerdings auch Grade der Adäquatheit unterscheiden und ist damit letztlich nicht dem Bivalenzprinzip verpflichtet.

net ist, eine scharfe und von der historischen Entwicklung und Zuordnung von Theorien und deren Entwicklung unabhängige Trennung zwischen Realismus und Antirealismus vorzunehmen. Entsprechendes gilt für die Unterscheidung zwischen den unterschiedlichen Wahrheitstheorien. Das Zweiwertigkeitsprinzip allein ist auch nicht hinreichend, um etwa zwischen der Korrespondenztheorie der Wahrheit, der Kohärenztheorie und den pragmatischen Wahrheitstheorien zu unterscheiden. Nach der Kohärenztheorie wird widerspruchslose Übereinstimmung innerhalb der Theorie als einziges – also auch hinreichendes – Kriterium der Wahrheit aufgefaßt. Eine widerspruchslose Theorie ist an sich schon wahr. Man sieht sogleich, wie wenig ein solches Wahrheitskriterium einen Realismus begründen kann. Nach den pragmatischen Wahrheitstheorien ist die Wahrheit selber nur pragmatistisch zu begründen. Ihnen zufolge gilt: »Was fruchtbar ist, allein ist wahr« (Goethe). Fruchtbarkeit wäre dann schon ein Wahrheitskriterium. »Wahr ist, was funktioniert«, definierte in lakonischer Kürze ein Stuttgarter Ingenieurwissenschaftler (Höcker) bei einer Diskussion anläßlich einer Ringvorlesung vor einigen Jahren. Diese Unterscheidungen zwischen den Wahrheitstheorien sind unabhängig vom Bivalenzprinzip der Wahrheit; denn was man jeweils unter dem ›Wahr-oder-Falsch‹ aufgrund dessen, wie die Welt ist, versteht, das ist durchaus mit der Korrespondenztheorie ähnlich wie mit den pragmatistischen Theorien der Wahrheit zu substantiieren oder zu erfüllen. (Einzig die Kohärenztheorie bildet hier eine gewisse Ausnahme, da sie nur eine notwendige, aber keine hinreichende Bedingung angibt. Hier wäre das Gesagte etwas schwieriger durchzuführen.) Traditionell wird der Wahrheitsrealismus an die Korrespondenztheorie geknüpft, und kohärenztheoretische oder pragmatistische Wahrheitstheorien werden häufig als antirealistisch aufgefaßt – so z. B. der eben erwähnte konstruktive Empirismus von van Fraassen, dessen Idee ist, daß man nur die *adäquate* (d. h. den Phänomenen entsprechende) Voraussagbarkeit, die adäquate Sicherung des empirischen Gehalts der Theorien als das einzige Ziel der wissenschaftlichen Theorien ansehen kann. (Die Frage ist natürlich, was hier ›Wahrheit‹ im Unterschied zur bloßen empirischen Adäquatheit überhaupt noch bedeuten könne. Im Grunde läuft dieser konstruktive Empirismus auf den Vorschlag hinaus, den Wahrheitsbegriff als semantischen Begriff überhaupt aufzugeben und durch den pragmatischen Begriff der Adäquatheit bzw. der Akzeptierbarkeit zu ersetzen.)

Insgesamt kann man sagen, daß das Zweiwertigkeitsprinzip, besonders in Verbindung mit dem Korrespondenzprinzip der Wahrheit als Grundlage eines Theorienrealismus aufgrund vielfältiger Argumente scheitert, daß man also nicht annehmen kann, wissenschaftliche Theorien könnten zweifelsfrei als »wahr« oder »falsch« ausgewiesen werden. So wird also insbesondere auch die Zuschreibung eines korrespondenztheoretischen Wahrheitsbegriffs zu wissenschaftlichen Allgemeinsätzen, insbesondere zu Theorien, fragwürdig.

Was das Zweiwertigkeitsprinzip und seine eventuelle Beibehaltbarkeit bei Aufgabe des Korrespondenzprinzips betrifft, so kann man es wie folgt reformulieren und könnte zwischen den nachfolgenden erkenntnis- und wissenschaftstheoretischen Alternativen mit Zweitwertigkeit entscheiden: Das Bivalenzprinzip macht im wesentlichen zwei Behauptungen: 1. Jeder (theoretische) Satz hat einen definitiven Wahrheitswert, der von den Wandlungen unserer Fürwahrhaltungen nicht betroffen ist. 2. Es gibt nur zwei Wahrheitswerte, entweder »wahr« oder »falsch«. Damit kann man sich im Prinzip (a) auf logische Konsistenzkriterien zurückziehen und implizit die Unwandelbarkeit dieser Kriterien fordern; gleichzeitig muß man aber auch die Menge aller Sätze, die in logischem Verhältnis zueinander stehen können, unabhängig von unserem gegenwärtigen Kenntnisstand als festgelegt betrachten. Oder man hält (b) an einem Korrespondenzprinzip fest und behauptet, daß die Wahrheitswerte aller theoretischen Sätze entsprechend der wahrheitskonditionalen Semantik (unabhängig von unserer Erkennbarkeit!) durch eine Tatsachen-Wirklichkeit bzw. durch die Menge aller möglichen empirischen Sätze festgelegt sind. Wenn man (c) eine pragmatische Wahrheitstheorie bevorzugt, dann ist man unter Beibehaltung des Bivalenzprinzips gezwungen, wie bspw. Putnam einen idealisierten pragmatischen Kontext zu postulieren, der erstens keinen Wandlungen unterliegen darf und der zweitens keine Wahrheitswertunbestimmtheiten mehr zuläßt. Mit allen drei wahrheitstheoretischen Ansätzen ließe sich also auf der Grundlage des Bivalenzprinzips ein Realismus behaupten, dessen Kernaussage eben in den ein für allemal festgelegten, von den Wandlungen der Fürwahrhaltungen unabhängigen Wahrheitswerten besteht, ohne daß man Bezug nehmen müßte darauf, »wie die Welt an sich ist«.

3 Realismus und Wahrnehmung

3.1 Die ökologische Wahrnehmungstheorie von Gibson

Bereits 1966 hatte James J. Gibson ein Buch über sinnliche Wahrnehmung und den Prozeß der Wahrnehmung veröffentlicht, in dem er die Summe aus seiner früheren jahrzehntelangen Forschung zog. Die damals entwickelten Grundlagen einer »ökologischen Wahrnehmungstheorie« hat er dann besonders in seinem Alterswerk *Wahrnehmung und Umwelt*, 1982 (1979 im englischen Original) weiter ausgearbeitet. In diesem letzten Buch, das etwas näher diskutiert werden soll, behandelt Gibson zunächst die Frage der aktiven Auseinandersetzung mit der Umgebung. Das Ergebnis ist eine genauere Betrachtung wert.

Gibsons Grundidee (1982, 67) besteht darin, daß wir uns in einem Energiemeer befinden, das um uns herum »fließt«, daß die Reizinformation für die potentielle visuelle (und andersartige) Wahrnehmung in der Umgebung vorhanden ist: Die Welt wird als »Struktur« dieses Energieflusses – insbesondere etwa im visuellen Bereich durch die Energie und die Struktur des Lichtes, das uns erreicht – gefaßt. Wir müssen also die optische Information aus dem Fluß und den entsprechenden Strahlungs- und Energiedifferenzen in der Wirklichkeit extrahieren. »Der Begriff der *optischen Information*«, sagt Gibson (ebd.), ist der »jener Information, die aus einer im Fluß befindlichen optischen Anordnung extrahiert werden kann«. Das heißt also, es handelt sich hier nicht um einen Informationsbegriff etwa im Sinne der mathematischen oder nachrichtentechnischen Informationstheorie, aber auch nicht um einen im Sinne der inhaltlich-semantischen Theorien, sondern es geht eigentlich um bestimmte Strukturkonstanzen, »Invarianzen« (ebd. 69), relative Strukturkonstanzen oder Spezifika aus der Umwelt, die von uns erfaßt werden können. »Ökologische Optik«, sagt Gibson (ebd. 68), »befaßt sich mit dem vielfach reflektierten Licht im Medium, das heißt, mit der *Beleuchtung* (illumination), während die physikalische Optik über elektromagnetische Energie handelt, das heißt, über *Strahlung* (radiation).« »Umgebungslicht« hat aber in diesem ökologischen Sinne »Struktur«, – übrigens nach Gibson im Gegensatz zur bloßen Strahlung! – und es geht nun darum, daß diese Struktur in einer aktiven Auseinandersetzung mit der Umwelt aus dieser, genauer: aus der »umgebenden optischen Anordnung« herausdestilliert oder extrahiert, von uns aufgenommen wird.

Gibson gelangt also zu einer aktivistischen Rezeptionstheorie. Er meint, daß wir in der Lage sind, handlungsabhängig und bereits aufgrund von Handlungsmöglichkeiten und -plänen diese invarianten Umgebungsstrukturen (selektiv) zu erfassen: »Das Medium, die Substanzen, die Oberflächen, die Objekte, die Orte und die anderen Lebewesen – sie bieten Nutzen oder Schaden an, Leben oder Tod. Das ist der Grund dafür, warum sie wahrgenommen werden müssen« (ebd. 155). Alle diese Elemente stellen »Angebote« für ein Lebewesen dar, sagt Gibson. (»Angebote« in dieser Bedeutung ist die recht schlechte Übersetzung des Gibsonschen Neologismus ›affordances‹, wäre also besser als »Gewährleistungen«, »Ermöglichungen« zu übersetzen.) Die Hypothese der ökologischen Optik (ebd. 156) ist, daß die »Angebote« durch im umgebenden Licht enthaltene Unterschiede bestimmt werden: »Die Vorstellung von Invarianten, die auf der einen Seite auf die Motive und Bedürfnisse eines Beobachters und auf der anderen Seite auf die Substanzen und Oberflächen der Außenwelt bezogen sind, stellt einen neuen Ansatz in der Psychologie dar« (ebd.). »*Direkte Wahrnehmung*«, sagt Gibson (ebd. 159), »geht aktiv darauf aus, Information aus der umgebenden Lichtanordnung zu gewinnen. Ich bezeichne das als den Prozeß der *Extraktion von Information* (Informationsentnahme; information pick-up). Er beinhaltet die erkundende Aktivität wie Umherblicken, Umhergehen und Betrachten von Dingen.« Das Erkunden ist geradezu forschend (man könnte eine Parallelität zum Appetenzverhalten der Ethologie, der biologischen Verhaltensforschung, ziehen).

Die Wahrnehmung der Oberflächenanordnungen oder der »Flächenanordnung« von Dingen der Umgebung wird also immer bereits unter bestimmten Gesichtspunkten der Handlungsermöglichung oder der Handlungsmöglichkeiten wahrgenommen. So meint Gibson (ebd. 161), »daß im umgebenden Licht Information für die Wahrnehmung der Flächenanordnung von Oberflächen enthalten ist, nicht aber, daß es Anhaltspunkte oder Kriterien für Tiefenwahrnehmung gibt«, aus der dann erst bewußt auf Wahrnehmungen geschlossen würde. Gibson hatte das herausgefunden, als er Tests für die Raumwahrnehmung von Flugpiloten durchführte und feststellte, daß es keine wirklichen Tiefenwahrnehmungskriterien gibt, die unabhängig von einer kontinuierlich ausgebreiteten Bodenfläche angewandt werden könnten, d. h., wir sind daran gewöhnt, unsere Raumwahrnehmung an einer als Fest- oder Vergleichsebene wahrgenommenen, »kontinuierlich ausgebreiteten Bodenfläche« zu orientieren, wir sehen die Dinge immer vor diesem Hintergrund der Bodenfläche. Wenn man diese Grundfläche nicht mehr zur Verfügung hat, besitzt man keine Möglichkeit, Kriterien der Tiefenwahrnehmung zu entwickeln. Ohne Wahrnehmung einer grundlegenden Fläche(nanordnung) sind wir weitgehend verlassen, tiefenorientierungsunfähig.[1] Das hängt offenbar damit zusammen, daß die »Mitwahrnehmung der eigenen Bewegung«, die »Erfahrung über Eigenbewegung«, die gesamten kinästhetischen Wahrnehmungen eine große Rolle spielen und bei der Extraktion von bestimmten Invarianten der Struktur mitberücksichtigt werden müssen. Es ist »ein (ganzes) Wahrnehmungssystem, das Invarianten extrahiert« (ebd. 197): Äußere »Wahrnehmung und Selbstwahrnehmung« (in der Aktion), die optische und die kinästhetische Bewegungsperspektive »müssen zueinander komplementär sein« bzw. einander ergänzen. Beides ist wichtig und notwendig, ja, unverzichtbar, erst zusammen kann sich so etwas ergeben wie eine Konstruktion oder Konstitution von bestimmter Stabilität oder Konstanz in der Wahrnehmung. »Sehen« ist »ein *kinästhetischer* Akt« (ebd.). Wahrnehmung ist also »eine Leistung des Individuums«, nicht eine »Erscheinung auf der Bühne seines Bewußtseins. Es ist Tuchfühlung-Halten mit der Welt, eher ein Erfahrungen-Sammeln als Erfahrungen-Haben« (ebd. 257), also ein aktiver Sammlungsprozeß; hier zeigen sich Parallelen mit der verhaltensbiologischen Theorie des Appetenzverhaltens bei Tieren. Die These ist, daß ein Organismus immer aktiv seine Umgebung erschließt und erforscht; im trial-and-error-artigen, doch relativ ungezielten Appetenzverhalten des aktiven Umherspürens wird ein ständiger Perspektivenwechsel und eine ständig neue Umgebungskonfrontation erreicht, wodurch der Organismus Information über die Umwelt überhaupt erst gewinnen und verarbeiten kann. Informationsaufnahme,

1 Hier (ebd. 160) betont Gibson wiederum – fälschlich, wie ich meine – die »unvermittelt(e), unmittelbar(e)« Direktheit der »Wahrnehmung der Oberflächenanordnung«.

Wahrnehmen, ist also »ein psychophysischer Akt«, weder ein rein geistiger noch einer des Körpers, sondern der gesamten lebendigen Person bzw. des gesamten Organismus. Und die Informationsaufnahme ist »kontinuierlich«, die Aktivität gleicht einem »Strömen« (ebd. 258). »Die Information selbst«, meint Gibson (ebd. 261), »liegt« in der Umgebung, »im Meer der Energie um jeden von uns, in der Lichtenergie, der mechanischen oder chemischen Energie, die aber selbst nicht befördert wird. Sie ist einfach da«: »Die Ansicht, daß Information befördert und dann noch gespeichert werden kann«, ist nach Gibson »den Kommunikationstheorien angemessen, nicht jedoch der Wahrnehmungstheorie«! Die Information muß von uns aber aufgenommen werden, das ist nach Gibson zwar nicht als »Kommunikation« oder »Beförderung« zu verstehen, aber erfordert dennoch einen Aufnahmeakt, somit wenigstens implizit Interpretation und wohl doch auch eine Art Vermittlungsprozeß. »Die Welt spricht« für Gibson (ebd. 260) »nicht zu Betrachtern«, sondern sie ist eben dieser Extraktionsprozeß; sie kann gleichsam konstituiert werden durch bestimmte Wahrnehmungen im Zusammenhang mit einem Verrechnungssystem, welches die Eigenbewegungen und die inneren Wahrnehmungen propriozeptiver und kinästhetischer Art (etwa beim Wechsel der Perspektiven) »verrechnet«, wobei stets alle Sinneswahrnehmungen integrativ mitberücksichtigt werden. Signalaufnahme stellt noch keine Kommunikation im üblichen Sinne dar, die an die *Wechselseitigkeit* von Kommunikationspartnern gebunden ist. Hier geht es nur darum, daß der aktiv Wahrnehmende die Information aus der Umwelt extrahiert und daß hierzu ein komplexes Wahrnehmungs*system* erforderlich ist, das aus mehreren Teil- und Untersystemen besteht, die der Organismus aktiv koordiniert. Damit aber geht einher, daß auch diese Koordination erst aktiviert und hergestellt, geleistet oder erarbeitet werden muß und daß insbesondere der aufnehmende Organismus selbst aktiv sein muß. Die fünf Wahrnehmungssysteme, die fünf verschiedenen Arten der nach außen gerichteten Aufmerksamkeit, müssen in einem »allgemeinen Orientierungssystem« koordinativ integriert und diesem »untergeordnet« werden. Das »System kann sich orientieren, erkunden, untersuchen, sich anpassen, optimieren, extrahieren, in Resonanz oder ins Gleichgewicht kommen«; der Sinnesapparat dagegen »selbst kann das nicht« (ebd. 263), sondern es handelt sich um eine »Anpassungsleistung« des gesamten Sy-

stems bzw. des gesamten Organismus in bezug auf verschiedene Wahrnehmungssysteme. Man »entdeckt« also »aktiv« Information, strukturiert sie, indem man sie gleichsam (meist implizit und automatisch) mit der eigenen Bewegung »verrechnet«. Informationen können auf diese Weise also »organisiert, vereinigt«, integriert, »ergänzt oder selektiert werden« (ebd. 264), wobei man auch schrittweise die Leistungen des Wahrnehmungssystems verbessern und entwickeln kann, obwohl man keine gänzlich neuen externen Empfindungsarten über die visuellen, auditiven, taktilen, olfaktorischen und gleichgewichtsorientierten hinaus lernen kann. Wir haben nur unsere durch Sinnesorgane biologisch vorbedingten Sinnesfähigkeiten; wir können keine neuen Sinne entwickeln – allenfalls indirekt auf dem Wege über technische Instrumente u. ä., was ja vielfach geschieht (z. B. durch magnetische Sensoren). Die »Aufmerksamkeit durchdringt die gesamte Eingangs-Ausgangs-Vermaschung« (ebd. 265) eines Wahrnehmungssystems und kann entsprechend wie andere Fertigkeiten auch geübt und weitergebildet werden. Die integrativen Wahrnehmungsfähigkeiten sind nur durch Übung zu erwerben; man kann also nicht von vornherein davon ausgehen, daß man alles schon wahrnehmen kann, sondern es bestehen bestimmte Akzentsetzungen, bestimmte Notwendigkeiten der Entwicklung, der Übung und der Pofilierung, die sich erst einstellen müssen. (Man denke z. B. daran, wie schwierig es ist, manche Dinge im Mikroskop erst sehen zu lernen.)
Wie kann man nun Information über Beständigkeit und Wechsel erwerben? Hierzu sagt Gibson (ebd. 266): »Der Wahrnehmende extrahiert die Strukturinvarianten aus dem Fluß der Reizung, deren Fließen er weiterhin wahrnimmt. Insbesondere für das visuelle System gilt, daß er sich auf die invariante Struktur der optischen Umgebungsanordnung einstellt, die der sich ändernden perspektivischen Struktur, hervorgerufen durch eigene Bewegung, zugrunde liegt«. Die Hypothese, daß Invarianz unter optischer Transformation eine Information für die Wahrnehmung eines starren, beständigen Objekts darstellt, geht auf ein Experiment mit bewegten Schatten (Gibson und Gibson, 1957) zurück. »Das Ergebnis dieses Experiments war paradox; es schien damals, daß eine sich ändernde Form (des Schattens, H. L.) die Wahrnehmung einer konstanten Form mit sich ändernder Schräglage hervorrief. Als Lösung bot sich die Annahme von Invarianten der

optischen Struktur für den Fortbestand des Objekts an, ›formenlose Invarianten‹, und zugleich die Annahme einer speziellen Störung der optischen Struktur für die Bewegung des Objekts, eine perspektivische Transformation.« Wir selbst »verrechnen« bei der Sinneswahrnehmung gleichsam automatisch von vornherein perspektivische Veränderungen, dadurch entstehen in der wahrgenommenen »Welt« Stabilität und auch Wechsel von Objekten. Es handelt sich also um eine Art von Konstruktion oder Rekonstruktion aufgrund der impliziten »Verrechnung« aller dieser Informationen in der fortwährenden aktiven Auseinandersetzung mit der Umwelt. Gibson meint freilich, daß die Invarianten selbst in der Umgebung angelegt sind und die Störungen lediglich Änderungen dieser Anordnung (array ambient) selbst sind. Die Invarianten kennzeichnen die Beständigkeit sowohl der Umwelt als auch der eigenen Person; sie müssen aber aus dem uns umgebenden Energiefluß extrahiert werden. Für den Prozeß der Extraktion von Information ist zu fordern, daß dieser Vorgang von der »Eingangs-Ausgangs-Vermaschung« (ebd. 265) eines ganzen »Wahrnehmungssystems« abhängt. Es handelt sich also letztlich um einen *Systemzusammenhang* der Wahrnehmung, der sowohl das Agieren des eigenen Körpers und die wahrnehmungsperspektivischen Möglichkeiten als auch die Umwelt selber umfaßt. Alles dies jedoch trägt den Charakter des Interpretierens: Wir bilden implizit und explizit Interpretationskonstrukte. Es gibt keine uninterpretierte, interpretationsfreie, von Perspektiven und Einordnungen unabhängige »direktistische« Wahrnehmung. (Selbst das Extrahieren ist gezielte Aktivität, Tun oder Handeln – also interpretationsimprägniert.) Alle Wahrnehmung ist immer auch Interpretation.

Wahrnehmen heißt nach Gibson generell (ebd. 275) »Gewahrwerden der Oberflächen ringsumher sowie des eigenen Ichs in dieser Umgebung«. Bewußtes Wahrnehmen wird dann erst dadurch erreicht, daß der Organismus sich die Wahrnehmung zusammen mit den Ermöglichungen (»Angeboten«) und Handlungspotentialen der Umgebung selber zurechnet. Eine scharfe Trennung zwischen Wahrnehmung und Phantasie bleibt nach Gibson (ebd. 278) damit durchaus möglich: Man kann etwas Neues kennenlernen und kann dieses auch wieder durch kontrollierenden Umgang mit der Umgebung überprüfen. Man kann die Umgebung wahrnehmen und sie (er)kennen, die Unterschiede zwischen Wahrnehmung und Wissen oder zwischen Wahrnehmung und Kennen oder Erkennen sind jedoch nur graduell. Freilich: »Kenntnis *erweitert* die Wahrnehmung«. Wir nehmen sozusagen unser jeweiliges Wissen immer schon mit wahr – jedenfalls, was unsere alltäglichen Umstände und Kategorien betrifft. Gibson bezeichnet die entsprechende Kenntnis als Wahrnehmungswissen oder »*schweigendes* Wissen« im Unterschied zum »*expliziten* Wissen« (ebd. 281), das in Sprache weitergegeben und explizit dargestellt wird. »Wenn das Wahrnehmen der Umwelt wirklich auf Augenblickseindrücken« beruhen würde, dann müßte es »ein Konstruktionsprozeß« sein (ebd. 327), der aus dem Augenblick selbst heraus möglich wäre. Aber das scheint nicht so zu sein. Man muß vielmehr kontinuierlich das gesamte Wahrnehmungssystem beim Wechsel der Perspektiven, der Darstellungsmöglichkeiten, der Eigenbewegungen des Organismus (implizit) »benutzen«. Es gibt also gar keine Möglichkeit mehr für eine sensualistische Theorie der Sinnesdaten, sondern es handelt sich auf allen Ebenen des Wahrnehmens und der Wahrnehmungsverarbeitung um Aktivität bzw. um eine aktive Verarbeitung.

Die Wahrnehmung der Umwelt kann nicht auf einer bloßen Serie von Augenblickseindrücken beruhen, sondern nur auf der systematischen Auswahl von (konstituierten) Invarianten aus einem Fluß des Geschehens. Dem »Fluß des Geschehens« stellt Gibson einen »Fluß der Aufmerksamkeit gegenüber: »Der Akt der Informationsaufnahme ist darüber hinaus ein kontinuierlicher Akt, eine Aktivität, die nie aufhört und nicht abgebrochen wird« (ebd. 258). Man könnte Gibson hier wohl auch wie Schummer (1994) weniger »direktistisch« als Geschehensontologen lesen: Umwelt geschieht im Aufeinandertreffen zweier solcher Ströme. Das Kind beginnt unmittelbar nach der Geburt (oder vorher schon?) mit einem Lernprozeß, bei dem es dieses aktivierte System der Aufmerksamkeitssteuerung »benutzt« und gleichzeitig aufbaut und ausbaut. Damit wäre aber auch der Direktismus zu verabschieden! Jegliche Wahrnehmung ist interpretativ, interpretationsimprägniert.

Gibson unterscheidet im Anhang (ebd. 334 f.) noch verschiedene Invarianten der Umgebungsstruktur, etwa die Invarianten unter Beleuchtungsänderung, die Invarianten bei Änderung des Beobachtungsortes, die Invarianten bei Überlappungen von Stichproben, die man mehr oder weniger auch gewollt aus der optischen

Anordnung gewinnen kann, und lokale Invarianten in der umgebenden optischen Anordnung bei lokalen Störungen ihrer Natur. All diese beschriebenen Formen der Invarianten sind optischer Natur. »Sicher gibt es auch«, sagt Gibson (ebd. 335), »Invarianten im Fluß akustischer, mechanischer und vielleicht auch chemischer Reizung, und möglicherweise wird sich zeigen, daß sie mit den optischen nahe verwandt sind.« »Die Theorie der Extraktion von Invarianten durch ein visuelles System nimmt jetzt den Platz der alten Theorie der ›Wahrnehmungskonstanz‹ ein« (ebd.), das heißt aber doch, man konstruiert (konstituiert, interpretiert) die Konstanz in aktiver Auseinandersetzung mit der Umwelt, mit der Umgebungswelt. Auf diese Weise sei, so Gibson selbst, eine »Konstanztheorie« der Wahrnehmung gar nicht mehr erforderlich. Die Konstanzerkenntnis ist somit interpretativ, konstituiert – eine Erkenntnis von Arten bzw. von höhergestuften Invarianten, Invarianten höherer Ordnung, die aufgrund der aktiven Struktursuche zustande kommt. Auch diese Ansicht ist mit einem simplen »Direktismus« (den Gibson selbst möglicherweise gar nicht explizit vertritt) nicht vereinbar.

Die in Gibsons ökologischer Wahrnehmungstheorie implizit vertretene Direktheit der Wahrnehmung und der Erkennung der Invarianten aus der Umwelt, das sog. »information pick-up«, stößt auf Schwierigkeiten. Man kann nicht unmittelbar, direkt, unvermittelt die Invarianten der Umgebung aufnehmen, also im Sinne eines Rezeptorsystems widerspiegeln oder unverändert repräsentieren. Daß der Wahrnehmungs- bzw. Sehvorgang immun gegen Veränderungen sei, bestreitet selbst Gibson, aber wie soll dann die radikale direktistische These der Invarianz und Konstanz der Repräsentation und der unvermittelten Aufnahme aufrechterhalten bleiben? Hier involviert der »direktistische« Ansatz einen Widerspruch. Es ist sicherlich zu einfach, sich nur auf ein angeblich deutungs- und formungsunabhängiges »information pickup« zu beschränken und die interpretativen Prägungen erst auf die spätere Stufe der bewußtseinsnäheren bzw. bewußten Verarbeitungen zu schieben! Jegliche Informationsaufnahme ist interpretationsimprägniert, abhängig von der Formierung durch den Rezeptor und muß in dessen Codierungen erfaßt werden. So sind auch die Umsetzungen in »frequenzmodulierte Muster von »On-off«-Neuronaktivierungszuständen« zweifellos im wörtlichsten Sinne *Formierungen*, primäre Interpretationen! Die

Strukturerhaltung über verschiedenartige Repräsentationsmedien ist eine abstrakte Zuordnungserhaltung über die jeweiligen Kanal- und Codegrenzen hinweg. Daher ist die Invarianz der Rezeption gegen Umdeutungen sicherlich eine viel zu einfache Vorstellung.

3.2 »Sehen« oder »sehen als«?

Die Vorstellung vom Einströmen der Signale ist natürlich ein Überbleibsel einer traditionellen Auffassung, die heute nicht mehr vertreten werden kann. Auch das anscheinend unmittelbare Aufnehmen geschieht in Verarbeitungs- und Form(at)ierungsprozessen. In gewissem Sinne ist nämlich das Aufnehmen und auch schon das Sehen durchaus abhängig von solchen Konstruk-t(ion)en. Das Fakten-Sehen ist also nicht einfach nur ein widerspiegelndes oder bloß aufnehmendes Wahrnehmen, ein schlichtes passives »Sehen«, sondern aktive Stilisierung, Formierung, Verarbeitung – zum größten Teil freilich unbewußt. Es ist die Frage, ob überhaupt ein rein passives Wahrnehmen möglich ist, das völlig unabhängig ist von einem interpretierenden »Sehen«, von einem Sehen von etwas *als* etwas, bzw. sogar von einem Erkennen, daß etwas der Fall ist. Oder anders gefragt: Kann man überhaupt zwischen dem schlichten Sehen bzw. dem passiven Wahrnehmen einerseits und dem »Sehen *als*« und gar dem »Sehen, *daß*«, dem propositionalen (Wieder-)Erkennen, dem Erkennen und Sehen von Sachverhalten andererseits unterscheiden? Diese schwierige Frage steht auch im Zentrum der philosophischen Phänomenologie, die sich ja bekanntlich für die prinzipielle Gerichtetheit, die Intentionalität alles (bewußtwerdenden) »Sehens« ausgesprochen hat. Ist auch die primäre Wahrnehmungsaufnahme schon vorformiert und nur in Vorprägungen – die etwa durch den Bau der Sinnesorgane bedingt sind – möglich? Ist jegliche Sinneswahrnehmung schon aus biologischen Gründen vorgeprägt – der Form nach zumal – und somit schon in gewissem Sinne »ausgerichtet« (etwa auf überlebensrelevante Wahrnehmungsgegenstände) – gar »intentional«? Vieles spricht für eine bejahende Antwort – jedenfalls weisen Ergebnisse der Wahrnehmungsphysiologie in diese Richtung. Mir scheint, es ist unbezweifelbar, daß man schon auf der Ebene des schlichten Wahrnehmens und Sehens immer sehr

stark an Schemata, an Konstruktionen, an bestimmte Formen, an Interpretationsformen und -prozesse gebunden ist, die den bewußten Interpretationsschritten vorausgehen und die wir lediglich zum kleinen Teil willkürlich beeinflussen können, weil sie relativ unabhängig von unserem bewußten Zutun sind.
Man kann sich das an optischen Täuschungen deutlich machen: Ein bekanntes Beispiel dafür ist die Figur, die Wittgenstein in seinen *Philosophischen Untersuchungen* (1989, 520) benutzt hat, die man als Hase oder als Ente sehen kann, je nach dem, ob man die Ausstülpungen als Ohren ansieht oder als Schnabel. Das »Sehen als« hängt natürlich auch davon ab, wie die Figur im Verhältnis zum Umgebungsfeld angeordnet ist. Solche Hasen-Enten-Figuren sind in der Psychologie schon lange untersucht worden – insbesondere von der Gestaltpsychologie zu Beginn des Jahrhunderts. Das Gestaltsehen wurde als ein Hineinprojizieren von bestimmten Strukturen interpretiert. Wenn man etwas aus einer bestimmten Perspektive sieht, dann interpretiert man bestimmte vorgefaßte Meinungen hinein, man sieht sozusagen eine Gestalt »hinein«. Das wird hier besonders deutlich, denn man kann ja bewußt einen Gestaltwechsel oder einen »Gestaltswitch« – wie die Amerikaner interessanterweise unter Verwendung des deutschen Wortes »Gestalt« sagen – vornehmen, indem man zwischen der Hasen- und Entenwahrnehmung hin und her springt. Es wird behauptet, daß man zu einer Zeit nur *eine* Gestalt sehen kann, daß man, wenn man zu der anderen Gestalt übergeht, die erste nicht mehr sehen kann, daß das Gestaltsehen also disjunkt ist – im Beispiel, daß man entweder nur Ente oder nur Hase, aber niemals beide zugleich sehen kann.
Das Modell des Gestaltwechsels wird vielfach auch für die Darstellung des Sehens als eines kognitiven Prozesses oder des Erkenntnisprozesses generell benutzt. Man *denkt* etwa an ein bestimmtes Konzept, etwa den Begriff des Hasen, und dann *sieht* man auch den Hasen (und nur den Hasen), man *denkt* an das Konzept »*Ente*«, und dann *sieht* man auch (und nur) die Ente. Mit anderen Worten, man sieht das, was man schauen oder sehen »will«, besser: worauf man zu sehen (perspektivisch o. ä.) eingestimmt, eingestellt ist. Man sieht das, was man sucht oder was man irgendwie zu sehen bestrebt ist.
Man könnte zur Erläuterung bzw. Stützung der These, daß interpretative Prozesse bereits im Vorbewußten anzusiedeln sind, auch

auf optische Täuschungen verweisen, denen man sich gar nicht willentlich entziehen kann, z. B. die Müller-Lyer-Täuschung (vgl. auch Verf. 1994, 96 ff. für weitere Beispiele).
Das Paradigma des willentlich gebundenen und suchenden Gestaltsehens scheint jedoch in gewissem Sinne noch zu einfach zu sein. Denn erstens sieht man freilich auch, wenn man nicht sucht; man ist in gewissem Sinne vorprogrammiert, ohne unmittelbar individuell bestrebt zu sein, sehen zu wollen. Zweitens scheint das Modell nur eine recht arme Analogie für das Erkennen generell zu bieten. Selbst wenn man annimmt, daß es in bezug auf manche ungegenständlichen, rein strukturellen Wahrnehmungsprozesse in bezug auf das schlichte Wahrnehmen eventuell eine Gültigkeit hat (aber auch das ist noch fraglich), so ist doch jegliches begriffliche, theoretische Erfassen, das Konstituieren von Fakten, das Verstehen von theoretischen Begriffen, das Verstehen von Sachverhalten, von Zusammenhängen, das Deuten von Tatsachen wesentlich komplizierter. Auf diese Erkenntnisprozesse wird sich kaum die Vorstellung eines disjunkten Hin-und-her-Schwankens zwischen Sichtweisen übertragen lassen wie beim Hase-Ente-Beispiel. Man kann nämlich unter Umständen das, was als eine und dieselbe Tatsache gilt, durchaus auch zugleich unter zwei verschiedenen theoretischen Perspektiven interpretieren – und man kann dann diese Interpretationen vergleichen. Die charakteristische Disjunktion der Wahrnehmungszustände, das Umschalten beim Gestaltwechsel ist im Bereich des theoretischen Erfassens nicht unbedingt zu finden. Außerdem ist von vornherein deutlich, daß das Sammeln und Interpretieren, das Konstituieren von Erkenntnissen und Fakten nicht einfach nach diesem Wahrnehmungsmodell interpretiert werden kann, weil jede theoretische Deutung eine Reihe komplexer Strukturierungs- und Einordnungsprozesse voraussetzt, die nicht spontan geleistet werden können. Begriffliches und gar theoretisches Erfassen ist immer in ein Hintergrundwissen integriert, man muß unter Umständen schon wissen, wie bestimmte Figur-Hintergrund-Unterscheidungen zu leisten sind, wie gewisse strukturelle Konfigurationen im »Vordergrund« komplexhaft miteinander zusammenhängen; man muß in der Lage sein, die Zusammenhänge zu (re)konstruieren und sie im abstrakteren Sinne schon unter gesetzesartigen Verknüpfungen oder anhand von strukturartigen (»Begriffs«)Konstellationen, von Regelmäßigkeiten, Trends usw. zu verfolgen. Wie sollte man dabei

noch die Möglichkeit haben, von einer Gestalt disjunkt auf die andere umzuspringen? Diese Vorstellung führt also viel zu leicht auf Irrwege, ist eine zu einfache Analogie, um die Verhältnisse auch nur angemessen illustrieren zu können. Das Paradigma des optischen Gestaltsehens kann nicht die ganze Erklärung liefern. Man kann nicht einfach das Erkennen und Deuten, das Interpretieren im theoretischen Sinne mit diesem Modell des Sehens identifizieren oder auch nur strukturell gleichsetzen. Theorieverwendung ist mehr als Gestaltsehen, obwohl auch hier strukturell theoretische »Perspektiven« und Vorprägungen unabweislich eine entscheidende Rolle spielen.

Man könnte sagen, daß in der Übertragung des Gestaltparadigmas auf das theoretische Erfassen das visualistische Modell der Erkenntnis überfordert wird. Das gilt insbesondere dann, wenn es um Fakten- und Sachverhaltserkenntnis geht. Das visualistische Modell der propositionalen Erkenntnis hat in der abendländischen Philosophie eine lange Tradition. Ohne Zweifel kann man sagen, daß im Grunde dieses Modell des Sehens eigentlich am Anfang der Philosophie stand. Das Schauen, »Theorie«, »Idee« – diese Begriffe stammen ja vom griechischen »sehen« her – sind sozusagen Begriffe, die aus dem Umkreis des Paradigmas des Sehens kommen und in den Bereich des abstrakten Erkennens übertragen wurden. Man kann sogar (mit Bruno Snell) behaupten, daß das Grundkonzept der antiken griechischen Philosophie eigentlich darin bestand, »mit den Augen des Geistes« die abstrakten Zusammenhänge zu schauen. Die Platonischen Ideen sind abstrakte Konzepte, die als höchst und einzig »real« verstanden wurden und vom Wissenden oder dem Philosophen – und nur von ihm – intuitiv »erschaut« werden konnten. Es handelte sich also um ein Modell, das einerseits visualistisch ist, das also das »Sehen« paradigmatisch übertreibt, das sich aber andererseits auf das Schauen im passiven Sinne beschränkt: man setzt sich gleichsam im Lehnstuhl hin, (er)schaut die Zusammenhänge und nimmt so teil am Leben der Ideen: Wir haben hier also eine »Lehnstuhl«version der »Erkenntnistheorie und der Philosophie, die zum passivistischen Modell des »bios theoretikos« verführte (z. B. nach Aristoteles!). (Aristoteles kennt aber auch noch die beiden anderen Lebens- bzw. Wissensformen poietikos und praktikos.)

Wir haben jedoch schon gesehen, daß Erkenntnis nicht in diesem Sinne als passives Schauen interpretiert werden kann. Das war und

ist ein gravierender und ungeheuer einflußreicher Fehler dieses Modells, ein Fehler, der natürlich auch dazu führte, daß die traditionelle Erkenntnistheorie bis hin zur klassischen Wissenschaftstheorie auf einem bloßen (und bis auf quantentheoretische Zeiten auch passivistischen) Beobachtermodell der Erkenntnis aufbaute und kaum die praktischen Handlungen, die in die Erkenntnis eingebaut sind, mitdiskutiert hat. Das Beobachtermodell schließt unrealistischerweise die Handlungszusammenhänge des Erkennens aus, konzentriert sich zu sehr auf ein bloßes, nicht-experimentelles Beobachten. Das läßt sich bis hin zur Interpretation der Beobachtungssätze in den früheren wissenschaftstheoretischen Analysen, etwa des Wiener Kreises, verfolgen, der beispielsweise nicht genügend diskutiert hat, daß in einem Experiment ein bestimmtes System auf eine Antwort hin präpariert, stilisiert und konstruiert, ja, geradezu manipuliert wird. Der logische Neopositivismus sprach immer noch von »Protokoll-« und »Beobachtungssätzen«, welche die Nahtstelle zur Empirie darstellen sollten. Wir werden noch bei der Diskussion des Referenzrealismus sehen, daß dieses Beobachtermodell mit seinen passivistischen Insinuationen zu einfach für die naturwissenschaftliche, am Experiment orientierte Erkenntnis ist (vgl. Kap. 5). Es zeigt sich schon dann als zu einfach, wenn man im Sinne der (ebenfalls als zu einfach erkannten) Gestalttheorie des Erkennens daran denkt, daß sich die Wahrnehmung in Abhängigkeit von den Gestaltwahrnehmungen ausprägt und verändert.
Die Wissenschaftsgeschichte liefert uns hierzu ein interessantes Beispiel, auf das später auch noch ausführlich eingegangen werden soll (vgl. Kap. 4): die Deutungen der Beobachtungen beim mikroskopischen »Sehen« von Mikroorganismen durch Lord Lister einerseits (der die Mikroorganismen als »wildgewordene« menschliche Zellen interpretierte) und durch Louis Pasteur andererseits (der diese als infektiöse Eindringlinge deutete). Die primäre Wahrnehmung – zumindest mag man das einmal (kontrafaktisch?) für den Zweck des Arguments annehmen – kann in beiden Fällen die gleiche gewesen sein (wobei natürlich die Frage offen bliebe, wie man diese Gleichheit feststellen kann). Wenn wir also voraussetzen, es gäbe so etwas wie ein schlichtes »Sehen«, dann könnten wir annehmen, daß die Wahrnehmung des mikroskopischen Bildes in beiden Fällen gleich gewesen ist. Dann würde man sagen, der Unterschied bestand im wesentlichen darin, was Lister

bzw. Pasteur sehen *wollten*. Die wesentliche Differenz lag in dem mitgebrachten Konzept, in einem vorausgesetzten Schema. Man *deutet* das, was man »sieht«, bereits unter dem Blickwinkel einer Vorschematisierung; man sieht sozusagen nicht schlechthin, sondern man sieht etwas immer schon *als* etwas. Das »Sehen« selbst in diesem Sinne ist schon interpretativ, interpretationsimprägniert.

Die zentrale Frage ist hier wieder, ob es ein nichtinterpretatives Sehen gibt, ein Sehen, das kein »Sehen als« wäre. Ist nicht jedes »Sehen« schon abhängig von bestimmten mitgebrachten, vorausgesetzten bzw. implizierten Formen, Schemata, Konstruktbildungen, Strukturen? Wir können zumindest nicht unstrukturiert *etwas* sehen, ohne es zugleich *als* etwas zu sehen. Man könnte natürlich sagen, wir können nichtintentional wahrnehmen, aber auch dieser Ausdruck ist eigentlich schon problematisch,[2] *schlichtes Wahrnehmen ist noch kein »Sehen«*. »Sehen« scheint immer »Sehen *als* etwas« zu sein und wäre folglich immer schon interpretationsimprägniert. Aber die von der Sprachgemeinschaft mehr oder minder vorgegebenen Deutungen sind hier wenig einheitlich. Man könnte die Ausdrücke »Wahrnehmen«, »Sehen« und »Sehen als«, »Sehen, daß«, »Denken als« auch als technische Begriffe einführen und voneinander unterscheiden. »Bloße Empfindung« ließe sich dann z. B. als noch unabhängig von jeglicher Deutung fassen; »Wahrnehmen« käme dem Sehen im Sinne von »Sehen als« schon näher, wobei das »Sehen als« in der Tat schon deutlich interpretativ ist. Auf diese Weise ließen sich sozusagen Sehweisen und Fakten in Abhängigkeit von biologisch-physiologischen Vorbedingungen konstruieren. Dabei stößt man aber auch auf Elemente und Konstrukte bzw. Formen, die so unlöslich in die Sehweisen eingebunden sind, daß der Wahrnehmende sie nicht eigens bewußt konstruiert. Diese werden als biologisch konstituierte schon mitgebracht, aber das hebt dennoch nicht die Tatsache auf, daß sie biologisch konstituiert und Fakten (mit)konstruierend sind, daß sie Schemata, »Konstrukte«, besser »Konstitute« sind. (Sie wären dann »unwillkürliche Konstrukte«.) Mit anderen

2 Rein sprachlich zumindest ist auch das Wahrnehmen stets Wahrnehmen von *etwas* – insoweit also transitiv: Ich nehme immer etwas wahr, sei es einen Gegenstand, die eigentliche Befindlichkeit oder ein (Wahrnehmungs-)Phänomen.

Worten: sie werden zum größten Teil abhängig sein von dem System der Urinterpretationen, die wir, da sie *biologisch* vorgeprägt sind, nicht ändern können.

Unsere Leitfrage ist: Gibt es so etwas wie einen Unterschied zwischen schlichtem »Sehen« und »Sehen als« und dem »propositionalen Sehen« bzw. »Erkennen, daß etwas der Fall ist«, dem »Sachverhaltssehen« sozusagen? Ich bin der Meinung, daß man es sehr schwer haben wird, das Sehen im Sinne eines schlichten Sehens von etwas ohne Als-Komponente, ein »Sehen«, das völlig unabhängig wäre von jeglichem interpretativen und konstruktiven Zugang, zu deuten und zu explizieren. Ich meine, daß »Sehen« hier eher als eine prototypische Metapher fungiert, die das Sehen schlechthin, und nicht nur »schlichtes Sehen« ohne Als-Charakter, vertritt, und daß hier kein grundsätzlicher Unterschied in Hinsicht auf die Interpretationsabhängigkeit zum »Sehen als« und zum »Sehen daß«, zum propositionalen Sehen, besteht.

Fred Dretske hat bereits 1969 versucht, auf typisch sprachanalytische Weise dieses Problem anzugehen. Er meinte, die gerechtfertigte Verwendung von »sehen, daß« in dem Satz »S sieht, daß a P ist.« läßt sich durch die vier folgenden Bedingungen kennzeichnen:

1) a ist P.
2) S sieht a.
3) Die Bedingungen sind so, daß a nicht so aussähe, wenn es nicht P wäre.
4) S glaubt 3) und meint, daß a P ist.

Er hält diese vier Bedingungen für hinreichend und kennzeichnend für den Gebrauch des Ausdrucks »S sieht, daß a P ist«.

Doch bei Bedingung 1 stocke ich schon. S sieht nach dieser Rekonstruktion a nur als P, wenn a auch P *ist*. Doch ein solches Postulat ist angesichts aller optischen Täuschungen, aller Möglichkeit des Falschsehens usw. absurd. Die Frage ist: Setzt man hier nicht schon zu viel voraus? Die Behauptung »a ist P« sagt ja viel mehr, als »S meint, a sei P« (Bedingung 4) und natürlich auch mehr als »S sieht a als P«; es setzt eigentlich schon voraus, daß S in diesem Zusammenhang gar nicht falsch »sehen« kann.[3] Und die

3 Die Bedingung 1 tritt ähnlich auch bei der Wissensanalyse in der sog. epistemischen Logik oder Wissenslogik auf und wirft entsprechende Probleme auf. Auch dort wird als Bedingung dafür, daß man etwas weiß, angeführt, daß das, was man weiß, auch wirklich der Fall sein

Bedingung 2 »S sieht a« unterstellt sogar gerade die problematische Möglichkeit einer trivialen, direkten Wahrnehmung; so läßt sich das bei Dretske jedenfalls verstehen.
Es handelt sich bei Dretskes Bedingungen nicht um Phasen oder Stufen des »Sehens, daß«. Erst zusammengenommen kann man sagen, daß ein Fakten- oder Sachverhaltswissen, ein »Sehen, daß« vorliegt. Dieses kann sich nur dann einstellen, wenn alle vier Bedingungen erfüllt sind. Wenn nicht nur jede einzelne Bedingung notwendig ist, sondern alle vier insgesamt auch hinreichend sind, dann wäre damit so etwas wie eine Theorie des propositionalen Sehens in nuce formuliert.
Die Frage ist zunächst: Sind sie alle notwendig? Wir haben ja schon gesehen, daß dies bei Bedingung 1) gar nicht so selbstverständlich ist; denn das würde ja voraussetzen, daß a P ist. Für das Beispiel des Hase-Ente-Motivs wäre damit gefordert, daß die Figur tatsächlich eine Ente bzw. ein Hase »ist« (was ersichtlich nicht der Fall ist). Ähnliches gilt auch für die anderen Bedingungen. Bedingung 3 etwa braucht ebenfalls nicht erfüllt zu sein. Es läßt sich also keineswegs einfach behaupten, durch diesen Vorschlag seien schon alle notwendigen Bedingungen angegeben, und diese seien dann zusammen auch hinreichend. Insbesondere kann man nicht sagen, daß dieses »Sehen, daß« immun wäre gegenüber Revisionen. Aber das Sehen eines Gegenstandes ist auch schon ein »Sehen als« und somit auch ein »Sehen, daß« das Gesehene ein Gegenstand einer bestimmten Art ist, – oder wenigstens – bei optischen Täuschungen usw. – ein »Sehen, als ob« das Vorliegende ein Gegenstand einer bestimmten Art wäre.
Man kann eigentlich nur dadurch einen Gegenstand von anderen Gegenständen bzw. einem Hintergrund abheben, wenn man schon gewisse Vorstrukturierungen vorgenommen hat, wenn man bereits »etwas *als* etwas« sieht. Man sieht also letztlich das, was man sehen will oder auf das man eingestellt ist, was man – evtl. unterbewußt – sucht.

muß. Die Frage ist dann aber: weiß man dann überhaupt etwas? Und wann weiß man etwas sicher? Sokrates hat ja schon vor Urzeiten gesagt: »Ich weiß, daß ich nichts weiß.« Und Metrodoros von Chios hat dies scharfsinnig kolportiert: »Nicht einmal das weiß er sicher.« Das klingt wie bei Joachim Ringelnatz: »Sicher ist nur, daß nichts sicher ist – und nicht einmal das.« Doch erst mit Bedingung 3 bei Dretske haben wir das Fürwahrhaltungswissen.

Der Psychologe Ulric Neisser (zit. in Goleman 1987, 95 f.) hat dazu ein schönes Experiment durchgeführt: Er spielte Versuchspersonen ein Videoband mit Basketballpässen vor und stellte ihnen vorweg die Aufgabe, die Pässe zu zählen. Hinterher fragte er sie, ob sie denn die Dame mit dem Schirm gesehen haben. Diese hatten sie freilich nicht gesehen. Sie wunderten sich und zweifelten sogar, ob die Dame überhaupt auf dem Videostreifen zu sehen war. Da sie darauf eingestellt waren, nur die Ballwechsel zu sehen und aufmerksam zu zählen, konnten sie alles andere – die Dame – nicht sehen. Sie sahen das, was sie suchten – das, worauf sie durch die experimentelle Anordnung eingestimmt worden waren. Das Sehen ist abhängig von Einstellungen und (Vor-)Einstimmungen. Ein ähnliches Experiment mit Überlagerungen von Videofilmen (Neisser 1979, 72 ff.) spricht ebenso für die Selektivität der Wahrnehmung und deren Abhängigkeit von Erwartungseffekten. Das schlichte, uneingestellte Sehen gibt es nicht. Immer sind wir eingestimmt, eingestellt. Das Experiment von Neisser könnte natürlich sehr gut weitergeführt und modifiziert werden. Es hat sich z. B. herausgestellt, daß man bestimmte Dinge, die man mit besonderer Bedeutung oder Wertigkeit belegt (zu sehen eingestellt ist), *doch* sieht, auch wenn sie fast gar nicht oder nur unterschwellig vorkommen – dieses wahrnehmungspsychologische Phänomen wird ja heute auch in einer untergründig, unbewußt wirkenden Reklame genutzt. Nehmen wir an, die Dame beim Basketballspiel wäre nackt gewesen, dann hätten sie die Leute, insbesondere wenn es sich um männliche Versuchspersonen handelte, mit an Sicherheit grenzender Wahrscheinlichkeit gesehen. Auch hieran wird deutlich, daß das schlichte einfache Sehen in Situationskontexten stattfindet und daß diese Situationskontexte strukturiert, konstituiert sind von bestimmten Einstellungen, Erwartungen, Strebungen, Perspektiven, kurz: Seh-Voraussetzungen.

Die These also, daß das schlichte Sehen immun sei gegen Veränderungen, gegen Uminterpretationen, gegen Deutungen, gegen Erwartungen, gegen Konstitutionen – diese These bewegt sich ihrerseits offensichtlich in einer reliabilistischen Falle. Man kann keineswegs sagen, daß wir die Invarianten direkt *aus* der Umgebung aufnehmen.

Zur Feststellung von Tatsachen und Sachverhalten sind theoretische Konstrukte übrigens auch schon im Alltag nötig. Überall, wo Formenbildungen, Strukturierungen, Anordnungen, Klassifikationen, Typisierungen eine Rolle spielen, ist eine (an)ordnende, strukturierende Theorie unvermeidlich involviert. Tatsachen können nicht unabhängig von Theorien und Begriffen wahrgenommen werden. Es handelt sich stets um eine Art »konstellativer Tatsachen«, um Sachverhalte, die wir unter gewissen, von der Theorie postulierten Konstellationen feststellen können. Auch die Behauptung, *daß* Invarianten in der Umwelt existieren und wahrgenommen werden, ist natürlich als Tatsachenaussage formuliert und wird von den Vertretern der Gibsonschen Wahrnehmungstheorie als eine Tatsache angenommen. Also ist auch dieses schlichte, scheinbar direkte Sehen nicht schemafrei oder konstrukt- und konstellationsunabhängig. Jedes Anführen von Fakten ist darüber hinaus eingebettet in eine Handlungspraxis, sei diese Praxis nun alltäglich, sei sie abhängig von theoriegebundenen »Erwartungen« (etwa Meßtheorien), von bestimmten Einstellungen, Schemata, oder sei sie gar von bestimmten theoretischen Vorstrukturierungen, also etwa von wissenschaftlichen Konzepten und Hypothesen entworfen.

Das »Tuchfühlunghalten« mit der Welt ist eher ein Erfahrung*sammeln* als ein bloßes Erfahrung*haben*, es ist ein aktiver Prozeß. Das läßt sich wiederum ähnlich verstehen, wie Ethologen das Suchen durch Bezug auf biologisch-konstitutionelles Appetenzverhalten darstellen: Ein Organismus muß und kann »immer aktiv« seine Umgebung erschließen; (nur) das Appetenzverhalten, das – anthropomorph gesprochen – Neugierverhalten, gestattet es, diese zu erforschen, erst dadurch gewinnt das Tier/der Organismus Informationen über die Umwelt, die dann weiterzuverarbeiten sind. Informationsaufnahme ist also ein biologischer und psychosomatischer Vorgang; dieser ist weder als ein rein »geistiger« noch ein rein körperlicher Akt zu verstehen, sondern als ein Akt der gesamten Person bzw. des gesamten Organismus. Und er ist kontinuierlich, er gleicht also einem Strömen. Die Information selbst, meinte auch Gibson, stecke »im Meer der Energie« in der Umgebung. Wir sind notwendig darauf geeicht, unsere Umwelt entsprechend unseren (Vor-)Einstellungen nach Fakten abzusuchen, diese mit Hilfe von Einstellungen und bestimmten Strukturmustern, Schemata, also mit Konstrukten zu interpretieren. Daher kann man nicht sagen, daß erst dann, wenn Fürwahrhaltungen als explizit bewußte (leichter veränderbare) Meinungen auftreten, die Interpretation zur vorgängigen Wahrnehmung hinzutritt, also so

etwas wie ein interpretatives Moment hineinkommt, sekundär aktiviert und übergestülpt wird. Die Interpretation, die Konstruktbildung oder -anwendung ist viel früher und unvermeidlich schon mit dem »schlichten Sehen als«, mit dem einstellungsgebundenen Herausheben von Formen (»Invarianten«) aus der Umwelt gegeben; das meint letztlich wohl auch Gibson mit seiner »aktivistischen Wahrnehmungstheorie«, daß wir nämlich nicht erst passiv ein bestimmtes Wahrnehmungsmaterial erwerben, das dann im zweiten Schritt erst aktiv interpretiert wird (s. o. Kap. 3.1). Gibsons Theorie ist also unter Ablehnung der Zwei-Stufen-Theorien der Wahrnehmung in der Tat ein Versuch, Wahrnehmung ausschließlich auf aktive Vorgänge zu gründen. Auch in der Wahrnehmung ist *Selektieren* per se schon *Interpretieren*, und zwar in erster Linie Schemainterpretieren.
Alles »Sehen« ist mit »Sehen, daß« unlöslich verbunden, wenn nicht gar gleichzusetzen. Alles (propositionale) Sehen ist aber per se hypothesenartig, ist also von bestimmten Strukturen geprägt, die vorausgesetzt, unterstellt werden, und es ist abhängig von Einbettungen in den Kontext, in Handlungs- und Orientierungszusammenhänge. Ein reines schlichtes Sehen – ohne »Sehen als« – wäre eine leere analytische Abstraktion. Alles »Sehen« und Wahrnehmen ist letztlich geprägt von und eingebettet in Vorstrukturierungen. Wir können nicht von unseren Kategorisierungen absehen.

3.3 Zur traditionellen Klassifikation in natürliche Arten

Kategorisierungen bilden nun ihrerseits ein außerordentlich interessantes Feld der Philosophie. Sie sind keineswegs so beliebig, wie viele es sich vorstellen. Kategorisierungen sind meistens auch im Alltag nicht beliebig in dem Sinne, daß sie alle subjektiv allein vom Individuum vorgeprägt sind, sondern sie folgen bestimmten biologischen, sozialen und kulturellen Mustern. Dies zu analysieren und im kulturübergreifenden Zusammenhang zu überprüfen, ist Aufgabe der empirischen Wahrnehmungspsychologie. Erkenntnispsychologie ist nicht schon per se philosophische Erkenntnistheorie, die immer mit der Begründungs- oder Rechtfertigungsfrage (»Quid iuris?«) verbunden war und bleibt (wenn man nicht ein totaler Naturalist à la Quine ist). Kategorisierungen sind übrigens auch gar nicht so einfach zu verstehen, wie die traditionelle Erkenntnistheorie und die Wissenschaftstheorie, ja, die gesamte traditionelle Philosophie vermeinten – nämlich als bloße Kombinationen von logischen Merkmalen, die einander ausschließen, die nach dem traditionellen Muster der Definition durch Angabe des Artbegriffs und dann der spezifischen Differenz die Einteilung von Arten, Gattungen, Unterarten usw. vornehmen.

Der Baum des Porphyrios ist das traditionelle klassifikatorisch-typologische Standardmodell. Man ordnet an der obersten Stelle »das Seiende« an, darunter dann partikuläre Gegenstände wie (materielle) Dinge; es folgen dann z. B. Lebewesen oder tote Gegenstände; die Lebewesen unterteilen sich in biologische Arten und Unterarten bis hin zu den Individuen der Art. Auf diese Weise wird das Seiende baumartig aufgespalten, für jedes Wesen, für jedes Seiende, für jeden Gegenstand steht genau eine Stelle in der Klassifikation zur Verfügung. Man glaubte daher, daß man solche Kategorisierungen als Abbild einer »natürlichen« Einteilung auffassen könne, die einerseits nicht leer ist und die andererseits zu einander ausschließenden Unterteilungen führt, also, abgesehen von Übergangs- und Grenzfällen eine saubere, klare Klasseneinteilung »erzeugt«. Alle Klassen zerfallen in Untermengen und/oder in besondere partikuläre Einzelgegenstände oder Elemente derart, daß es eine Klasse von Eigenschaften, von Attributen, gibt, die diese Elemente kennzeichnen können. Dadurch läßt sich die Zugehörigkeit zur jeweiligen Klasse definieren. Solche partikulären Gegenstände bzw. die entsprechenden Attributklassen gelten als voneinander unabhängig, die oberen sind nicht von den unteren abhängig; und die einander nebengeordneten sind auch in dem Sinne voneinander unabhängig, daß sie eben disjunkt sind (einander ausschließen). Manche dieser Partikulärelemente oder auch dieser Attribute, sind selbst Allgemeinbegriffe, Gattungsbegriffe. Sie sind u. U. sogar ontologisch fundamental, stellen Letztbegriffe dar wie »das Seiende« oder »die Eigenschaft zu sein«. Oder sie sind weniger fundamental und treten im Begriffs- oder Artenbaum untergeordnet auf. Zu zwei bestimmten Gegenständen (bzw. Unterarten) gibt es immer eine nächste übergeordnete gemeinsame Klasse, die beide Gegenstände enthält. Mathematisch ausgedrückt: der Baum zeigt (eine nach oben gerichtete) Halbverbandsstruktur. Der Baum ist aber nach oben

endlich, er besitzt ein oberes Ende; und jeder Knoten *in* dem Baum (außer dem obersten Element) hat die Eigenschaft, daß oberhalb von ihm wieder ein Verbindungspunkt zu finden ist. Die Verzweigungen im Baum brauchen nicht Zweiereinteilungen zu sein, aber oft sind es solche dichotomen Einteilungen.[4]
Es gibt überall Einteilungen von Klassen in nichtleere maximale Unterklassen unabhängiger partikulärer Entitäten und Attribute: Eine solche Eigenschaft, welche die Kategorisierung und Einteilung grundsätzlich möglich macht und ausmacht (ohne daß diese etwa schon im Sinne der sog. »natürlichen Arten« verstanden werden müßten), wird von Stephan Körner in seinem berühmten Buch *Categorial Frameworks* (1970, 4) als Vorbedingung hervorgehoben. Dann kann man Unterscheidungen zwischen partikulären Gegenständen (die logisch nicht weiter analysierbar sind) und »Attributen«, zwischen abhängigen und unabhängigen Attributen sowie zwischen ontologisch fundamentalen »Partikulären« und solchen, die es nicht sind, vornehmen. Körner meint (ebd. 5), daß man Abschied nehmen müsse von der traditionellen Auffassung der Kategorisierung, daß nämlich in der Natur so etwas vorhanden sei wie eine einzige Einteilung der natürlichen Arten in solchen begrifflichen oder klassenartigen Baumstrukturen. Statt dessen führt er (ebd. 10) den, wie er meint, »nützlichen« Begriff des »kategorialen Rahmens« (»categorial framework«) ein, um die Kategorisierungen eines Denkers »explizit zu machen«. Nach Körner enthält ein kategoriales Rahmenwerk erstens die »Kategorisierungen der Gegenstände«, die ein Denker/Wissenschaftler vornimmt; diese können freilich mit Kategorisierungsvorschlägen anderer konkurrieren und unter Umständen sich auch überlappen usw., jedenfalls sind sie nicht einzigartig und eindeutig gegeben. Zweitens ist es notwendig und »konstitutiv«, daß »individuierende Prinzipien mit den maximalen Arten[5] dieser seiner Kategorisierung verbunden« werden, d. h., man muß anhand eines in eine Klasse eingeordneten Exemplars feststellen können, ob die

4 Auch in der Linguistik werden heute solche Bäume, solche Halbverbände, verwendet, die dadurch ausgezeichnet sind, daß es eben zu zwei Elementen immer ein nächsthöheres, gemeinsam übergeordnetes Element gibt und auch ein oberstes, wenn es sich nicht um einen unendlichen Baum handelt.

5 Körner (1974, 1, 5) setzt »Kategorien« (»*summa genera*«) und »maximale Arten einer natürlichen Klassifikation« gleich.

Merkmale der entsprechenden Kategorisierung zutreffen. Drittens, etwas ungewöhnlich, hält es Körner für charakteristisch, welche Logik dabei jeweils zugrunde gelegt wird, ob man also die klassische oder die intuitionistische, konstruktive Logik, etwa nach Brouwer, benutzt. Körner macht insbesondere darauf aufmerksam, daß im Alltag nicht immer ausschließende Wahrheitswerte im Sinne der klassischen Logik gefordert sind, sondern daß oft auch Zuschreibungen unabhängig von klassisch-vollständigen Wahrheitswertezuteilungen vorgenommen werden; man enthält sich dann z. B. bei bestimmten Urteilen über Klasseneinteilungen einfach oder man weiß nicht einmal, daß man den Wahrheitswert gar nicht kennt – all dies werde im Alltag durchaus zugelassen. Das heißt, daß für den Alltag i. a. nicht eine komplette zweiwertige Logik notwendig ist, sondern daß die dort verwendete Logik oft eine größere Enthaltsamkeit gegenüber der Zuschreibung von Wahrheitswerten übt. Sie braucht also nicht geschlossen in bezug auf Wahrheitswertzuschreibungen zu sein. »Die Exaktheit aller Attribute« braucht im »Common-sense-Denken« nicht gegeben zu sein (ebd. 43). Diese speziellen Thesen Körners interessieren uns hier im einzelnen nicht, außer insofern, als auch sie geeignet sind, die alltägliche Erkenntnistheorie vom Wahrheits(werte)realismus abzutrennen (vgl. Kap. 2.3). Wichtiger ist im vorliegenden Zusammenhang, daß es unterschiedliche Kategorisierungen und »kategoriale Rahmen« gibt, zwischen denen wir wählen können, so daß also jede Kategorisierung als *Interpretation* aufzufassen ist.

Für Körner ist »Interpretation« allerdings ein bestimmter Zusammenhang zwischen Merkmalen oder Attributen bzw. zwischen satzartigen Zuschreibungsformen von Prädikaten: »P ist ›interpretativ in bezug auf‹ Q ... genau dann, wenn ›der Besitz‹ (bzw. die Zuschreibung, H. L.) des Merkmals oder des Attributs P logisch impliziert, daß das Objekt, welches das Merkmal P besitzt, auch das Merkmal Q besitzt«, aber nicht umgekehrt; das ist wichtig: P und Q dürfen nicht Wechselprädikate sein, es darf also nicht auch P von Q impliziert werden. P heißt dann auch »interpretativer« (»more interpretative«) als Q. Ich denke, daß es sich hier um einen sehr eingeschränkten und allzu engen Begriff der Interpretation handelt. In gewissem Sinne sieht Körner dies zwar selber, wenn er z. B. ein paar Seiten später (ebd. 55) von »idealisierten Interpretationen« spricht und meint, »eine Beschreibung zu interpretieren«, bedeute ein »nichtdeskriptives Element« zu der Beschreibung »hinzuzufügen«. Auch dies ist aber ein Satz, der zum Nachdenken anregt und kritisiert werden muß; denn er setzt voraus, daß es so etwas wie eine nichtinterpretative Beschreibung gibt, daß eine Beschreibung ohne Interpretation vorgenommen werden könnte und daß nur nichtbeschreibende Elemente im Zuge einer Interpretation hinzugefügt werden können. Aber wie wir schon vielfach gesehen haben, ist Beschreibung selbst abhängig von Interpretationen und keineswegs nicht-interpretativ möglich; insofern wäre Körner hier, wenn man ihn nur strikt beim Wort nehmen wollte, geradezu inkonsistent. Doch er selbst scheint das zu sehen, wenn er schreibt (ebd. 52), daß »die Unterscheidung zwischen Beschreiben und Interpretieren nicht absolut gemeint sein soll«, sondern die Möglichkeit der »Verbindung« enthält, daß es nicht notwendig so etwas gäbe wie »reine« »unlegierte« Interpretationen und davon getrennt »reine« Beschreibungen. Körner sieht also durchaus, daß es interpretativ »legierte« Beschreibungen gibt. Ich behaupte darüber hinaus, daß jegliche Beschreibung notwendig interpretativ ist – im oben ausgearbeiteten Sinne der notwendigen Interpretationsimprägniertheit. Körner stellt nur fest, daß es eigentlich nicht Sache eines Entweder-Oder sei, ob etwas entweder eine Beschreibung oder eine Interpretation ist, sondern daß es mehr eine Sache des Grades sei: eine Interpretationsrelation ist sozusagen »mehr oder weniger interpretativ«. Es gibt nichts, das absolut, total interpretativ ist oder den höchsten Grad von Interpretativität aufwiese. Und ebenso gibt es nach Körner auch nichts, das absolut überhaupt nicht interpretativ ist, also absolut nur beschreibungsgebunden und -geprägt wäre, unabhängig von jeglicher Interpretation, also den kleinstmöglichen Grad der Interpretativität hätte. Es ist klar, daß auf diese Weise keine scharfen Definitionen hinsichtlich der logischen Verknüpfung der Interpretationen und auch des Entweder-Oder oder der konträren Gegenüberstellung von Beschreibungen und Interpretationen gegeben werden können. Mit anderen Worten: wenn man diese relativistischen Bedingungen hinzunimmt, muß die Theorie sehr viel flexibler gestaltet werden.

Von mir wird ein viel grundsätzlicherer Begriff des Interpretierens (einschließlich des Schemainterpretierens und der z. B. biologisch fundierten Primärinterpretationen) verwendet, allerdings einer, der von Körners Ansatz – so viel sollte deutlich geworden sein –

implizit auch in Anspruch genommen wird. Wenn Beschreibungen nur anhand von Kategorisierungen innerhalb von Kategorienrahmen vorgenommen werden können, deren Relativität und Konstruktivität aufgezeigt wird, dürfte damit doch trotz aller terminologischer Differenzen und trotz der Beschränkung Körners auf logische, klassifikationstheoretische und sprachförmige Konstruktbildungen jedenfalls dem interpretationistischen Grundsatz schon Genüge getan sein, auch wenn Körner den Ausdruck »Interpretation« für sprachlogische bzw. kategorienrahmen-interne Relationen zwischen Prädikatoren vorbehält.

Es hat sich aber inzwischen als Irrtum herausgestellt, daß man auch im Alltag nach diesem kategorialisierenden Muster verfährt. Dazu gibt es eine Reihe von psychologischen, insbesondere interkulturellen Untersuchungen, die zeigen, daß das Kategorisieren in der alltäglichen Praxis eigentlich ganz anders vorgeht, als es sich Körner und fast alle Philosophen über Jahrtausende vorgestellt haben.

3.4 Der psychologische Prozeß des Kategorisierens

Um die These, die zum Schluß des vorigen Abschnitts aufgestellt wurde, zu belegen, möchte ich etwas ausführlicher auf die sehr interessanten Forschungen einer amerikanischen Psychologin, Eleanor Rosch (geb. Heider), eingehen, die viele empirische Studien zur Kategorisierung im Anschluß an die Psychologen Berlin und Kay (1969) durchgeführt hat. Insbesondere soll der Artikel *Human Categorisation* von Rosch (1977) für unser Problem der kategorialen Interpretation oder der interpretierenden Kategorisierung ausgewertet werden. Meines Erachtens kommt Rosch zu Ergebnissen, die über die Psychologie hinaus zu philosophisch höchst interessanten Folgerungen führen.

Den Ausgangspunkt bildet das Farbensehen im interkulturellen und zwischensprachlichen Vergleich, das ja als Beispiel besonders plastisch ist und auch gut empirisch verfolgt und kontrolliert werden kann. Berlin und Kay hatten schon früher versucht, Farbwahrnehmungs- und -unterscheidungsexperimente mit Versuchspersonen aus 23 verschiedenen Sprachkulturen vorzunehmen, wobei festgestellt wurde, daß sich die Einordnungen von Farbproben unabhängig von der Zahl der zur Verfügung stehenden Farbausdrücke in der jeweiligen Sprache über die Sprachkulturen hinweg überraschend ähnelten. Zunächst ging man davon aus, daß keine Sprache mehr als 11 grundlegende Farbnamen oder Farbausdrücke enthält. Darunter fielen die 3 »achromatischen«: weiß, schwarz, grau; die anderen acht waren dann die »bunten«, die chromatischen Farben: rot, gelb, grün, blau, orange, rosa, braun und purpur[6] (wie wir jedenfalls in einer Sprache wie Englisch oder Deutsch die Farbqualitäten der Probeexemplare bezeichnen würden). Man versuchte nun, die reinen Farben dieser Musterproben herauszuholen, indem man aus dem jeweiligen Mittelbereich der physikalischen Wellenlängen, die eine bestimmte Farbprobe bzw. einen Farbton kennzeichnen, *eine* Musternuance herausnahm, die den meisten dieser fokalen Phänomenerlebnisse entsprach, und gewann damit die mittlere beste, eine über die untersuchten Sprachkulturen gemittelte (modale) Repräsentation dessen, was als »blau« bezeichnet wird. Das *Fokalblau* liegt also in der Mitte des Bereichs, der in verschiedenen Sprachen noch als blau angesehen wird. Entsprechend ging man bei den anderen Farben vor. Nach diesen Vorbereitungen versuchte man nun herauszufinden, wie die Abgrenzungen, insbesondere an den Übergängen, bei schlechten Beispielen usw. waren. Dabei fand man heraus, daß es offensichtlich eine Auszeichnung der Fokalfarben, der besten Exemplare, der besten Muster gibt – und zwar *unabhängig von der Strukturierung der Farbnamen durch die jeweilige Sprache* (!).

Es ist ja bekannt – und das ist auch schon untersucht worden –, daß manche Sprachen bestimmte Farbausdrücke gar nicht haben, z. B. können das Walisische, das Béarnais sowie bestimmte gälische Dialekte einfach nicht zwischen »grün«, »grau« und »blau« unterscheiden: Dies sind Sprachen von Völkern, die am Meer wohnen. Dort treten die Farben bzw. tritt eine solche Farbmischung oder Nuance immer wieder auf, aber es gibt keine scharfen Unterschiede zwischen grün, blau und grau. Diese Sprachen haben dementsprechend nur einen Ausdruck dafür: »glas(s)« o. ä.

6 Außerdem gibt es noch einen neunten chromatischen Farbausdruck im Russischen und im Ungarischen, wobei nicht ganz klar war, ob dieser dem Blau unterzuordnen wäre: Es handelt sich nämlich um einen eigenen Term für »helles Blau«.

Das Phänomen ist vielfach linguistisch untersucht und bestaunt worden: Wie sind die Sprecher dieser Sprache nun in der Lage, Farbunterscheidungen, Nuancierungen vorzunehmen, obwohl sie nur einen Ausdruck haben?
Rosch hat dieses Problem der Farbprofilierung, -unterscheidung und -kategorisierung durch weitere empirische Untersuchungen behandelt – insbesondere an Vertretern exotischer Stämme und Sprachen. Z. B. hat sie sich die Dani in Neuguinea (Westirian) ausgesucht, die praktisch in steinzeitlichen Verhältnissen leben, und mit ihnen Farbeinordnungsversuche vorgenommen. Dabei hat sie natürlich nicht etwa einfach die amerikanischen Sprachbezeichnungen zugrunde gelegt, sondern sie versuchte sprachunabhängige Experimente der Farbzuordnung vorzunehmen. Dazu hat sie den Dani bestimmte Farbproben vorgelegt, darunter sowohl Mischfarben aus den Grenzbereichen zwischen verschiedenen Farben als auch besonders gute Fokalfarben. Die Farbtafeln wurden den Versuchspersonen 5 Sekunden lang einzeln gezeigt; 30 Sekunden später wurde dann untersucht, ob sie diese Farbe wieder erinnern können, indem man ihnen die Aufgabe stellte, die Farbe aus einem größeren Repertoire von Tafeln mit vielen Farben herauszusuchen. Die mittlere Anzahl der richtigen Antworten bzw. der Fehler wurden schließlich registriert.
Erwartungsgemäß stellte sich bei den Dani heraus, daß sie im Durchschnitt sehr viel schlechter abschnitten als Amerikaner, die an vergleichbare Tests gewöhnt sind. Aber das Interessante war: Wenn man den Faktor der Nichtgewöhnung an solche Tests berücksichtigte, also über verschiedene Kulturen herausmittelte, dann war der Unterschied gar nicht so bedeutend: Es ergab sich, daß in beiden Fällen, sowohl im Vergleich zum amerikanischen Sprachgebrauch wie zu allen anderen Sprachen, der Unterschied gar nicht so groß war, wie es hätte vermutet werden müssen und wie es erwartet worden war. Denn – und das ist das wichtigste – die Dani haben in ihrer Sprache nur zwei Farbworte: farbig und nichtfarbig. Sie besitzen also keine Möglichkeit, die farbliche Welt in mehr als zwei sprachliche Kategorien aufzugliedern. Außerdem ergab sich als besonders interessantes Ergebnis, daß das Verhältnis zwischen Fehlern in bezug auf Fokalfarben und Fehlern in bezug auf Grenzfarben bei den Dani ähnlich war wie bei den Amerikanern. Bei den Amerikanern wurde ein Fehlerverhältnis von 5:3 gefunden, d. h. also, die Fokalfarben wurden sehr viel häufiger

richtig eingeordnet und geschätzt bzw. erinnert als die Grenz- oder Übergangsfarben. Und dasselbe gilt, sogar in einem noch größeren Verhältnis von 4:1, bei den Dani, obwohl sie ja nur zwei Farbausdrücke zur Verfügung haben; sie schätzten und erinnerten sich also in bezug auf Fokalfarben, relativ gesehen, besser als Amerikaner. Im Grunde sind wohl die Fähigkeiten des Beobachtens (und vielleicht auch die Fähigkeit, sich optisch zu erinnern) bei den Dani besser ausgeprägt als bei den testgewohnten und televisions- und sinnesreizüberlasteten Amerikanern, wenn man von der Gesamtsituation der durch die Testsituation etwas verzerrten Aufgabe absieht, die für die Dani nachteilig war. Die Zahl der richtigen Antworten war zwar insgesamt bei den Dani im Verhältnis zu den Amerikanern mit 2:5 geringer, aber, wie gesagt, der Unterschied zwischen den richtigen Antworten über Fokalfarben und über Grenzfarben war, relativ gesehen, bei den Dani mehr als doppelt so gut wie bei den Amerikanern. Die erkenntnistheoretisch relevante Lehre aus diesen Versuchen ist, daß man offensichtlich unabhängig von bestimmten sprachlichen Mustern in der Lage ist, Fokalfarben zu identifizieren und zu erinnern, daß also bestimmte Farben universell ins Auge springen, sozusagen entscheidend sind, besonders leicht und distinkt herausgehoben werden, selbst wenn das durch die Sprache der jeweiligen Kultur gar nicht geleistet oder gestützt wird.

Dieses Ergebnis wurde später in vielen interkulturellen Studien durch Abwandlungen der Versuchssituation und auch durch vorherige Vorgaben von Farbnamen (»priming«) sowohl im Ganzen als auch hinsichtlich einzelner Teilhypothesen bestätigt. Im einzelnen ist das für unseren Zusammenhang nicht mehr interessant, alle Ergebnisse wiesen jedenfalls in dieselbe Richtung. Es zeigt sich, daß die Fokalfarben, also die genannten 8 chromatischen Farben und deren »beste« Repräsentantennuancen, offensichtlich zentrale Anknüpfungspunkte für die Kategorisierung darstellen.

Nun entstand natürlich die Frage: Gilt das Ergebnis allgemeiner, oder gilt es nur fürs Farbensehen? Es gilt in der Tat viel allgemeiner. Es ist erkenntnistheoretisch interessant für jegliche Weise der Wahrnehmungskategorisierungen in Arten – und in Formen! Rosch hat mit den Dani auch geometrische Vergleiche durchgeführt: den Versuchspersonen wurden nun analog bestimmte Formen vorgelegt, die u. a. auch den »reinen« geometrischen Formen wie Kreis, Quadrat oder einem gleichseitigen Dreieck mehr oder weniger nahekamen. Die Dani freilich kennen *überhaupt keine Ausdrücke für zweidimensionale geometrische Formen*! Sie besitzen also gar keine Möglichkeit, sprachlich Geometrie zu betreiben oder zu umschreiben; und trotzdem waren sie genauso wie wir in der Lage, die »guten« Formen wie zuvor die »guten« Farben viel schneller zu lernen bzw. zu erinnern und richtiger dem Vergleichsmuster zuzuordnen als die verzerrten oder abgewandelten Musterstücke. Die guten Formen wurden also durch die »besten« Exemplare vertreten bzw. gekennzeichnet und erinnert, ungeachtet des Umstandes, daß die Versuchspersonen gar keine sprachliche Möglichkeit hatten, ihre mentale Repräsentation oder ihre Fähigkeit des Wiedererinnerns zu umschreiben. Sie strukturierten aber die Konfiguration um die guten Exemplare, um die »Prototypen« herum ganz ähnlich wie bei den Farben.

Ähnliche Ergebnisse über interkulturelle Wahrnehmungsvergleiche erhielt der Psychologe Ekman, der Entsprechendes für die Wahrnehmung von prototypischen Gesichtsausdrücken untersuchte. Verhaltensforscher, etwa Eibl-Eibesfeld, haben ja herausgefunden, daß es Gesichtsausdrücke gibt, die in gewisser Weise universell menschlich sind und jedenfalls über Kulturgrenzen hinaus verstanden werden. Ausdrücke von z. B. Traurigkeit oder Wut sind in den zugehörigen Gesichtsausdrücken in allen Kulturen gleichermaßen identifizierbar und unterscheidbar. Das gilt auch vom Ausdruck höchster Freude oder höchsten Glücks, wenn sich diese im Gesicht widerspiegeln, obwohl es sich herausgestellt hat, daß man beides in physiologischer Hinsicht gar nicht so leicht unterscheiden kann; höchste Wut, höchste Freude oder höchstes Glück und höchste Trauer lassen sich erregungsphysiologisch anhand etwa der entsprechenden elektroenzephalographischen Werte bisher nicht eindeutig auseinanderhalten. Es ergab sich aber wahrnehmungspsychologisch bei den Untersuchungen von Ekman, daß auch die Gesichtsausdrücke nach prototypischen Ausdrücken der Emotionen am besten strukturiert und gelernt wurden, indem man auch hier nach Prototypen, nach »besten« (fokalen) Beispielen kategorisiert.

Das Gesamtergebnis läßt sich noch allgemeiner fassen: Es scheint so zu sein, daß die Kategorisierungen eines bestimmten Feldes generell nach Prototypen vorgenommen werden und daß dann

allenfalls die Abweichung von diesen Prototypen als spezifisches Maß oder Kennzeichen gilt. Mit anderen Worten: die Strukturierung der Welt geschieht eher anhand von Analogiebeziehungen zu Prototypen und nicht nach formalen Merkmalslisten und -bäumen; man lernt durch paradigmatische Beispiele, Prototypen und Abweichungen viel effektiver, schneller, offensichtlich dem »natürlichen« Leben angemessener als etwa nach abstrakten, digitalen Merkmalskombinationen, wie sich das die klassische Philosophie vorgestellt hat. Es scheint besonders wichtig zu sein, daß bei Kategorisierungen und dem Kategorienlernen im Alltag offensichtlich nicht im Aristotelischen Sinne einer Begriffszuordnung und Merkmalsklassifikation vorgegangen wird, also etwa nach dem Definitionsmuster *per genus proximum et differentiam specificam*, sondern in nicht-aristotelischer, analoger und prototypischer Zuordnung. Kategorisierungen in der Alltagswelt gehen analog vonstatten, nicht digital, d. h. nicht nach logischen Kombinationen von einander ausschließenden Merkmalen.
Das dürfte ein äußerst wichtiges Ergebnis sein – und zwar zunächst für die visuelle Erkenntnis. Aber es gilt auch darüber hinaus für die Einordnung in und die alltägliche Erlernung von Kategorien natürlicher Arten. Das wurde auch von Eleanor Rosch festgestellt, die viele Versuche dazu durchgeführt hat, indem sie Versuchspersonen bestimmte Kernkategorien und Unterteilungen von Kategorien z. T. bildlich, z. T. sprachlich, z. T. ohne Prototypen vorgab und die entsprechenden Zuordnungen zu einer Kernkategorie bzw. zu einem Prototyp oder einem prototypischen Paradigma vornehmen ließ, von dem dann die Abweichungen gemessen wurden. Sie hat auf diese Weise »semantische Kategorien«, wie sie etwas unglücklich sagt, »rekonstruiert«, also Arteneinteilungen, die beispielsweise in der Natur oder im Alltagsleben häufig an natürlichen oder alltäglichen Gegenständen vorgenommen werden – wie etwa bei Tieren und deren Arten, Lebensmittelarten wie Obst usw. –, und sie hat Einordnungen vornehmen lassen, ob ein bildlich vorgegebenes Exemplar etwa dazu gehört oder als Grenzfall nicht mehr dazu gehören dürfte, ob zwei verschiedene Exemplare zur selben Kategorie gehören u. ä. Rosch fand ganz ähnlich wie zuvor bestimmte typische Strukturen und Muster über die berücksichtigten sprachkulturellen Grenzen hinweg: *erstens* werden auch hierbei die Kategorien meist durch bestimmte Musterbeispiele, durch »beste« prototypische Exem-

plare gekennzeichnet, die dann natürlich auch mustergebend sind bei der Kategorisierung selbst, beim Erinnern, beim Lernen usw. Beispielsweise wird ein Apfel (in den Kulturen, in denen Äpfel vorkommen) als ein besonders gutes Beispiel, als hochcharakteristisches Fokalbeispiel für »Obst« angesehen. Dagegen wird eine Ananas schon etwas zweifelhafter und gar eine Wassermelone, je größer sie ist, desto weniger als »Obst« bezeichnet. Für »Vögel« war es kennzeichnend, daß ein Spatz besonders hochgradig als prototypischer Vogel galt, eine Eule nur viel weniger, während ein Pinguin und ein Huhn nur mit Schwierigkeiten als »Vogel« zu bezeichnen waren – letztere sind eben keine (proto)typischen Vögel.

Jedenfalls kann man solche empirischen Unterteilungen vornehmen lassen und kontrolliert nachzeichnen. Es ergibt sich, daß auch die Einordnung in Artkategorien – entsprechend der Einordnung von Farben und Formen – in erster Linie den ausgezeichneten prototypischen, also den als hochcharakteristisch geltenden Musterexemplaren folgt. Die Einordnung kann man in bezug auf natürliche Gegenstände durchführen lassen oder anhand von Bildern. Dabei ist es unerheblich, ob man natürliche Gegenstände oder Bilder als Testgegenstände nimmt. Die Testgegenstände wurden auch nach ihrer »Schlüsselreizbedeutsamkeit«, nach ihrer Fähigkeit zur Auslösung typischer Wahrnehmungs- und Verhaltensreaktionen, in bezug auf verschiedene Situationen oder auch auf die Möglichkeit, gelernt oder erinnert zu werden, verfolgt.

Das Ergebnis lautet also generell: Man neigt dazu, die Kategorisierungen anhand von Musterexemplaren, Prototypen vorzunehmen und zu erlernen – und entsprechend die Abweichung davon als Maß der Zugehörigkeit oder Nicht-mehr-Zugehörigkeit zu den entsprechenden durch Prototypen repräsentierten Arten einzuschätzen. Rosch versuchte das auch für Gegenstände zu zeigen, die nicht in der Natur vorkommen, in dem sie entsprechende Experimente mit Artefakten, Instrumenten und Gegenständen des alltäglichen Gebrauchs, z. B. mit Musikinstrumenten durchführte. Sie fand dabei heraus, daß »Musikinstrument« eine übergeordnete Kategorie ist, die nicht musterbildend ist, daß aber z. B. eine Gitarre oder ein Klavier – oder besser vielleicht eine Trommel, die interkulturell weiter zugänglich und leichter identifizierbar ist – ein maximal inhaltsreiches Muster darstellt, das zugleich

Tabelle 1: "Natürliche Kategorisierung" nach Rosch et al. (1976)		
Übergeordnete Kategorien	**basic level objects**	**untergeordnete Arten**
	nichtbiologische Taxonomien:	
Musikinstrument	Gitarre	Volksgitarre
	Klavier	Flügel
	Trommel	
Obst	Äpfel	(Sorten, z. B. Cox Orange)
	Birnen	(" , z. B. Williamsbirne)
	Pfirsich	
Werkzeug	Hammer	(Größe)
Kleidung	Hose	(Fabrikat)
	Hemd	
	Strümpfe	
Möbel	Tisch	
	Stuhl	Küchenstuhl
Fahrzeuge	Auto	(Marke)
	Lastwagen	
	Flugzeug	
	biologische Taxonomien:	
Bäume	Buche	–
	Eiche	
Fische	Hering	
	Forelle	Regenbogenforelle
Vögel	Adler	–
	Sperling	

viele Unterarten umfaßt. Solche konkreten Maximaltypen wie »Trommel« gehören nach den experimentellen Einordnungen zu dem, was die Autorin die »Basisschicht« (»basic level«) nennt. In Tabelle 1 sind die wichtigsten Einzelergebnisse von Rosch zusammengefaßt. Dabei sind den jeweils empirisch gefundenen Prototypen der Basisschicht auf der einen Seite allgemeine Kategorien und auf der anderen Seite einige untergeordnete Arten zugeordnet.

Es stellte sich heraus, daß für die »basic level«-Objekte die Wahrnehmung und Einordnung besser funktionierte als für die über- oder untergeordneten Schichten, daß für Basisschichtobjekte viel mehr Prädikate beigebracht werden konnten und daß deren Beschreibung und Erinnerung viel lebendiger war als etwa bei den abstrakten Überarten. Man stellt sich zunächst also nicht Obst vor, sondern eben Äpfel oder Birnen usw. Dasselbe gilt für alle nicht-biologischen Taxonomien. Für die biologischen Taxonomien ergab sich allerdings überraschend, daß das, was die übergeordnete Art zu sein schien, allgemein die »basic level«-Kategorie war. Die Basiskategorisierung (möglichst viele Prädikate, möglichst umfassend, möglichst gestaltähnlich und inhaltsreich) entspricht hier nicht der biologischen Artenzuordnung im engeren Sinne. D. h., wir unterscheiden, erinnern, lernen nicht in erster Linie danach, ob es Buchen oder Eichen sind, sondern ob es Bäume sind – oder entsprechend Fische oder Vögel. Die Voruntersuchungen waren hier zunächst fehlgelaufen, so daß die ursprüngliche Hypothese der Basiskategorisierung nach biologischen Arten falsifiziert wurde. Man mußte also eine Anpassung an die höhere Schicht vornehmen; in der Biologie ist offenbar – und das gilt ebenfalls über die Kulturgrenzen hinweg, allerdings mit einem gleich zu erwähnenden Unterschied – die Obergattung die eigentliche Basisschicht. Man unterscheidet im Alltag zunächst weniger nach Buchen und Birken als nach Bäumen und Fischen oder Vögeln, denn hier war die Sammlung charakteristischer Merkmale am umfassendsten und inhaltsreichsten. Das galt in gleichem Maße, ob nun nach gemeinsamen Merkmalen aus einem bestimmten Reservoir gefragt wurde oder ob bei der Verwendung vorgegebener Ausdrücke geprüft wurde, wie schnell die korrekte Verwendung gelernt wurde und wie gut die Ausdrücke erinnert werden konnten.

Kurz: es fanden sich überall »basic level«-Kategorien, die die umfassendsten und zugleich inhaltsreichsten Arten waren, bei denen alle gemeinsamen Prädikate und die größte Zahl gemeinsamer Prädikate angegeben werden konnten, die als häufigste prototypische Repräsentanten angesehen wurden. Es ergab sich auch, daß die Unterarten, also die spezialisierten Arten rechts auf der Tabelle, keine weiteren gemeinsamen Prädikate aufwiesen, sondern nur die hinzukommenden spezifischen Differenzen: Ein Empirestuhl und ein Nierentisch wurden weniger nach Stuhl- und Tischsein als nach ihren spezifischen Accessoires unterschieden. Die prototypische Vierbeinigkeit z. B. ist bei diesen Spezialvarianten gleich. Es zeigte sich, daß diese Basisauszeichnung nicht nur etwa für Einordnungsversuche mittels Bilder, Beschreibungen o. ä. hervorsticht, sondern daß diese Basisobjekte auch in bezug auf das Verhalten die allgemeinsten sind, die den größten Überlappungszusammenhang aufweisen: Bei Basisobjekten ist also auch die Menge der diesen Objekten jeweils zugeordneten Verwendungsweisen maximal, d. h., diese werden nicht erweitert, wenn man zur Unterart übergeht. Zum Beispiel kann man sich auf einen Stuhl setzen, auf ein Möbelstück generell aber nicht (es gibt Möbelstücke, auf die man sich nicht setzt, die jedenfalls prototypisch nicht zum Sitzen sind, obwohl man natürlich auch auf dem Tisch sitzen kann, bei Kleiderständern treten aber größere Schwierigkeiten auf). D. h., »Stuhl« ist ein Gegenstand dieses »basic level« in bezug auf Bewegungsverhalten – und auf einem speziellen Küchenstuhl sitzt man nicht weniger als auf einem Wohnzimmerstuhl oder Biedermeierstuhl, es kommen nach Rosch keine neuen wesentlichen Prädikate hinsichtlich des Verhaltens, des Handelns hinzu. Die größte Zahl der gemeinsamen Prädikate in bezug auf das Handeln ist im allgemeinen also auch kennzeichnend für die »basic level«-Objekte. Das stimmt überein mit der Einordnung nach Bildern hinsichtlich der Erinnerung, der Beschreibung, des Erlernens usw. Mit anderen Worten: Man findet eine relativ klare Auszeichnung über alle Sprachgrenzen hinweg, soweit die entsprechenden Arten überhaupt dort natural oder als begriffliche Kategorie vorhanden sind. Stühle sind – oder waren – ersichtlich für Beduinen keine Basisschichtobjekte. Auch dürften die Dani in ihrer natürlichen Umwelt keine Küchenstühle haben, auf die sie sich setzen, sondern da muß man irgendwie andere »Sitzgelegenheiten« als eventuelle Kandidaten für Basisobjekte nehmen, falls sie die Institution des Sitzens überhaupt haben und nicht nur auf dem Boden hocken. Solche Umstände muß man natürlich berücksichtigen.

Abgesehen von solchen Schwierigkeiten stellte es sich jedoch heraus, daß die Einteilung der Welt durch kategorisierende Strukturen weitgehend unabhängig von den sprachlichen Beschreibungsmöglichkeiten in erster Linie nach solchen Basisobjekten bzw. Basisgegenstandsschichten erfolgt, welche die allgemeinsten und inhaltlich umfassendsten Kategorien darstellen – hinsichtlich der Zahl der gemeinsam zugesprochenen Prädikate und auch der Verhaltensweisen, die im Zusammenhang mit den Gegenständen praktiziert werden. Die Einteilung der Welt in Kategorien ist also keineswegs beliebig und keineswegs nur von Sprachmustern abhängig. Sie ist, jedenfalls im Alltag, nicht in dem unbegrenzten Sinne flexibel, wie manche Philosophen sich das vorstellen. Das bedeutet natürlich nicht, daß es nicht etwa in der Wissenschaft anders sein könnte, dort ist die Orientierungslage eine andere. Das alltägliche Einordnen jedoch folgt vorwiegend bestimmten prototypischen Paradigmen; es geht also durch Vergleich mit ausgezeichneten Mustern, besten Exemplaren vonstatten. Solche Prototypen sind diejenigen, die am besten benannt, erinnert, am schnellsten gelernt werden können und auch am effektivsten und ökonomischsten zu handhaben sind; man kann sich an ihnen leicht orientieren und die abweichenden Grenzfälle nach dem Ausmaß ihrer Abweichung vom Prototyp einschätzen und dann entsprechend behandeln. Man braucht nicht bei jedem einzelnen Gegenstand wieder eine Schlüsselreizanalyse vorzunehmen, wenn der Gegenstandstyp repräsentiert wird durch ein solches Basisschichtobjekt. Auf diese Weise kann man sich durch Paradigmenbildung und -vorgabe sowie Abweichungsschätzung sehr ökonomisch orientieren. Im Alltag orientiert man sich also nicht gleichsam »digital« anhand von allgemeinsten Arten wie »das Seiende« und Unterscheidungen etwa wie »Lebendiges« usw.; diese traditionellen Begriffseinteilungen kommen hier nicht zum Zuge.

3.5 Philosophische Auswertung

Die Ergebnisse von Eleanor Rosch legen nahe, daß der psychologische Prozeß des Kategorisierens tatsächlich nicht nach dem alten logischen oder gar logizistischen Muster vor sich geht, wonach man Merkmale logisch kombiniert, sondern daß man Prototypen, sozusagen exemplarische Beispiele eines besonders einschlägigen Falles, aufstellt bzw. auswählt und besonders hervorstechende klare Formen »am besten« behält und als Orientierungsmaßstab nimmt. Es geht generell darum, daß bestimmte Kernbedeutungen mit bestimmten fokalen Prototypen verbunden sind, die als *Schemata* wirken und als Schemata benutzt werden – auch zur Einordnung von Phänomenen, die nicht einfach als Unterfälle behandelt werden können. All dies geschieht nach einem »analogen«, nicht-aristotelischen Verfahren. Die psychologischen Orientierungskategorien strukturieren also nicht in erster Linie nach logischen Mustern und durch die Angabe besonderer Merkmale oder einzelner Entitäten, wie es sich die philosophische und die gesamte wissenschaftliche Tradition, aber auch noch etwa Körner, vorgestellt hat, sondern eben durch solche prototypischen Exemplare und bestimmte Abweichungen davon, denen dann u. U. auch wieder bestimmte Merkmalskombinationen entsprechen können. (In der traditionellen Philosophie wurde freilich seltener über (wahrnehmungs-)psychische Orientierungskategorien, sondern eher explizit über (onto-)logische und sprachliche Kategorien spekuliert.) Bei psychologisch orientierenden Kategorisierungen von Gegenstandsklassen geht es also im wesentlichen um die Konstitution solcher Basisschichtobjekte, die gerade jene sind, welche die prototypisch »besten« und die meisten Merkmale einschließenden Kategorien darstellen, die z. B. anhand von Abbildungen usw. identifizierbar sind und die auch die meisten Bewegungen und Handlungen in bezug auf diese Gegenstände gemeinsam haben. Eine solche Prototypenkategorisierung ist weniger aufwendig, ist effizienter in bezug auf die Verbesserung von Erinnerungen, die Schnelligkeit des Erlernens oder auch auf die Berücksichtigung der Menge von auslösenden Schlüsselreizen. Man kann die Güte der Prototypen in bezug auf die Ersetzbarkeit verschiedener Exemplare durch einander und entsprechend auch hinsichtlich der wechselseitigen Ersetzbarkeit von Ausdrücken für sie feststellen: Je besser ein Gegenstand einem Prototyp entspricht, desto eher gilt er als »bester« Repräsentant der entsprechenden Basisschichtklasse, als Basisschichtobjekt.

Die Strukturierung nach Prototypen liefert nach Rosch (1977) eine relativ gute Differenzierung; sie ist universell anwendbar; sie ist schneller erlernbar und verfügbar als etwa ein traditionelles Begriffslernen anhand von übergeordneten Gattungen und entsprechenden Unterarten bzw. spezifischen Differenzen. Man sieht hier sofort, daß es sich um ein ganz anderes, ein nicht-traditionelles erkenntnistheoretisches Alternativmodell der praktischen Einordnung und Wahrnehmungserkenntnis und Kategorisierung handelt. In diesem neuen Alternativmodell ist viel deutlicher zu erkennen, daß die »basic level«-Objekte in gewissem Sinne Invarianten darstellen, aber nicht Invarianten, die wir direkt, wie etwa bei Gibson, aus der Umwelt übernehmen und sozusagen verifizieren, sondern es sind schema- und primär-interpretationsvermittelte »invariante Konstruktionen«, die über Sprach- und Kulturgrenzen hinweg in gleicher oder sehr ähnlicher Weise gebildet werden, die gekennzeichnet sind durch die maximale Zahl gemeinsamer Prädikate usw., durch gewisse ins Auge fallende und empirisch reproduzierbare »Konstanzen«. (Konstanzwahrnehmung beruht auf Ähnlichkeits- und Gleichheits-*interpretation*.) Es handelt sich also nicht um einen realistischen »Direktismus« à la Gibson oder gar um eine Gleichsetzung etwa des mentalen Zustandes mit dem direkten Erlebnis der Realitäten bzw. der Realität schlechthin wie bei Pollock, sondern man muß diese »invarianten Konstruktionen« auf der Basisschichtobjektebene als Konstanzen ansehen, die durch das angelegt sind, was ich Primärinterpretationen oder Urinterpretationen genannt habe (vgl. Bd. 1). Die Basiskonstrukte sind zwar interpretationsimprägniert (man könnte sie im Prinzip auch anders denken), aber sie haben doch eine primäre Verankerung im praktischen und stets interpretationsgeleiteten Verhalten, im Umgang mit der Welt. Die Konstruktion der Welt findet also anhand von solchen Interpretationskonstrukten statt, die zum Teil primär, zum Teil eher flexibel sind.

Es sollte nicht unerwähnt bleiben, daß sich nach Roschs Ergebnissen auch bestimmte charakteristische personen- oder berufsgruppenspezifische Unterschiede von solchen Basisschichtgegenstandskonstruktionen finden – z. B. bei Experten. Ornithologen sahen natürlich nicht in erster Linie nur einfach Vögel, sondern sie nahmen sofort Möwen oder bestimmte Vogelarten wahr; oder ein Flugzeugmechaniker sah sehr viel differenziertere Merkmalskombinationen und Typen bei Flugzeugen als ein Laie auf diesem Gebiet; aber er war auch in der Lage, die »basic level«-Orientierungen des Alltags nachzuvollziehen und sofort einzusehen, daß die Gemeinsamkeit zwischen einem Jumbo und einer Cessna doch größer ist als jene zwischen einem Jumbo und einem Auto. Je ausgeprägter die Kenntnis eines Feldes ist, desto stärker ist natürlich die Differenzierungsfähigkeit. Das Differenzierungsvermögen schlägt sich dann u. U. auch in der jeweiligen Sprache nieder. Es ist ja bekannt, daß es in der Eskimosprache sehr viele Unterscheidungen für verschiedene Schneesorten gibt, während bei Steppenvölkern Grassorten auch noch nach verschiedenen Längen und Lagen usw. unterschieden und benannt werden. Hier handelt es sich eben um Differenzierungen, die relevant sind für den alltäglichen Handlungs- und Lebenszusammenhang; die Menschen sind dann natürlich darauf »geeicht«, die Differenzierungen sehr viel genauer zu sehen – und entsprechend zu beschreiben bzw. durch neue Ausdrücke zu benennen.

Jedenfalls kann man insgesamt sagen, daß in diesem Sinne im Alltag bestimmte Kategorisierungen vorgenommen werden oder – stets schemainterpretationsvermittelt – »vorgegeben« sind, sozusagen »verfügbar« sind, daß sie aber nicht beliebig und völlig flexibel sind in dem Maße, wie sich das der Philosoph bzw. der Wissenschafts- oder Erkenntnistheoretiker anhand des traditionellen logizistischen »digitalen« Modells der Merkmalsunterteilung vorgestellt hat, sondern daß hier bestimmte Kategorisierungskonstanzen wenigstens zum Teil sprachunabhängig – z. B. eben durch primäre Schemata, durch vorsprachliche Mustervergleiche o. ä. – gebildet werden. (Man denke an die Beispiele der recht verläßlichen Farbunterscheidungen und Formenunterscheidungen bei den Danis, obwohl deren Sprache gar nicht solche Unterscheidungsmöglichkeiten aufweist.) Es ist also offensichtlich notwendig, von der sprachlichen Referenz eine Handlungsreferenz unterscheiden, deren Schemata nicht in linguistischen Formen zu fassen sind. Zweifellos gibt es auch Konstruktbildungen, Schemabildungen, die sehr viel grundlegender als die sprachlichen sind und eine große allgemeine Bedeutung für das alltägliche Leben besitzen, besonders für den Bereich des Beobachtbaren und Wahrnehmbaren und für das Handeln.

Das Modell des »analogen« prototypisch-paradigmatischen Einordnens ist nicht nur für die Psychologie, sondern auch für viele verwandte Disziplinen sehr wichtig und interessant. Meines Erachtens sollte es auch in der Erkenntnistheorie nicht übersehen werden. Eigentümlicherweise haben Philosophen die Ergebnisse dieser interkulturellen Psychologie überhaupt noch nicht zur

Kenntnis genommen. Dasselbe gilt auch für die Wahrnehmungsphysiologen, die – bis hin zum Nobelpreisträger David Hubel – diese wahrnehmungspsychologischen kulturübergreifenden Ergebnisse ebenfalls nicht berücksichtigen. Hier scheint also die interdisziplinäre Verbindung noch sehr zu wünschen übrig zu lassen. Vielleicht ist es heute besonders wichtig, daß gerade interessante Ergebnisse der empirischen Erkenntnisdisziplinen aus verschiedenen Gebieten (auch etwa der Wahrnehmungsphysiologie und der Neurobiologie) der Erkenntnistheorie zugeführt werden sollten. Das ist meines Erachtens eine sinnvolle und wichtige Aufgabe einer pragmatischen und praxisorientierten Erkenntnistheorie.

Ein weiteres Ergebnis, das für die philosophische Diskussion ebenfalls wichtig ist, besagt, daß es eine Art von Invariantenbildung gibt, die unabhängig von der Kultur und auch relativ unabhängig von der Sprachbildung geschieht. Diese kognitiven Invarianten sind über die Sprachgrenzen hinweg charakteristisch, da sie auch dann relativ gut funktionieren, wenn die Sprache ihrerseits die entsprechenden Abgrenzungen und Muster gar nicht vorsieht. (Z. B. konnten die Dani geometrische Formen und Farben durchaus fokal nach bestimmten Prototypen und »besten« Exemplaren ordnen, strukturieren, erinnern und wiedererkennen, obwohl ihre Sprache nicht über geometrische Formenausdrücke verfügt und auch keinerlei differenzierte Farbterminologie aufweist, sondern nur zwei Farbausdrücke.) Die faktischen Invariantenbildungen im Alltag sind freilich großenteils abhängig von der Umweltsituation, von der Ausstattung mit Wahrnehmungsorganen, von der Handlungswelt des Menschen und deren Normierung, sozusagen von der mesokosmischen, der alltäglichen, Umgebung der normalen Aktivitäten und Dimensionen und entsprechend auch von den Bewertungen, die relativ zu diesem Handeln vorgenommen werden, also von sehr vielen Faktoren. Dennoch spricht das überraschende Ergebnis, daß »reine« geometrische Formen in experimentellen, also artifiziellen Situationen auch als »Fokalformen« auftreten, dafür, daß die Umweltabhängigkeit nicht total ist: Formprägnanz scheint auch eine Rolle zu spielen. Somit scheint die Invariantenbildung auf dieser Alltagsebene lediglich relativ universell, also z. T. auch unabhängig von Sprach- und Kulturmustern zu funktionieren und sich teilweise auf Primärinterpretationen zurückführen zu lassen.

Die relative Universalität der Invariantenbildungen erlaubt jedoch keinen »direktistischen« Schluß darauf, daß die Invarianten als solche oder als »reine« unmittelbar in der Natur selbst, in der Welt an sich zu finden seien. Sie sind stets – so ergab dieses Kapitel – (schema)interpretationsimprägniert.

4 Der Referenzrealismus von Rom Harré

4.1 Alternativen zum wissenschaftlichen Wahrheitsrealismus

Der traditionelle wissenschaftliche Wahrheitsrealismus ist – dies haben die obigen Ausführungen gezeigt – aus heutiger Sicht nicht mehr haltbar. Ist aber damit der Realismus selbst am Ende? Kann es nicht sein, daß dieser wissenschaftliche Wahrheitsrealismus unzweckmäßig definiert ist? Könnte es nicht sein, daß man zu umfassend vorgegangen ist, zuviel in einen Topf geworfen hat, z. B. die Korrespondenztheorie der Wahrheit mit bestimmten Annahmen über den metaphysischen Realismus, also mit der Behauptung, daß eine von uns unabhängige Welt existiert und daß man Aussagen über diese Welt machen kann? Ist es nicht so, daß andere Formen des Realismus, wie etwa der Realismus der Bezugsgegenstände, der von Brian Ellis sogenannte »Entitätenrealismus« (»entity realism«), unter Umständen unabhängig von diesem Wahrheitsrealismus verteidigt werden kann? Könnte nicht auch der zuvor erwähnte »gemäßigte« Realismus oder der »blinde« Realismus unabhängig vom Wahrheitsrealismus vertreten werden? In der Tat scheint es so zu sein: Offenbar wurde der Realismus einerseits zu eng und andererseits zu undifferenziert definiert, und allzu voreilig wurde dieser mit dem Wahrheitsrealismus und mit jeder möglichen Erfolgsrechtfertigung der Wissenschaft überhaupt in Verbindung gebracht.

Das zeigte sich ausdrücklich in dem vieldiskutierten sogenannten »Argument für die beste Erklärung«. Die beste Erklärung für den Erfolg etwa einer wissenschaftlichen Theorie liege darin – so das Argument –, daß diese Theorie eben wahr ist; denn (nur) eine wahre Theorie liefere bessere Voraussagen als eine falsche. Die beste Erklärung dafür, daß die Newtonsche Theorie geeignet ist, die Satellitenbahnen vorauszusagen und präzise zu berechnen, mit dem Ergebnis, daß ein Mann auf dem Mond gelandet werden konnte, sei die Annahme, daß die Newtonsche Theorie eben wahr ist. Die beste Erklärung für den Erfolg der Wissenschaft allgemein wäre dann – eine methodologisch-epistemologische Stufe höher –, daß die These des wissenschaftlichen Realismus wahr ist. Es liegt natürlich auf der Hand, hierzu ähnliche Gegenargumente anzubringen, wie sie gegen die Wahrheit der Newtonschen Gravitationstheorie ins Feld geführt werden, die ja prinzipiell von der Allgemeinen Relativitätstheorie Einsteins abgelöst wurde. Man könnte auf viele traditionelle wissenschaftliche Theorien verweisen, die sehr erfolgreich waren, sich dann später aber als falsch bzw. als falsifiziert herausgestellt hatten und abgelöst wurden. Eine Rolle spielte auf der erkenntnistheoretischen Ebene der Diskussion speziell das sog. »Wunderargument« von Putnam, das man mit Joachim Schummer (1994) als »rhetorische Variante« des Arguments von der besten Erklärung auffassen kann. Putnam argumentierte 1975, der wissenschaftliche Realismus sei die einzige Philosophie, die den Erfolg der Wissenschaft nicht zu einem Wunder geraten lassen würde. Wenn man den wissenschaftlichen Realismus ablehnte, erwiese sich der Erfolg der Wissenschaft als ein bloßes Wunder. Dieses Argument wurde übrigens auch von Carl-Friedrich von Weizsäcker etwa in bezug auf die Berechnung der Flugbahn von Raumsonden vertreten: Die einzige Möglichkeit, den Erfolg der Berechnung von Flugbahnen zu erklären, sei eben, die verwendeten grundlegenden Gesetze als wahr anzunehmen. Dieser Nachweisversuch ist natürlich angesichts der eben geschilderten Lage und des Charakteristikums, daß man tatsächlich für Raumsonden und Satelliten nicht die Allgemeine Relativitätstheorie, sondern immer noch die falsifizierte Newtonsche Gravitationstheorie zugrunde legt, geradezu ein absurdes Argument: Der pragmatisch motivierte Umstand nämlich, daß man (aus Einfachheitsgründen) eine falsche, nachweislich falsifizierte Theorie benutzt, um praktisch hinreichend präzise Vorausberechnungen zu machen, würde verwendet, um beim Eintreten der vorausberechneten Ereignisse und somit der gelingenden Kontrolle zu schließen, die Theorie sei doch »wahr«, obwohl falsifiziert. Dagegen könnte man allenfalls auf der einen Seite noch einen raffinierten Falsifikationismus halten: Die Theorie steht zwar im Widerspruch mit bestimmten Erfahrungen, aber damit wird sie noch nicht als falsifiziert betrachtet. Auf der anderen Seite ließe sich auch das Argument der besten Erklärung auf einen approximativen Wahrheitsrealismus abschwächen. Damit scheint der Kritik die Schärfe genommen, denn die Theorie könnte nun als noch nicht falsifiziert und wahrheitsnah bewertet werden. Mit Nancy Cartwright *How the Laws of Physics Lie* ließe sich aber die Kritik am Argument der besten Erklärung dahingehend verallgemeinern, daß jeder Erklärungserfolg eigentlich auf Naturgesetzen oder sogar auf Modellen basiere, die konstruktionsgemäß vereinfachend bzw. falsch sind, und nicht auf den sogenannten »fundamentalen Theorien«, die nach Cartwrights Meinung gar nichts erklären.

Wie soll man sich dazu stellen? Und: Was heißt die »beste Erklärung« für den Erfolg der Wissenschaften generell? Kann man überhaupt aus dem Erfolg allein auf Wahrheit schließen? Bedeutet das Argument der »besten Erklärung« im Grunde nicht so etwas wie ein umgekehrtes pragmatistisches Argument: Statt etwa eines Pragmatismus im klassischen Sinne: »Was fruchtbar ist, allein ist wahr?« hieße es nun: »(Nur) was wahr ist, ist fruchtbar.« Folglich sei die Wahrheitsannahme der fruchtbaren Theorie die beste Option. Obsiegt hier ein implizierter – wenn auch abduktiv gestützter – Wahrheitspragmatismus? Aber wieso sollte es nur *eine* »beste Erklärung« geben? Funktional können (und konnten) mehrere Alternativen erfolgreich sein.

Fällt also mit dem Argument der besten Erklärung auch der Realismus, bzw. fällt mit dem Wahrheitsrealismus auch das Argument der »besten Erklärung« für den wissenschaftlichen Realismus? Es scheint so zu sein. Aber wäre damit auch der Realismus selbst in jeder Form aufzugeben? Das ist die große Frage, der wir uns ausführlicher widmen wollen. Ist der wissenschaftliche Realismus mit dem Wahrheitsrealismus zu verabschieden? Der Wahrheitsrealismus, das scheint in der Tat der Schluß zu sein, den man aus der bisherigen Argumentation ziehen muß, ist hoffnungslos, ist gescheitert. Das gilt insbesondere für den Wahrheitsrealismus auf der Grundlage einer Korrespondenztheorie der Wahrheit im Sinne einer Korrespondenz zwischen Theorien oder Sätzen und der Wirklichkeit.

Welche Alternativen bleiben? Zunächst gäbe es die oben erwähnte Möglichkeit des Pragmatismus: Man könnte einfach das, »was fruchtbar ist«, als »wahr« erklären. Aber dieser Weg führt zu erheblichen, in der Tradition schon häufig diskutierten Schwierigkeiten – ganz abgesehen davon, daß das »Fruchtbare«, das Erfolgreiche auch abhängig ist vom historischen Stand des Wissens, der Theorie- und der Instrumentenentwicklung und somit nicht übergreifende Gültigkeit beanspruchen kann. Es führt auch, wie erwähnt, nicht zur thematisch-systematischen Auszeichnung *einer* besten Lösung. Man könnte natürlich auch wie etwa Larry Laudan aufgrund der Einsicht, daß viele falsche Theorien in der Wissenschaftsgeschichte äußerst erfolgreich gewesen sind, obwohl man später ihre Falschheit festgestellt hat, die Konsequenz ziehen: Wir können nicht wirklich feststellen, welche Theorien wahr sind und ob sie eine realistische Grundlage haben. Ist man damit notwendig auf einen Instrumentalismus verwiesen, etwa auf einen solchen Instrumentalismus antirealistischer Art wie den sogenannten und eben schon erwähnten konstruktiven Empirismus? Van Fraassen sieht die empirische Adäquatheit allein, die Voraussagbarkeit von Beobachtungsdaten, als hinreichend für die Wahrheit der wissenschaftlichen Theorien an. Er definiert seinen konstruktiv-empiristischen Ansatz als eine Lehre, die sich insofern vom traditionellen wissenschaftlichen Realismus abhebt, als allein die empirische Adäquatheit und der empirische Erfolg als Kriterium der Annehmbarkeit von Theorien zählen. Eine Art von »Rettung der Phänomene«, die Ableitung der Beobachtungsdaten, die systematische Anordnung und Wiedergabe von Beobachtungsdaten dienen ihm als ausschließliche Kriterien der Realgeltung einer wissenschaftlichen Theorie. Es ist danach also möglich, von realer Theoriegeltung zu reden, ohne daß man auf den traditionellen wissenschaftlichen Realismus zurückgehen muß, den van Fraassen wie folgt definiert (1980,8): *»Science aims to give us, in its theories, a literally true story of what the world is like«*. Die Akzeptanz einer wissenschaftlichen Theorie impliziere demgemäß über eine bloße empirische Adäquatheit hinaus den Glauben oder die Meinung, daß sie, die Theorie, eine »im wörtlichen Sinne wahre« Beschreibung der Welt liefere; das sei *die* korrekte Beschreibung des wissenschaftlichen Realismus, sagt van Fraassen (ebd.). Es bereitet natürlich keine Schwierigkeiten, diese Definition als »Strohmann«-Konstrukt zu erweisen. Man weiß nicht, »wie die Welt wirklich ist« oder »wie sie beschaffen ist«; man kann gar nicht feststellen, wann eine Geschichte »wörtlich wahr« ist (unabhängig von bloß gleichnishaften oder metaphorischen Beschreibungen). (Modelle und Metaphern spielen ja auch in den Grundkonzeptionen der Wissenschaften eine wesentliche Rolle.)

Van Fraassen gelangt aufgrund dieser Kritik zu seinem Antirealismus in bezug auf wissenschaftliche Theorien unter der Beibehaltung oder Rettung von Beobachtungsdaten, der Erhöhung und Erhaltung der empirischen Adäquatheit der Theorien. Wenn er freilich den wissenschaftlichen Realismus so eng definiert, ist es klar, daß er diesen leicht kritisieren kann. Dieser wissenschaftliche Realismus dient ihm in der Tat als eine Art »Strohmann«, den er recht einfach widerlegen kann. Er unterstellt im Grunde eine besondere Form des wissenschaftlichen Realismus, den Wahrheitsrealismus, um den Realismus generell zu verabschieden oder zu kritisieren. Das aber ist ein voreiliger Schluß, solange noch andere Alternativen in Betracht gezogen werden können. Natürlich hätte man über den Zusammenhang zwischen Instrumentalismus und Realismus im Grunde noch vieles auszuführen. Das kann im gegenwärtigen Kontext nicht unsere Aufgabe sein. So müssen wir uns auf die sehr skizzenhaften Bemerkungen in bezug auf eine neuere instrumentalistische Theorie beschränken.

Ein weiterer Ansatz wäre derjenige, der vielfach etwa von Biologen und von biologisch orientierten Wissenschaftstheoretiker vertreten wird. Oben wurde bereits Marjorie Grenes »direkter« oder »umfassender« Realismus erwähnt, der evolutionsbiologistisch den Menschen als Wesen auffaßt, das sich in einer biologischen Umgebung vorfindet und überleben muß, selbst auch unter Evolutionsdruck steht und diesem entsprechend dann auch seine wissenschaftlichen Theorien in Abhängigkeit von seinen evolutionär entstandenen Erkenntnismöglichkeiten und -organen und Handlungsmöglichkeiten entwickelt hat – eine Position, die von der neueren Evolutionären Erkenntnistheorie geteilt, mittlerweile aber im Sinne eines *hypothetischen* Realismus etwas relativiert wurde. Es wurde schon darauf hingewiesen, daß dieser Ansatz, so plausibel er zunächst scheint, ein direkter Realismus ist – fast im Sinne eines naiven Realismus – und daß er der Kritik der Zirkelhaftigkeit unterliegt, weil die Evolutionstheorie selber eine empirische Theorie ist, die von wissenschaftstheoretischen und methodologischen Vorbedingungen abhängig ist, aber – als empirische Theorie – nicht ihrerseits zum Fundament einer Erkenntnistheorie hochstilisiert werden kann. Es ist zwar keine Frage, daß evolutionäre Argumente und biologische Argumente eine Rolle spielen sollten und auch für die Rechtfertigung und die Diskussion in der Wissenschaftstheorie wichtig sind, aber man kann nicht die methodologischen Argumente der Wissenschaftstheorie und der Methodologie oder gar das metaphysische Realismuskonzept einfach, etwa gar deduktiv, auf eine unkritisch angenommene empirische Theorie wie die Evolutionstheorie stützen, ohne in methodologische Schwierigkeiten zu geraten. Doch eine solche Diskussion eröffnet ein weites Feld, das hier nicht abgeschritten werden kann.

Nach Verabschiedung des Wahrheitsrealismus sind noch weitere Möglichkeiten zu diskutieren: 1. eine Spaltung des Realismus in einen ontologischen Realismus (Annahme der Existenz der Welt an sich) und einen erkenntnistheoretischen Realismus (Annahme der Erkennbarkeit der Welt an sich) und ausschließliche Behauptung des ontologischen Realismus; 2. eine Abschwächung der realistischen Annahmen bzw. Geltungsansprüche; 3. eine grundlegende Neudefinition des Realismus. Die erste Variante ist dabei wohl ein Spezialfall der zweiten. Wir haben schon von Abschwächungen gesprochen, etwa im Sinne von Rescher, Almeder oder auch Putnam. Eine Spaltung des Realismus wäre z. B. dann gegeben, wenn man den Wahrheitsrealismus im Sinne des Bivalenzprinzips von einer anderen realistischen Annahme unabhängig macht, etwa von der Annahme über die Existenz der von uns »unabhängig« »gegebenen« Welt im Sinne der eben erwähnten ersten Möglichkeit, oder wenn man den metaphysischen Realismus unabhängig etwa von der Korrespondenztheorie der Wahrheit macht. Almeder z. B. hat einen solchen Schritt unternommen. Man kann sich auch generell um eine Neudefinition des Realismus unabhängig vom Zweiwertigkeitsprinzip bemühen. Das ist ein Ausweg, den neuerdings Rom Harré einschlägt, wie wir in den Ausführungen dieses Kapitels sehen werden.

Schließlich kann man 4. – über die bisher erwähnten Vorschläge hinausgehend – eine interpretationistische Deutung dieser realistischen Modelle selbst vornehmen; das ist ein Versuch, den wir später noch zu entwickeln versuchen wollen. Die Idee dabei ist, daß man gleichsam eine Metastufe höher steigt und selbst die Unterstellung des Realismus oder bestimmter realistischer Modelle einem analytischen Interpretationsversuch unterwirft, also das Modell des Realismus selbst interpretationistisch hinterfragt und dennoch hypothetisch-realistisch bleibt. Das ist ein Ansatz, den ich favorisiere, der allerdings manche Elemente des Harréschen Referenzrealismus aufnimmt, aber doch nicht mehr in naiver Sicht von dem Zugriff zu physischen Dingen in der Außenwelt redet, selbst dann, wenn es sich um einen materialen und auf Experimente zurückgehenden handlungsorientierten interventionistischen Ansatz (im Sinne Hackings 1983) handelt – und nicht nur um Vorstellungen und Repräsentationen, Widerspiegelungen in einer Theorie.

Im folgenden werden wir uns mit dem Ansatz befassen, der in dem bereits erwähnten Buch *Varieties of Realism* von Rom Harré vorgestellt wurde. Es handelt sich dabei m. E. um eines der wichtigsten philosophischen Bücher, die in den letzten Jahren erschienen sind. Es setzt sich mit dem Realismusproblem auf höchstem Niveau und sehr differenziert auseinander und stellt den letzten Stand der Diskussion dar: Die Fragen des internen Realismus werden ebenso diskutiert wie die Probleme der verschiedenen neueren Formen des gemäßigten Realismus. Dennoch gilt auch für dieses Buch, was für alle hier besprochenen Ansätze gelten mag, daß letztlich doch ein in bestimmter Hinsicht eingeschränkter, ein gewisser naiver Zugang vorherrscht – insofern, als auch Harré sein eigenes Modell nicht interpretativ oder erkenntnistheoretisch hinterfragt.

Rom Harré setzt seinen eigenen Ansatz eines *Referenzrealismus* in Verbindung mit dem Entitätenrealismus von Brian Ellis. Es geht bei diesen Realismusversionen um die Frage, inwiefern man die Existenz von Entitäten annehmen und diese Bezugsgegenstände, auf die sich auch u. U. unsere theoretischen Begriffe beziehen, konkret auszeichnen oder raumzeitlich »dingfest machen« kann. So sprechen wir über Elektronen, Quarks usw. im Sinne von Gegenständen, auf die sich die entsprechenden theoretischen Begriffe »Elektron«, »Quark« usw. beziehen. Solche Ausdrücke bezeichnen (zumindest dem Anspruch nach) bestimmte Entitäten in der Außenwelt, und die Frage ist, wie man über eine wirkliche (»physische«) Beziehung einen Bezug zwischen dem jeweiligen Ausdruck und dem von ihm bezeichneten Gegenstand herstellen kann. Wenn man annimmt, daß die »Referenten«, also diejenigen »Entitäten«, auf die sich die theoretischen Begriffe und entsprechenden Konstrukte beziehen, in irgendeiner Weise »existieren« und daß der Bezug identifizierbar und prinzipiell bzw. (wie bei Harré) praktisch-»technisch« konkretisierbar ist, dann übernimmt man die Position eines Referenzrealismus. Man kann einen solchen Bezug durchaus unabhängig von Wahrheitsbehauptungen im Sinne der Korrespondenztheorie der Wahrheit herstellen. Nach der Verabschiedung des Wahrheitsrealismus scheint offensichtlich doch noch eine andere Möglichkeit des Zugriffs oder der Bezugnahme auf Realität zu bestehen. Zu allgemeinen Sätzen und Theorien kann man auch bestimmte Referenzen etablieren, konstruieren, konkretisieren, die dann gegeben sind, wenn die Referenten, also die Bezugsgegenstände der entsprechenden Begriffe, durch praktische Verfahren und »materiale«, technische oder »physische« Verbindungen aufgewiesen werden. Wenn man die Referenzen, die Bezugnahme auf die Referenten, sichern kann, dann hat man eine Möglichkeit gewonnen, einen Referenzrealismus auszuzeichnen, über Wirklichkeit unabhängig von Wahrheitsrealismus im Sinne des Bivalenzprinzips zu sprechen. Das ist die Idee, die Harré (1986) vorschlägt. Seine Hauptthese ist, daß diese Herstellung oder Erstellung von Referenzen nicht allein rein theoretisch gesichert werden kann, sondern nur durch eine wissenschaftliche (materiale) Praxis (wir könnten vielleicht besser sagen: durch eine wissenschaftsoperationale oder eine experimentelle Praxis) etabliert, erstellt, hergestellt wird (1986, 68, 100ff.); und gerade darin ist das realistische Moment seines Ansatzes begründet. Der von Harré verwendete Ausdruck ›material‹ ist allerdings vieldeutig: wenn ich ihn im folgenden verwende, benutze ich ihn in diesem Sinne der operationalen Bezugskonkretisierung, wie Harré ihn verwendet: Ein Aufspür*verfahren* soll zum Referenten führen. Da der Wahrheitsrealismus nicht mehr vertreten werden kann, meint Harré, daß der Realismus und der Realitätszugang von etwas Fundamentalerem abhängig ist, nämlich von der Erstellung oder Herstellung von *physischen* referentiellen Beziehungen der Wissenschaftler zu den postulierten Entitäten. »Reference is established by achieving a *physical* tie between embodied scientist and the being in question« (ebd. 68). Ich kann Wahrheit von Sätzen in bezug auf Wirklichkeit grundsätzlich nur dann feststellen, wenn ich eine physisch konkretisierbare referentielle Beziehung zu physischen Dingen habe. Das gilt übrigens auch für den kritisierten Wahrheitsrealismus; auch dieser setzte hiernach die fundamentalere Referenzbeziehung voraus.[1]

1 Hartnäckige Wahrheitsrealisten haben allerdings sowohl die physische Referenzbeziehung negiert als auch die (formal-)semantische Referenzbeziehung aus den Wahrheitsbedingungen von Sätzen mit den entsprechenden Termen abgeleitet. Nach deren Ansatz wäre Wahrheit »fundamentaler« als Referenz.

Mit anderen Worten: die Referenz ist tiefergehend, vom Wahrheitsrealismus zum Referenzrealismus führt ein Schritt zu tieferen Fundamenten; so sieht es Harré jedenfalls. Man braucht somit, wenn man den Wahrheitsrealismus aufgeben muß, die tiefen Fundamente nicht ebenfalls aufzugeben. Es bestehen also nach Harré Möglichkeiten, Referenzen zu erstellen und beizubehalten und den Realismus in diesem Sinne zu vertreten, auch wenn man den Wahrheitsrealismus traditioneller Art verabschieden muß.
Harré entwickelt eine Skizze dieses Referenzrealismus, der nun nicht mehr abhängig vom Wahrheitsrealismus und vom Zweiwertigkeitsprinzip der Wahrheit ist; insofern kann Harré die stichhaltigen kritischen Argumente gegen den wissenschaftlichen Wahrheitsrealismus umgehen. Die Grundidee ist, daß der Referenzrealismus oder »referentielle Realismus« zu einer Auffassung der wissenschaftlichen Handlung als einer eng verzahnten Mischung von materialen oder operational-experimentellen und kognitiven, theoriegeleiteten Praktiken auf verschiedenen Seinsebenen (wie jener des direkt Beobachtbaren, R1, des prinzipiell Beobachtbaren, R2, und des absolut Unbeobachtbaren, R3) führt. Harrés Referenzrealismus ist dabei methodologisch eingebunden in eine mehrstufige Referenzmethodologie, die auf Stabilisierung einer klassifikatorischen semantischen R1-Struktur im Sinne einer Stabilisierung der jeweiligen Referenzen abzielt. Die Stabilisierungsstrategie wird in einem dualen und dynamischen Kontext aus kognitiver und »materialer« Praxis durchgeführt. Zur Bewertung der relativen Stabilität entwirft Harré eine Skala relativer Revidierbarkeiten und greift dabei auf interne Kriterien zurück, die er in linguistischen Konventionen zu finden können glaubt, z. B. in der Verwendungsweise der Ausdrücke »wahr« und »falsch«. Wenn traditionelle Wissenschaftstheoretiker strikte Bewertungssysteme für Geltungsfragen entwickelt haben, so meint Harré, daß sie lediglich ein System (moralischer) Normen aufgestellt haben, das gewissermaßen eine Idealisierung der (durchaus auch laxen) normativen Regeln der wissenschaftlichen Gemeinschaft darstellt (Schummer). Aufgrund dieser sozio-normativen Stabilisierungen innerhalb der wissenschaftlichen Gemeinschaft werden »Wahrheit« und »Falschheit« als quasi-moralische Begriffe oder Konzepte definiert. »Wahrheit« und »Falschheit« sind also Zuerkennungsprädikate, die aufgrund sauberen Arbeitens schließlich bestimmten Gepflogenheiten und Theorien zugesprochen wer-

den; sie sind aber nicht mehr grundlegende Korrespondenzprädikate im herkömmlichen Sinne. Es geht (nur noch) um die qualifizierte Auszeichnung des Wissens, die durch und für eine Wissenschaftlergemeinschaft gewonnen wird, die sich letztlich auf eine moralisch geregelte und kontrollierte Vertrauensgemeinschaft stützt. Insofern handelt es sich um einen pragmatischen und erkenntnistheoretisch »bescheidenen« (»modest«, ebd. 98) Realismus.

Der Akzentwechsel von der theoretischen Repräsentation, derzufolge die Welt gleichsam in einer handlungsunabhängigen, bloß bildhaften Weise widergespiegelt wird, zu der technischen Handlungsorientierung, zu den materialen oder experimentellen Praktiken ist klar. Es handelt sich auch hier um bestimmte Leitregeln, welche die wissenschaftliche Gemeinschaft oder die Gemeinschaft der Erkennenden beherrschen. Nach Harré besteht das realistische Manifest der Wissenschaftler sozusagen darin, daß man wissenschaftliche Sätze nur in einem *relativen* Sinn als vorläufig wahr oder falsch anzusehen hat in Abhängigkeit von der Auffassung, wie einerseits die Welt beschaffen sei *und* wie andererseits die entsprechenden zugeordneten Verfahren normiert, von Regeln gelenkt, eingeschränkt sind. Es handelt sich also darum, daß wissenschaftliche Beurteilungen von der »Moral« der scientific community abhängig sind, und man solle in gewissem Sinne als Wissenschaftler nur seine Bereitschaft oder sein Zögern dafür erklären, ob eine bestimmte Behauptung als wert angesehen werden soll, in unser Korpus der wissenschaftlichen Erkenntnisse eingeordnet zu werden – und zwar in der Weise und in dem Ausmaß, in dem wir denken, daß es »irgendwie« eine Verankerung durch die praktischen Referenzerstellungsverfahren in der Welt reflektiert. Man sieht, daß auf der einen Seite dieses Manifest gewissermaßen eine verhaltensleitende Kraft darstellt – das betont auch Harré –, auf der anderen Seite ist der Harrésche Ansatz aber auch nicht mit einem radikalen Konventionalismus oder Konstruktivismus zu verwechseln. Harré betont nämlich, »wie die Welt ist«, genauer, wie sie sich als durch unsere Verfahren strukturierbar erweist, das entscheide mit über die Referenzjagd. Strukturen sind allerdings immer nur in Strukturierungen zu erfassen, also Ergebnisse von Interpretationen, die auch anders ausfallen könn(t)en. Deutlicher muß man wohl mit Joachim Schummer (1994) von einer »dispositionalen Ontologie« ausgehen, d. h., von Elementarbausteinen und -beziehungen der Welt nur als oder im Sinne von zu strukturierenden »Strukturierbarkeiten« sprechen. Die »Welt entscheidet« demnach nur insofern mit über den Erfolg/Mißerfolg von Referenzjagden, als in ihr ein bestimmtes Potential vorliegt, in bestimmter Weise strukturierbar zu sein oder nicht. Wenn man die Position eines radikalen Konstruktivismus vermeiden will, dann ist diese ontologische Minimalannahme von Strukturierbarkeiten relativ zu bestimmten Strukturierungszugängen kaum zu umgehen.

Entscheidend für die Bewertung der wissenschaftlichen Praxis und Erkenntnis ist aber, daß diese abhängig sind von der kontrollierten Verhaltensorientierung, von den Normen bzw. der »Moral« der entsprechenden erkennenden Gemeinschaft bzw. der scientific community. Harré meint, daß man die meisten der herkömmlichen Wissenschafts- und Erkenntnistheorien auch in diesem Sinne rekonstruieren kann. Z. B. glaubt er, man könne den Popperschen Fallibilismus, der darauf beruht, daß Sätze und Theorien nur vorläufig als hinreichend oder annähernd wahr anzunehmen sind, soweit sie nicht falsifiziert, aber doch falsifizierbar sind (d. h., soweit sie an der Erfahrung scheitern können, aber noch nicht gescheitert sind), neu interpretieren als eine Kombination von moralischen Prinzipien, als eine Sammlung von idealen normativen Regeln, die etwa das Verhalten in einer Wissenschaftlergemeinschaft lenken sollen. Diese Normen würden etwa fordern, der Wissenschaftler solle immer möglichst nach widerlegenden Fällen suchen, er solle keineswegs nur nach konformen Fällen ausschauen, die seinen Sätzen oder seinen Vermutungen, seinen Hypothesen usw. entsprechen.

Im Grunde handelt es sich jedoch um eine heuristisch-methodologische Umdeutung der traditionellen Erkenntnis- und Wissenschaftstheorie und um eine soziopragmatische Einbettung in den Kontext der Praxis und der Theoriengeschichte bzw. Wissenschaftsentwicklung. Behauptungen über Wissen und Erkennen werden als Anweisungssätze betrachtet, die auf einem bestimmten Kontrollsystem bzw. auf einem Normensystem basieren, das von der entsprechenden Erkenntnisgemeinschaft bzw. scientific community getragen wird, und die Sätze bzw. Theorien und Verfahren der Wissenschaftler haben dann entsprechend mit diesen Regeln übereinzustimmen. Die Wissenschaftstheorie wird also heuristisch (besser: heuristologisch) aufgelöst, oder sie wird fundiert auf einer Beschreibung von moralischen, quasimoralischen Normen der Erkenntnis, also etwa auf den von dem Wissenschaftssoziologen Robert K. Merton schon in den vierziger Jahren aufgestellten verschiedenen Regeln, Werten und Normen, denen die wissenschaftliche Arbeit idealerweise genügt – also beispielsweise den Normen, daß Ergebnisse möglichst unabhängig von persönlichen Interessen gewonnen und bewertet werden sollen und daß wissenschaftliche Erkenntnis universell zu gelten habe, also unabhängig von bestimmten Ereignissen, Personen, Epochen usw. Es gibt weitere solche Normen – wie jene des Publikationsgebots oder des organisierten Skeptizismus, wie Merton sagt. Alle derartigen Normen entscheiden mit über die Akzeptanz einer Theorie durch die scientific community. Diese Beschreibung der Normen der Wissenschaft spielt also in dieser »heuristologisch«-philosophischen Deutung der Wissenschaftstheorie eine große Rolle. Es geht letztlich eher darum, statt des Wahrheitsprinzips bzw. der Zweiwertigkeit der Wahrheit im Grunde eine Art These über die Ehrlichkeit der Bemühung um eine adäquate wissenschaftliche Sicht und eine entsprechende Norm zu etablieren, wie wir die höchsten Maßstäbe der wissenschaftlichen Erkenntnis anzuwenden haben und wie deren Einhaltung in einer Wissenschaftlergemeinschaft kontrolliert und verfolgt wird. Das ist die praktische, verhaltensorientierte, auf die »materiale Praxis« und auf »policy« ausgerichtete Wendung, die Harré seinem Referenzrealismus zu geben beabsichtigt.

4.2 Referenzerstellung durch theoriegeleitete ›materiale Praxis‹

Die Frage ist natürlich, wo dabei die Anknüpfung an die Realität bleibt. Kann man nun gar nicht mehr von Akzeptierbarkeit im Sinne von angenäherter Wahrheit oder von Realitätsnähe o. ä. sprechen? Wir haben das »Argument der besten Erklärung« widerlegt, daß also der Erfolg der Wissenschaften am besten dadurch erklärt werden könne, daß die entsprechenden wissenschaftlichen Theorien wahr sind. Soll dieses Argument nun etwa ersetzt werden durch eine entsprechende Argumentation der besten Erklärung in bezug auf Plausibilitätsargumente? Denn es geht jetzt ja nicht mehr um Wahrheit oder Falschheit, sondern um Akzeptierbarkeit, um Qualität der wissenschaftlichen Ehrlichkeit, der Entsprechung, der Gradentsprechung gegenüber den eben erwähnten Normen, sozusagen um Plausibilität in bezug auf die rationale Akzeptierbarkeit von Behauptungen, etwa Behauptungen über die Existenz von theoretisch postulierten Entitäten, die bisher noch nicht aufgespürt werden konnten. Dieses Argument einer solchen besten Ausrichtung der Plausibilität kann aber ebenfalls nicht funktionieren; denn die beste Erklärung für die Adäquatheit einer Theorie durch Bezug auf deren Plausibilität oder deren Adäquatheit nach dem gegenwärtigen Stand der Diskussion und Erkenntnis ist ein tautologisches Argument, weil hier im Grunde nichts erklärt wird. Mit diesem Argument allein kann man keine Stütze für den wissenschaftlichen Realismus – und sei es in dem »bescheidenen«, abgeschwächten Sinne, den Harré beabsichtigt – erbringen. Aber das war wohl auch nicht das Ziel von Rom Harré.

Zunächst aber ist es noch zu sagen, daß die Plausibilität bzw. die Qualität der Entsprechung gegenüber den Normen oder die Akzeptierbarkeit von Sätzen und Theorien in diesem Sinne natürlich historisch variabel ist. In der Tat verändert sich auch historisch die Grenze dessen, was beobachtbar ist, was also in einer bestimmten Zeit nach den verfügbaren wissenschaftlichen Experimenten und Techniken (schon) der Beobachtung zugänglich ist und was nicht. Wenn man den Begriff der Beobachtbarkeit nicht einfach auf das elementare sinnliche Wahrnehmen bezieht, dann ist sicherlich ein wesentlicher und wichtiger Gesichtspunkt, daß hier gewisse Relativitäten, Bezüge auf den Stand der jeweiligen Forschung und der Wissenschaft eine Rolle spielen und berücksichtigt werden müssen.

Was ist nun für eine solche Suche nach Referenten von Ausdrükken notwendig? Einmal ist dazu wichtig, daß eine Einordnungsmöglichkeit gegeben ist, es muß also ein raumzeitlicher Rahmen zur Verfügung stehen, in den bestimmte Entitäten eingeordnet werden können. Man kann nicht etwas gänzlich unabhängig von Voraussetzungen finden und suchen, sondern man muß die Referentenjagd in einen bestimmten Rahmen einordnen, in ein Netz, in ein Raster (englisch »grid«), also in ein Referenzraster (»referential grid«). Man braucht Referenzraster, um in einem bestimmten Rahmen Entitäten als zu einer bestimmten Art gehörig ausweisen zu können. Der einfachste, aber auch unverzichtbare

Rahmen ist natürlich die Einordnung in Raum-Zeit-Zusammenhänge, also in eine raumzeitliche Ordnung. Das heißt, eine raumzeitliche Rasterung ist als notwendig vorauszusetzen. Umgekehrt kann es sein und ist es auch so – nach Auffassung moderner Theorien, etwa im Anschluß an die spezielle und allgemeine Relativitätstheorie –, daß auch die Gegenstände und die Ereignisse ihrerseits die räumlich-zeitlichen Raster gleichsam aufspannen. Das geht zurück auf die relationale Theorie der Räumlichkeit und Zeitlichkeit, wie sie im Gegensatz zu Newton von Leibniz entworfen worden ist: Raum und Zeit sind relativ aufzufassen und werden von den Gegenständen und den Ereignissen aufgespannt, d. h. eigentlich erst und nur in Abhängigkeit von der Materie kann die raumzeitliche Verteilung der Materie konstruiert werden. Raum ist eine Ordnungsstruktur von Materie bzw. Ereignissen und nichts sonst. Es gibt nach Leibniz keinen absoluten, leeren Raum. Die Gefäßtheorie des Raumes, wie sie bei Newton noch vorgelegen hat, gilt im übrigen heute in der Physik durch die experimentell gestützte Allgemeine Relativitätstheorie als überwunden. Wie bereits Leibniz so hält auch Harré an einer *relationalen* Theorie des Referenzrahmens für Ereignisse und Gegenstände fest: Die *physische* Basis, die durch das Referenzraster aufgespannt wird, ist selbst abhängig von den *physischen* Gegebenheiten. Die Auszeichnung dieses Musters läuft letztlich so ab, daß in Abhängigkeit etwa von der gegenwärtigen Situierung des Experimentierenden bzw. des Wissenschaftlers oder des Erkennenden die Welt in Ereigniskategorien unterteilt wird. Im Groben ordnet man gleichsam die Weltereignisse in ein Raster des Vergangenen, des Zukünftigen und des Gegenwärtigen, wobei das Gegenwärtige den Übergang desjenigen dokumentiert, was von uns und für uns nicht mehr veränderbar ist, zu demjenigen, was noch veränderbar ist. Mit anderen Worten: Man hat so etwas wie eine indexikalische Gebundenheit von Raum-Zeit-Mustern in bezug auf die Gegenwart und den Aufenthaltsort des Erkennenden, d. h., die Gegenwart ist immer *meine* Gegenwart, man zeichnet sozusagen einen bestimmten Punkt aus, den, an dem man sich selbst befindet. Wenn man hierbei Weltlinien etwa als Landkarten zeichnet, wie das beispielsweise in der speziellen Relativitätstheorie vorgestellt wird, so haben diese Weltlinien immer eine indexikalische Komponente in bezug auf denjenigen, der im Schnittpunkt von seiner Vergangenheit und seiner Zukunft, also in seiner

Gegenwart steht. In der speziellen Relativitätstheorie werden die Ereigniskegel durch Erreichbarkeit im Rahmen der höchsten möglichen Signalgeschwindigkeit, der Lichtgeschwindigkeit, aufgespannt. Bereiche außerhalb dieser Ereigniskegel, die also nicht von Lichtsignalen erreicht werden können, sind hinsichtlich ihrer Einordenbarkeit in bezug auf Künftiges oder Vergangenes irrelevant, sie sind also nicht einfach zweifelsfrei »künftig« oder »vergangen«, denn sie sind nicht beeinflußbar und nicht durch Signalketten für den Beobachter im Doppelkegelschnittpunkt dokumentierbar. Die Verortung im Raum-Zeit-Raster bleibt also auch in der speziellen Relativitätstheorie indexikalisch in bezug auf eine jetzige Situation hier bzw. auf mich und meine gegenwärtige Zeit. »Hier-und-jetzt«-Ausdrücke sind nach Harré letztlich Anknüpfungspunkte für den Experimentator, für seine »materialen Praktiken« der Referenzerstellung, von denen er (etwa ebd. 141 u. a.) spricht. Nur indexikalische Referenz kann Existenz sichern und begründen, natürlich in Abhängigkeit von den möglichen Praxisorientierungen. Diese materiale Verbindung ist abhängig von bestimmten Referenzen, die indexikalisch hergestellt werden.

Harré unterscheidet drei verschiedene wissenschaftsmethodologische oder erkenntnistheoretische Bereiche, für die verschiedene Argumente und Praktiken der Sicherung der Referenzen und somit der Realitätskonkretisierung sowie der Beurteilung von wissenschaftlichen Theorien gelten. Zunächst ist der Bereich der *allgemeinen Wahrnehmung* in alltäglichen und wissenschaftlichen Kontexten zu nennen; dazu gehören alle Entitäten, die in einer jeweiligen historischen Epoche durch uns Menschen auch unter Benutzung bestimmter technischer Instrumentarien jederzeit einer direkten Beobachtung zugänglich gemacht werden können. Diesen Bereich nennt Harré den »Bereich 1«, kurz: R1.

Der Bereich 2 (kurz: R2) umfaßt demgegenüber Entitäten (Referenten), die zwar beim gegenwärtigen Stand der Technik (Meßtechnik usw.) noch nicht einer Beobachtung zugänglich sind, die jedoch grundsätzlich bei bestimmten Entwicklungen der Meßinstrumente und -techniken einer Beobachtung zugeführt werden können. Zum Bereich 2 gehören also Entitäten, die *prinzipiell* beobachtbar und somit potentielle Kandidaten für den Bereich 1 sind.

Der Bereich 3 umfaßt schließlich solche Entitäten, die aus unterschiedlichen, aber prinzipiellen Gründen jenseits aller möglichen Beobachtbarkeit durch Menschen liegen.[2]

Harré führt ein »induktives Argument« (ebd.« 69) an, das die Inangriffnahme einer praktisch-experimentellen Suche nach Entitäten des Bereichs 2, die durch »substantive Terme« einer Theorie bezeichnet (denotiert) werden, als vernünftig ausweist. Ein solches Suchprojekt ist darauf ausgerichtet, Entitäten aus dem Bereich 2 (R2) in den Bereich 1 (R1) zu transformieren. Es geht also um die Annahme, daß gegenwärtig noch unbeobachtbare und lediglich theoretisch postulierte Entitäten einer Beobachtung zugänglich gemacht werden können, was zunächst dadurch nahegelegt wird, daß sie grundsätzlich in dieselbe Theorie mit derselben semantischen Struktur integrierbar sind wie jene R1-Entitäten, die von der Theorie erfaßt werden. Harrés »induktives Argument« basiert auf der wissenschaftshistorisch belegten Verschiebbarkeit der Grenze zwischen R1 und R2, d. h., die Wissenschaftsgeschichte weist zahlreiche Beispiele auf, bei denen ehemals nur theoretisch postulierte Entitäten durch entsprechende Suchprojekte der Beobachtung zugänglich gemacht wurden. Daher sei es auch für die Zukunft prinzipiell keine unvernünftige Strategie, Suchprojekte nach theoretisch entworfenen Entitäten zu starten, solange bestimmte konstruktive Rahmenbedingungen beim Entwurf eingehalten worden sind.

Die Suche nach theoretisch entworfenen Entitäten ist für Harré aber kein Selbstzweck, denn die R2-Entitäten erfüllen über die Teil-Ganzes- und Kausalrelationen konstruktionsbedingt eine Sy-

2 Die Unterscheidung zwischen den Entitätenbereichen läßt sich mit Schummer noch präziser fassen: *R1-Entitäten* sind der Wahrnehmung zugänglich, sie sind über die kognitive *und* materiale Praxis in einer semantischen Struktur und im Referenznetz verortet. *R2-Entitäten* werden über theoretische Kontexte in diese semantische Struktur eingefügt, indem sie über Teil-Ganzes-Relationen und Quasi-Kausalrelationen mit R1-Entitäten verknüpft werden und damit zugleich im Referenznetz verortbar sein sollten. Durch die *konstruktiven Vorgaben* sind sie kategorial als wahrnehmbare Entitäten entworfen, was gerade für R3-Entitäten per constructionem nicht gilt. Harré relativiert allerdings diese kategoriale Unterscheidung durch Bezug auf den jeweiligen und durchaus auch entwicklungsfähigen Stand der Technik, d. h., auch die kategoriale Unterscheidung zwischen den Bereichen 2 und 3 wird als veränderlich gefaßt.

stematisierungs- und Erklärungsfunktion, die durch Referenzherstellung abgesichert werden soll. Nach Schummers möglicherweise etwas eigenwilliger Harré-Interpretation, die ich teile, steht Harrés Referenzmethodologie unter der wissenschaftlichen Zielbestimmung einer stabilisierten und systematisierten semantischen Struktur, und gerade dies wird durch Referenzversicherung theoretisch entworfener Entitäten angenähert. Im ganzen gesehen ist Harrés Strategie die folgende: Der referentielle Realismus in bezug auf R2-Entitäten bezieht sich auf die *Suche* nach der *Herstellung* von praktischen *Referenzbeziehungen*; damit soll die Brücke geschlagen werden zwischen den zentralen Ausdrücken innerhalb der wissenschaftlichen Theorie (also den theoretischen Ausdrücken bzw. den diese Ausdrücke gebrauchenden Wissenschaftlern) einerseits und den entsprechenden Referenten der theoretischen Ausdrücke andererseits.

Harré formuliert seinen Referenzrealismus in bezug auf R2-Entitäten als eine Art Postulat, als ein Forschungsprogramm, das in ein Projekt zur Vereinheitlichung der Erklärungszusammenhänge zwischen den genannten Realitätsbereichen eingebunden ist: Suche nach solchen Entitäten, die den theoretischen Ausdrücken entsprechen und die konstruktionsgemäß eine Erklärungsfunktion und eine ontologische Systematisierungsfunktion erfüllen! Das ist die methodologische Empfehlung, die ihm vorschwebt, und er nennt das (ebd. 194 ff.) einen Strategierealismus (»policy realism«). Dieser Strategierealismus schlägt vor oder insinuiert, daß technische Fortschritte gesucht werden sollten, welche die Beobachtung und experimentelle Referenzherstellung bestimmter angenommener Entitäten praktisch möglich machen. Das läßt sich anhand von bekannten Beispielen illustrieren: Die Erfindung von Mikroskopen führte dazu, daß man einzellige Lebewesen oder Mikroben sichtbar machen konnte, nachdem man sie zuvor über ihre kausale Rolle postuliert und schließlich gesucht hatte. Oder der Schiffsbau und die Nautik erlaubten, daß man das vorher postulierte Land, nämlich *Terra Australis*, auch wirklich entdecken konnte. Ganz ähnlich sei es etwa auch bei dem Nachweis von Neutrinos und anderen Elementarteilchen gewesen – ein Suchprojekt, das heute in der Frage nach der Existenz der sechsten Quark-Art eine Fortsetzung finde. Es handelt sich also um eine Suchstrategie im Sinne einer Jagd nach hypothetisch entworfenen, aber erwarteten, d. h. durch die Suchstrategie »einzulösenden«, »aufzuweisenden« Referenten. Harré spricht geradezu vom Jagdverhalten. »Referenzjagden« (»reference hunts«) sind »materiale« Praktiken; erfolgreiche Referentenjagden bedeuten wissenschaftlichen Fortschritt, der im Experimentellen erbracht wird. Der Strategierealismus besagt, daß die theoretischen Terme einer Theorie, die bestimmte Konstruktions- und Plausibilitätskriterien erfüllen, in dem Sinne realistisch interpretiert werden sollten, daß man eine Referenzjagd in Angriff nimmt. Harré meint (ebd. 66), der Referenzrealismus in diesem strategischen Gewande sei überhaupt nichts Neues, in gewisser Weise hätte ihn sogar schon Thomas von Aquin vertreten, wenn dieser betonte, daß die wissenschaftlichen Sätze letztlich ihr Ende in »natürlicher Materie« haben sollten.

Die Herstellung einer praktischen Referenzbeziehung ist auch nach Harré in Abhängigkeit von Beschreibungen zu sehen. Er führt aber eine prinzipielle Unterscheidung zwischen Bezeichnen und Referieren ein: Ausdrücke denotieren, während Referenzen erst durch außersprachliche menschliche Praktiken *hergestellt* werden. Harré stützt sich (ebd. 124) auf einen kurzen Satz von Mary Tiles: »Terms denote, people refer«. Bezeichnungen, die einem Ausdruck eine bestimmte Bedeutung zuordnen, sind in einer bestimmten Weise nach einer Wittgensteinschen Regelauffassung[3] an den Ausdruck gebunden und nicht etwa an einzelne Personen, die diese Bedeutung herstellten, allenfalls noch generell an die Sprachgemeinschaft, während die Referenzbeziehung selbst eine durch eine praktische Bezugnahme *hergestellte* Beziehung ist. Eine Referenz im Bereich 1 ist in diesem Sinne eine *deiktische*, eine zeigende, *kognitive* und *materiale* Praxis. Der Nachweis der Existenz einer postulierten Entität geschieht auch in Bereich 2 aufgrund eines praktischen Zugriffs durch Etablierung einer experimentellen Praxis, einer durch Instrumente und Verfahren vermittelten Bezugnahme. Das ist die Grundidee. Existenzbehauptungen und Existenzpostulate werden zugleich auf »materiale« und auf kognitive Praktiken gestützt. Harrés genereller Vorwurf ist, daß die Wissen-

3 Bedeutungen (Intensionen) umfassen nach Harré u. a. einen Kanon von Referenzregeln, also Regeln für praktisch(-experimentelle) Handlungen zur Referenzherstellung. Man kann mit Schummer sagen, daß der »Semi-Wittgensteinianer« Harré den Zusammenhang zwischen Ausdrücken und Referenten über solche expliziten oder impliziten Referenzregeln deutet.

schaftstheorie und die Erkenntnistheorie der Tradition diese materialen Praktiken zu sehr vernachlässigt hätten. Er behauptet, daß man auf diese Weise aber durchaus Referenz- und Existenzprobleme lösen kann, ohne auf das Zweiwertigkeitsprinzip der Wahrheit und die Korrespondenztheorie zurückgehen zu müssen.
Existenz oder Nichtexistenz von Entitäten – das ist die harte Frage, auf die sich nun die Realismusfrage konzentriert. Die Frage entscheidet sich anhand der »materialen Praktiken«. Der Realismus Harrés »gründet sich in einer materialen Praxis« (ebd. 97). Die Akzente der Erkenntnis- und Wissenschaftstheorie werden von der Wahrheits- und Erkenntnisfrage generell zur Praxis verlagert und auf sie z. T. relativiert (bzw. wenigstens konditionalisiert), von der Repräsentation auf die Intervention, wie es etwa Ian Hacking sagt, der in der Wissenschaftstheorie bereits vor Harré in seinem Buch *Representing and Intervening* (1983) einen solchen »experimentalistischen« Ansatz vertreten hat. Der reale Bezug einer Theorie wird so auf der Grundlage der theoretischen Forderungen der Theorie und der experimentellen Anordnung geradezu *erwirkt*.
Allerdings hält Harré (ebd. 114 f.) weder die traditionelle Theorie des Gegenstandsbezuges noch die vieldiskutierte kausale Theorie der Referenz von Kripke und Putnam – die Theorie, daß Referenzen auf eine sogenannte »kausale« (eigentlich nur tradierende) Kette von einer ersten Namensgebung (»Taufe«) zu einer entsprechenden späteren Verwendung des Ausdrucks zurückgehen – für ein geeignetes Modell der wissenschaftlichen Referenzerstellungen. Denn gerade bei den wissenschaftlichen Suchprozessen nach Referenten, den »Referentenjagden«, ist ja der Gegenstand eben nicht einfach vorgegeben, um ihn benennen (»taufen«) zu können. Man hat ja nicht ein Elektron oder ein Elementarteilchen vorliegen, um mehr oder weniger feierlich erklären zu können: »Ich taufe dich auf den Namen Pi-Meson.« Sondern es geht umgekehrt vonstatten: Es wird eine Entität durch die Theorie postuliert oder im Rahmen der Theorie durch eine bestimmte Interpretation fingiert, theoretisch konstruiert – und danach erst wird experimentell nach dem Referenten gesucht. Dessen Entdeckung wird erst durch die erfolgreiche Referentenjagd erwiesen. Referenz ist i. a. also nicht dadurch zu gewinnen und zu sichern, daß man einen bestimmten vorgegebenen Gegenstand tauft und ihm den Namen und die Zuordnung gleichsam wie ein Etikett überträgt und dieses

dann beibehält (wie es der Grundidee bei der mißverständlich so benannten »Kausal«-Theorie der Referenz entspricht). Dieses an Taufen von Gegenständen wie etwa Schiffen im Alltag abgelesene Modell paßt in der Wissenschaft zumeist nicht, weil man hier normalerweise Entitäten hat – oder besser: sucht, die von der Theorie und deren Postulaten abhängig sind; man hat zuerst die Theorie und sucht erst dann nach Entitäten, die bestimmten Ausdrücken der Theorie entsprechen. Man arbeitet gleichsam von vornherein unter dem theoretischen Zugriff, hat bereits eine theoretische Kennzeichnung, eine Beschreibungsmöglichkeit, und versucht dann eigentlich aufgrund dieser theoretischen Beschreibung erst, das »Ding«, den Referenten zu finden. Das Beispiel etwa des von Herschel gefundenen Neptun, eines aufgrund von Störungsrechnungen zunächst nur postulierten Planeten, der dann tatsächlich gefunden wurde, hätte schon zeigen können, daß auch ein anderes Suchmuster existiert, als es scheinbar durch das Kripkesche Modell der Taufe und der Referenzerhaltung durch historisch tradierte Referenzketten nahegelegt wird (s. a. Kripke 1981, 94). Mit anderen Worten, hier geht es um bestimmte Verfahren der Referenzerstellung, die dazu führen, daß man in diesem gemäßigten Realismus eher durch materiale Praktiken als durch logische Relationen eine Referenz theorieabhängig sichert, experimentell eine Referenz erstellt, durch Verfahren herstellt, und dann als wiederholbar sichert. Referenz ist nicht unabhängig von theoretischen Kontexten, sie ist im Gegenteil geradezu abhängig von den Postulaten und Begriffen einer Theorie, aber sie ist eine Praxis. Das muß aber nicht dazu führen, daß sich nun ein radikaler Relativismus ausprägte.

4.3 Herstellung von Referenzbeziehungen im Bereich 1

Im vorherigen Abschnitt wurde auf die Drei-Bereiche-Aufteilung eingegangen, die Harré der Wissenschaft und der Erkenntnis generell zugrunde legt. Hierauf ist nun die Frage nach dem Verfahren der Referenzerstellung in jedem dieser Bereiche ausführlicher zu behandeln. Der Bereich 1, den Harré auszeichnet, ist der Bereich derjenigen Dinge, Ereignisse, Phänomene, die beobachtbar bzw. klassifizierbar sind wie bspw. die Gegenstände der Botanik; er denkt aber wohl auch etwa an ein Beispiel wie die Beschreibungen von Bewegungen von physikalischen Körpern etwa im Sinne der Newtonschen Kinematik, die von reinen Bewegungsgleichungen noch ohne die Einführung des Kraftbegriffs beschrieben werden (Kraft wäre ja bereits etwas, das man nicht direkt beobachten kann). Diese Prinzipien einer reinen Bewegungsbeschreibung entsprechen einer Theorie, die dem Bereich 1 zuzuordnen ist. Das ist relativ unproblematisch; denn auf Gegenstände und Ereignisse in diesem Bereich kann man ohne Probleme, eben im alltäglichen Sinne, hinweisen oder zeigen. Das Zeigen oder die »Deixis« ist das Paradeverfahren des Zugreifens in diesem Bereich.[4]

Entsprechend gibt es Theorien, die für die Erkenntnis im Bereich 1 zuständig sind. Harré nennt sie Typ-1-Theorien. Viele der biologischen Theorien, etwa die phänomenologisch-morphologische Theorie der klassischen Botanik, aber auch das Ptolemäische System u. ä. sind als solche Typ-1-Theorien zu zählen. Für diesen Bereich stellen sich die Fragen nach der Rechtfertigung von Wahrnehmung, der Wahrnehmungsanalyse und der Faktensicherung.

Harré stützt sich dabei auf die moderne, sog. ökologische Wahrnehmungspsychologie von James J. Gibson, aber man könnte ebenso auf bestimmte Experimente verweisen, welche die Österreicher Erismann und Kohler schon zwischen 1928 und 1970 vorgenommen haben. Außerdem wäre noch eine wichtige Theorie(skizze) von Ulric Neisser (1979) über Kognition und Wahrnehmung zu nennen, die in diesem Zusammenhang eine gewisse Rolle spielt, obwohl sie noch nicht hinreichend ausgearbeitet ist, so daß sie zum Teil mehr Fragen aufwirft als beantwortet. Kohler

4 Der Bereich 1 ist für Harré allerdings selbst nicht biologisch-anthropologisch definiert. Im Zuge instrumenteller Entwicklungen gehören selbstverständlich auch magnetische Phänomene zum Bereich 1. Allerdings ist die Wahrnehmung natürlich nicht so ganz unproblematisch – darüber ist ausführlicher zu sprechen, wenn wir uns auf die Wahrnehmungsfragen konzentrieren werden. Wenn der Bereich 1 als die Welt des direkt Beobachtbaren, der beobachtbaren Dinge, Ereignisse, Phänomene genommen wird, ist das natürlich relativ zu der Fähigkeit des Menschen zu verstehen: Wir haben z. B. keinen Sinn für magnetische Wirkungen und können diese nicht unmittelbar beobachten; sie würden für uns nicht in den Bereich 1 fallen, sondern in den Bereich 2 einzuordnen sein. Es könnte aber anders sein, wenn wir »magnetische« Sinnesorgane hätten.

und Erismann hatten Experimente mit prismatischen Brillen vorgenommen, die entweder die Seiten umkehrten oder sogar Oben und Unten vertauschten, Entfernungen verzerrten, bestimmte Farbgläser hatten usw. Sie ließen Versuchspersonen solche Brillen tragen und untersuchten, wieweit und wie schnell sich ein solcher Brillenträger mit einem verkehrten Bild, sei es seitenverkehrt oder oben-unten-verkehrt, wieder auf das tägliche Leben einstellen kann. Die Versuche dauerten z. T. bis zu 124 Tagen. Kohler (1951) beschreibt das Anfangsstadium während des Versuches in folgender Weise: »Zu Anfang des Versuchs besteht eine neue, absonderliche Welt optischer Eindrücke. Was früher oben war, erschien jetzt unten, was sonst mit der rechten Hand zu erreichen war, lag offenbar links, was früher einen geraden und rechtwinkeligen Eindruck machte, war augenscheinlich krumm, und senkrechte Konturen erschienen schräg. Aber das Schlimmste war, daß eine Menge dieser Eindrücke gar nicht konstant blieben, sondern bei Bewegungen des Brillenträgers zu schwanken begannen, von einer Form in die andere übergingen, sich bald in gefährlicher Weise vor die Füße drängten, bald aber, wenn sie in der Wirklichkeit in der Nähe waren, eine beunruhigende Ferne vortäuschten.« Zunächst war die Person völlig verunsichert und konnte eigentlich mit den auf sie einfließenden optischen Eindrücken überhaupt nichts anfangen, mußte sich ganz neu darauf einstellen, um sich in der zunächst scheinbar chaotischen Kaleidoskopwelt der ungewohnten Eindrücke zurechtzufinden. Das Überraschende war aber, daß eine solche Neu-Einstellung recht bald gelang. Natürlich mußten die Versuchspersonen zuerst am Stock gehen und sich irgendwie sichernd und stützend weitertasten, aber nach einigen Tagen waren sie tatsächlich in der Lage, sich zu orientieren, und überraschenderweise stellte sich mit fortschreitender Dauer der Versuche die gewohnte Ordnung der Wahrnehmung wieder her. Die Versuchspersonen, die eine Umkehrbrille trugen, behaupteten etwa nach einer Woche, wieder aufrecht zu sehen, und solche mit verzerrenden Prismenbrillen klagten schon nach wenigen Tagen kaum mehr über die Fülle der Eindrücke. Man stellte sich also relativ schnell auf die gewandelte Wahrnehmung ein. Eine Woche lang gab es zwar eine totale Fehlorientierung oder nur eine Möglichkeit zur Orientierung mit sehr großen Schwierigkeiten, die durch Wechselkontrolle der visuellen mit auditiven und insbesondere mit taktilen Eindrücken erreicht und sukzessive verbessert

wurde. Daraus läßt sich schon erschließen, daß die verschiedenen Sinnessysteme zusammenwirken.
Im wesentlichen kann man sagen, daß drei grundsätzliche Erkenntnisse für die Wahrnehmungspsychologie daraus gewonnen werden konnten, die aber auch für die Erkenntnistheorie sehr wichtig sind. Erstens, daß das Wahrnehmungssystem des Menschen sehr plastisch, flexibel und lernfähig ist, sich an ganz andere und neue Bedingungen anpassen kann. Man kann aktiv selbst die Verkehrung von oben und unten durch eine entsprechende Anpassung im Zusammenhang mit einer praktischen Orientierungsaufgabe im Handeln aufheben. Zweitens, in unserer Wahrnehmung besteht offenbar so etwas wie die Möglichkeit einer Verarbeitung in bezug auf Folgerungen oder Zusammenhänge, also eine intelligente Verarbeitung innerhalb des Systems insofern, als gewisse Störungen ausgeblendet und bestimmte, zunächst paradox erscheinende Merkmale aus der Umgebung durchaus wieder in gewohnter Form gesehen und entschlüsselt werden können. Es gibt also gleichsam intelligente Verarbeitungssysteme in unserer Sinnesapparatur. Drittens, die Lernvorgänge, die wieder eine gewohnte Wahrnehmung ermöglichen, müssen in aktiver und motorischer Auseinandersetzung mit der Umwelt ablaufen. Man muß sozusagen agieren und die Reaktionen verarbeiten, man kann nicht rein passiv bleiben und das neue optische Eindruckskaleidoskop einfach auf sich einwirken lassen und glauben, daß man dann sich entsprechend anpassen und lernen kann. Sehen ist aktiv und reaktiv, ist interpretierendes, interpretationsgeprägtes Handeln. Entsprechendes gilt für alle Wahrnehmungsarten, ja selbst für die Ausführungen der Anpassungsleistungen des operierenden Denkens, die grundsätzlich nach Piaget in bestimmten Phasenfolgen aufeinander aufbauen müssen, aber doch in aktueller Auseinandersetzung mit der Umwelt zu aktivieren sind. Piagets Psychologie bezieht sich im wesentlichen auf die Entwicklung der Ebenen der Verarbeitungskapazität oder der Verarbeitungshöhe, des Niveaus der Verarbeitung, aber im Grunde spielt bei seiner Theorie die aktive Auseinandersetzung mit der Umgebung im Sinne der Assimilation und Akkomodation eine ebenso große Rolle wie bei der Wahrnehmungsanpassung. Bei Piaget steht allerdings viel stärker die rationale Verarbeitungskapazität im Vordergrund, also etwa die Frage: Kann ein Kind in einem bestimmten Alter schon objektiv Mengen vergleichen oder unter-

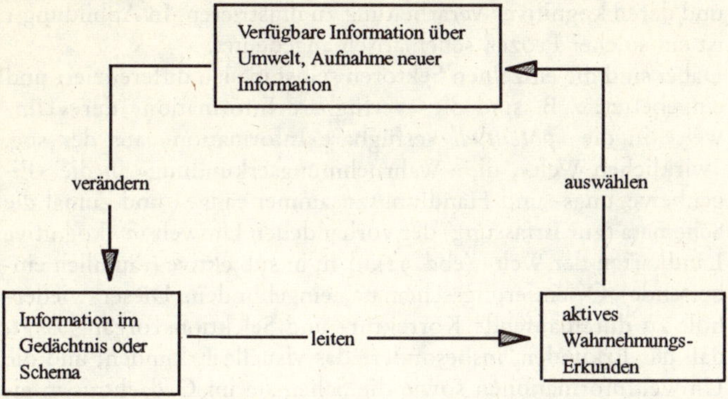

Abbildung 1: Der »Wahrnehmungszyklus«, etwas abgewandelt nach Neisser (1979, 26ff.)

liegt es noch altersbedingten systematischen Täuschungen? Aber der Handlungsbezug, den auch Piaget als besonders wichtig herausstellt, besitzt in beiden Fällen eine vergleichbar zentrale Bedeutung. Ähnliches gilt zum Beispiel auch für das kognitionspsychologische Wahrnehmungsmodell von Ulric Neisser, der im Grunde die Idee verfolgt, daß man verschiedene Instanzen oder operationale Kreise unterscheiden kann, die aufeinander folgen und aufeinander einwirken. So kann das Gedächtnis unter Umständen eine Leitfunktion für das Erkunden darstellen; das heißt z. B.: Ich kann mich daran erinnern, daß ich etwas suchen wollte, und ich setze daraufhin einen aktiven Erkundungsprozeß in Gang. Hierbei oder hiernach kommt eine Auswahl aus verschiedenen Informations- und Handlungsmöglichkeiten zustande; man muß stets aus verschiedenen Möglichkeiten auswählen, die selbstverstärkend aufeinander einwirken und die dann zur Bildung und Aufnahme neuer Information führen. Die neue Information wiederum kann den Speicherinhalt im Gedächtnis verändern. All dies läuft in einer Art von Kreisprozeß ab. Man kann u. U. beim Erkunden anfangen, um Information zu gewinnen; man kann aber auch an den anderen Stellen in diesem sogenannten Wahrnehmungszyklus beginnen, um die fortschreitende Informationsveränderung und -verbesserung bei der Sinneswahrnehmung

und deren kognitiver Verarbeitung zu illustrieren. In Abbildung 1 ist ein solcher Prozeß schematisch angedeutet.
Dabei sind die einzelnen Sektoren selbst in sich differenziert und eingebettet: z. B. sind die »verfügbare Information« der »Umwelt« in die »*potentiell* verfügbare Information« aus der sog. »wirklichen Welt«, die »Wahrnehmungserkundung« in die »Eigenbewegungs- und Handlungszusammenhänge« und zumal die Schemata (zur Erfassung) der vorhandenen Umwelt in »kognitive Landkarten der Welt« (ebd. 92), d. h. in subjektive (räumlich einbettende) Orientierungsschemata, eingebunden. Dieser wiederholt zu durchlaufende Korrektur- und Selektionsvorgang zeigt, daß das Erkunden, insbesondere das visuelle Erkunden, und die Umweltinformationen sowie die Schemata im Gedächtnis in einem Rückkopplungsprozeß zusammengeschlossen sind, in dem sich die Glieder wechselseitig verändern und auch verstärken. Es ist also ein funktionaler Gesamtzusammenhang, der aber voraussetzt, daß die Umwelt für aktive Operationen verfügbar ist, um neue Informationen zu gewinnen und neue Gedächtnisschemata zu entwickeln. Das Gedächtnis selbst wird hier nicht als eine bloße passive Anhäufung oder ein Gefäß vorgestellt, sondern als aktivierbare Ordnungsstruktur der kognitiven Potentiale und der Wahrnehmungsmöglichkeiten. Soweit ist also übersichtsartig das kognitionspsychologische Modell der Wahrnehmung von U. Neisser skizziert, das noch genauerer Ausarbeitung bedarf.
Das von Rom Harré herangezogene Modell, das Gibson in jahrzehntelanger Arbeit entwickelt hat, geht in gewisser Weise ähnlich vor wie Kohler und Neisser; seine Entstehung liegt zeitlich ja auch zwischen der Innsbrucker Tradition von Erismann und Kohler und dem kognitiven Modell von Neisser. Gibson betont ähnlich wie die genannten Ansätze die aktive Rolle des Organismus, die Notwendigkeit der Auseinandersetzung mit der Umwelt bei der Wahrnehmung bzw. der Verarbeitung von visuellen Signalen. Man muß die Wahrnehmung also handlungsorientiert verstehen; ohne aktives Verhalten kann man nicht wahrnehmen, das ist der gemeiname Grundsatz. Ferner erweisen sich die Wahrnehmungserlebnisse und die Erfahrungen als integrierte Bestandteile eines Wahrnehmungssystems. Während sich aber ein Wahrnehmungssystem zunächst lediglich auf einen Kanal, also z. B. auf den visuellen, zu beziehen scheint, ist diese aktive Wahrnehmung und Durchmustern der Umgebung natürlich nicht nur in bezug

auf einen isolierten Sinneskanal zu verstehen; sondern ein Wahrnehmungssystem ist in einer ganzen Hierarchie von Wahrnehmungssystemen unterschiedlicher Arten verschaltet. Jedenfalls besteht das visuelle System selbst aus Subsystemen oder Teilsystemen: Das Teilsystem unterster Stufe sind etwa die beiden Augen mit ihren Netzhäuten und den nachgeschalteten neuronalen Verarbeitungsstationen; dann folgt die Koordination der Augenmotorik; schließlich kann sich der Kopf gegenüber dem Rumpf und auf noch höherer Stufe der Beobachter gegenüber seiner Umgebung bewegen. Gibsons Hauptpunkt ist, daß wir in der Lage sind, durch die intellektuelle oder schon zum großen Teil durch automatisierte Verarbeitungskapazität gerade diese Bewegungen von Augen, Kopf oder Rumpf oder gar vom Beobachter insgesamt zu koordinieren, zu »verrechnen« und auszumitteln, so daß aus unterschiedlichen Wahrnehmungsperspektiven, aus den ständigen Veränderungen des Wahrnehmungsfeldes doch konstante Erscheinungen und Invarianten hergestellt werden.

Es gibt noch eine dritte wesentliche Annahme in Gibsons Theorie; diese bezieht sich auf die Direktheit und Unmittelbarkeit der Wahrnehmung angesichts der Verteilung und der Veränderungen des uns umgebenden Sehraums also z. B. hinsichtlich der visuellen Wahrnehmung des Lichtes. Gibson sagt, daß die relevanten Informationen über unsere Umwelt oder über unsere Umgebung »direkt« aus der Umgebung aufgenommen werden, daß die Informationsstrukturen als Verteilung von Lichtstrahlungs- oder Energiedifferenzen sozusagen in der Umwelt vorhanden seien und daraus nur, wenn auch aktiv, extrahiert, aufgenommen werden müßten: »information pick-up« ist der dazugehörige Ausdruck; zugleich ist dies der kürzeste Slogan, mit dem Gibson seine Theorie darstellt. Gibson behauptet also, daß man Ansatzpunkte oder »Angebote« (»affordances«, s. Kap. 3.1) direkt in bezug auf Handlungsfähigkeiten wahrnimmt. Bei einem Hammer beispielsweise sieht man nicht in erster Linie die Farbe oder Form, sondern man »sieht« sozusagen »direkt« die Schlagfestigkeit, die Werkzeugfunktion. Hier kann und muß man durchaus Einspruch erheben – jedenfalls aus der Perspektive des Interpretationismus – und darauf werden wir auch noch kritisch eingehen: Es gibt keine uninterpretierte Direktheit der Funktionswahrnehmung.

Für Gibson ist jedoch jeder Wahrnehmungsvorgang aktiv, folglich gibt er die Ebene des rezeptiv erworbenen Sinnesmaterials auf und meint, daß jeder Wahrnehmungsakt nicht auf das Sinnesmaterial, sondern auf die Umwelt bezogen und somit direkt ist. »Direktheit« bedeutet dann nach Gibson »ohne die Zwischenstufe des rezeptiv erworbenen Sinnesmaterials«, und das ist durchaus konsequent im Rahmen einer aktivistischen Wahrnehmungstheorie, bei der die Aktivität nicht in konstruktiven, erschaffenen, sondern in suchenden, auf Interaktion ausgerichteten Handlungen besteht. Dieser zunächst scheinbar naiv-»direktionistische« Ansatz bei Gibson ist somit bereits aktivistisch-interaktionistisch und – so kann man interpretieren! – quasi (handlungsschema-)interpretationistisch.

Harré meint (a.a.O. 156 ff.), diese wahrnehmungspsychologische Theorie von Gibson biete eine plausible Grundlegung der natürlichen Wahrnehmung und der Realitätserfahrung im Bereich 1 des Beobachtbaren und einen erheblichen Fortschritt gegenüber herkömmlichen Wahrnehmungstheorien. In der Tradition des Sensualismus hatte man sich immer auf die Sinneswahrnehmungen im passiven Sinne verlassen. Die Wahrnehmungen seien das, was durch die Sinnesorgane aufgenommen wird und dann als Sinnesinformation erscheint und sich irgendwie im Gehirn oder im Bewußtseinszentrum abbildet, z. T. wurde dies sogar als eine isomorphe Abbildung vorgestellt. Diese traditionellen Theorien stellen nach Harré (ebd. 147 ff.) einen sensualistischen »Reliabilimus« dar, d. h., man verläßt sich gewissermaßen in einem absoluten und nicht wieder korrigierbaren Sinne auf die Sinnesdaten und Sinneswahrnehmungen. Diese These ist also zu kritisieren. Die Diskussion über die aktive, umgebungsreaktive und systemintegrierte Wahrnehmung in der Psychologie zeigt bereits, daß der Kritikanspruch zu Recht besteht. Dennoch ist Harré etwa der Meinung, daß nach Gibson eine gewandelte Art des Reliabilismus vertretbar ist – nämlich, daß man in der Tat eine »direkte« (d. h. für Harré eine kognitiv unvermittelte) Wahrnehmung von Realität behaupten könne und sogar müsse, daß aber die Wahrnehmung selbst revidierbar ist. Sie ist nicht unkorrigierbar, wie es traditionelle sensualistische und empiristische Erkenntnistheoretiker, etwa bis hin zu den Positivisten des Wiener Kreises, behauptet hatten, sondern man kann Wahrnehmungen auch auf diesem untersten Level korrigieren. Aber die kognitive Unvermitteltheit des »information pick-up« aus der Umgebung soll nach Harré bestehen bleiben. Man sieht, daß diese Form des Gibsonianismus nicht nur ein gewandelter Reliabilismus in diesem Sinne ist, sondern auch, wie man leicht mißverständlich sagen könnte, ein anscheinend noch stärker handlungsdispositional abgewandelter, abgeschwächter »Direktismus«. Hier müßte man wohl noch einen besseren Ausdruck einführen. Gemeint ist, daß man – ähnlich wie Davidson in der Wahrheitsthorie, in der Referenztheorie oder bei der Problematik etwa der radikalen Interpretation oder wie etwa John Pollock bei der Identifizierung der Realität mit inneren mentalen Zuständen – hier eine ebenfalls »direkte« Identifizierung des »Realen« in der Erfahrung mit direkten Wahrnehmungen von Umgebungsstrukturen und -gegebenheiten vornimmt. In diesem Sinne wäre die »Aufnahme« von Strukturen und Informationen aus der Umgebungsumwelt kennzeichnend für einen solchen »Direktismus«. Eine solche These ist allerdings, interpretationistisch gesehen, naiv. Dennoch ist es sehr sinnvoll und wichtig, sich mit der Theorie von Gibson zu beschäftigen und auseinanderzusetzen, weil hier in der Tat viele Gesichtspunkte eine Rolle spielen, die bereits weiter oben anhand der wissenschaftstheoretischen Diskussion als wichtig für die Erkenntnistheorie betont wurden, nämlich z. B. der Aktivismus – also die Einsicht, daß man im Handeln die Referenz zum »Realen« erst herstellt. Das gilt natürlich nun inbesondere auch für eine solche aktionistisch oder aktiv verstandene Informationsaufnahme. Gibsons Ausdruck »information pick-up«, also Informationsaufnahme[5] oder Extraktion der »Invarianten« aus der Umwelt, zeigt das deutlich. Aber da eine Aktivität an die Verhaltensformen und -möglichkeiten des Organismus gebunden ist, stellt sich hier schon heraus, daß ein naiver »Direktionismus« zwar aktivistisch ist, aber dennoch einer zwar indirekteren, aber ähnlichen quasi-sensualistischen Verkürzung,

5 Gibsons Metapher ist hier sicherlich ungeschickt und mißverständlich. Aber wenn er meint, Wahrnehmung geschehe als ein Herausgreifen von Information, die als affordances (s. u., Text) bereitliegt, dann hat doch die Rede von einer subjektunabhängigen »Information«, von Invarianten unabhängig von einem Wahrnehmungssystem wohl letztlich keinen Sinn. Informationen als »affordances« sind auch bei Gibson immer nur relativ zu einem bestimmten Wahrnehmungssystem zu verstehen (z. B. 1982, 153, 156), obwohl er unter evolutionstheoretischen Gesichtspunkten an anderer Stelle eine Unabhängigkeit sucht, wenn er bspw. von ökologischen Grundlagen aller Lebewesen u. ä. spricht (z. B. ebd. 140).

einer Art verfeinerten und höherstufigen Ideologie der reinen (hier uninterpretierten kognitiv oder schemamäßigen) Unvermitteltheit zum Opfer fällt wie der traditionelle Sensualismus. Die Information liegt nicht als solche in der Umgebung vor und kann auch nicht einfach (ohne Interpretation, ohne Konstitution, ohne irgendeine aktiv formende Tätigkeit) »direkt« aufgenommen werden. Für Gibson ist hingegen Information in eine Umgebungsstruktur, in ein »ambient array«, eingeordnet – das Wort wird in der deutschen Ausgabe wörtlich, aber mißverständlich als »umgebende Anordnung« übersetzt – und wird angeblich »direkt« aus der Umgebung »aufgenommen«. Doch ist, wie oben erwähnt, bereits bei Gibson die (Handlungschema-)Interpretiertheit in seinem Wahrnehmungsaktivismus involviert, ja impliziert.
Die Gibsonsche Theorie weist gewisse Ähnlichkeiten zur Kantschen Erkenntnistheorie auf – insofern, als der Organismus aktiv ist bei der Aufnahme von Informationen aus der Umwelt und bei der Strukturierung der Erfahrung in Auseinandersetzung mit der Umwelt.[6] Nicht-Kantisch ist sie freilich in dem Sinne, daß die Gibsonschen Invarianten, insbesondere diejenigen höherer Ordnung nicht a priori, nicht vernunftgebunden notwendig sind, sondern bei der Erforschung der Umgebung erst extrahiert bzw. erarbeitet werden. Zwar sagt Gibson, der Energiefluß in der Umgebung sei prinzipiell unerschöpflich und man könne auch nicht von vornherein sagen, ob und daß er begrenzt sei; aber nach Harré würden in der Wahrnehmungstheorie von Gibson (a.a.O. 159f.) doch alle Versionen des Darstellungssensualismus umgangen, denn es gibt keine Sinneswahrnehmungen, die den Dingen ontologisch vorgeordnet sind. Man gerate nicht in die Falle des Reliabilismus zurück, der auf repräsentationalistischen Fundierungen aufgebaut ist, d. h. es wird nicht mehr angenommen, daß durch Sinneswahrnehmung letztlich so etwas wie eine Widerspie-

6 Bei Kant ist freilich die Aktivität auf die Verstandestätigkeit beschränkt, die bloße Aufnahme des Sinnesmaterials wird als passive Rezeption verstanden. Der Hauptunterschied zu Kant liegt darin, daß Gibson die gerade von Kant vertretene Zweistufen-Theorie (1. rezeptiv erworbenes Empfindungsmaterial, 2. aktive kognitive Gestaltung/Interpretation) ablehnt, und statt dessen eine radikal aktivistische Wahrnehmungstheorie vertritt: Die Aktivitäten (Schematismen) setzen nicht erst am Empfindungsmaterial, sondern *direkt* in Interaktion mit der Umwelt an (Schummer).

gelung oder Darstellung der Welt zustande kommt, sondern es geht hier lediglich um die Extraktion von Informationen (bzw. Invarianten) aus der Umgebung durch einen handlungsorientierten, strukturbedingten und interessengeleiteten systematischen Prozeß. Obwohl eine »direkte« Wahrnehmungsverbindung mit der Umgebung möglich ist, ist diese doch niemals unkorrigierbar. Ob eine Informationsaufnahme revoziert werden muß, kann vom Orientierungssystem abhängen, aber natürlich auch von anderen Umständen wie etwa Beleuchtungsarten usw.

Harré meint nun (ebd. 160), diese Gibsonsche Psychologie sei die ideale Theorie für die Begründung der Wahrnehmungserkenntnis im Bereich 1 der Erkenntnistheorie, d.h. im Bereich des Beobachtbaren; hier würden in neuer (einer nicht apriorischen, sondern aposteriorischen) Deutung auch die Kantischen Kategorien relevant werden,[7] die in gewisser Weise die Alltagserkenntnisse ordnen oder zu strukturieren gestatten.

Man kann allerdings sagen, daß Gibson hier Einsichten hervorhebt, die in der ökologischen Biologie schon viel früher diskutiert worden sind – nämlich von J. von Uexküll unter den Begriffen *»Merkwelt«* und *»Wirkwelt«*. Von Uexkülls These ist, daß die Organismen bestimmter Arten darauf ausgerichtet sind, die Welt unter ganz bestimmten biologisch überlebensrelevanten Perspektiven zu strukturieren. Das berühmte Beispiel Uexkülls war die Zecke, die im Grunde nur für den Buttersäuregeruch von Warmblütlern sensibilisiert ist und alles unter diesem Merkwelt-Gesichtspunkt des Buttersäuregeruchs wahrnimmt. Es gibt viele weitere Untersuchungen, die für eine solche selektive Strukturierung der Merkwelt sprechen. Ähnliches ist wohl mit der Informationsextraktionstheorie von Gibson gemeint.

Harré glaubt (ebd. 162), daß hier doch noch ein gangbarer, weil modifizierter, Reliabilismus im Zusammenhang mit einem Realismus der Umgebungswelt, der Alltagswelt vertretbar ist – und »als Philosophen benötigen wir ein Argument, um die These, daß praktisches Wissen bestimmte Züge der Welt verläßlich wiedergibt, zu stützen«. Er meint (ebd.), daß diese Gibsonsche Wahr-

7 Harrés Vergleich mit den Kantschen Kategorien ist wohl ein echter Fehlgriff. Denn wie sollten (logische) Kategorien wie Allheit, Notwendigkeit/Möglichkeit etc. in der Wahrnehmung zur Anwendung gelangen können?

nehmungstheorie diese argumentative Stützung leisten könnte. Man müsse von bestimmten Kontextvariablen und von einem aktiven Organismus ausgehen; die Auswahl der Information und der Invarianten aus der Umwelt sei abhängig von Handlungen, von Akten oder Verhaltensweisen im praktischen Lebenskontext, und zwar von solchen, die sich letztlich »direkt« auf entsprechende Referenten bezögen. Das heißt, das was *»Deixis«*, »deiktische Bezugnahme« oder »Zeigen« im aktiven Sinne genannt wird, sei hier durch Gibsons Informationsaufnahme in unmittelbarer Weise gewährleistet. Wenn Gibson mit seiner Theorie recht hat, gestatten es die Wahrnehmungssysteme, daß wir bestimmte deiktische Akte in der Tat erfolgreich vollziehen und auf diese Weise innerhalb eines u. U. gar recht »flüssigen« Umgebungszusammenhanges, dessen sinnliche Wahrnehmung zunächst eventuell »wild fluktuiert«, doch Anknüpfungspunkte mit Konstanz besitzen können. Referenz ist dann eine praktische Leistung in einem Zusammenhang »materialer Praktiken«; sie besteht im Auswählen, Extrahieren oder Aufnehmen von bestimmten Konstanzen, von Invarianten der Information, die in der Umwelt als Strukturierbarkeiten angelegt sind und in der Gestalt von »affordances« von uns aufgegriffen werden können. Als solche ist Referenz immer indexikalisch und pragmatisch, immer kontextuell bestimmt und gebunden an einen bestimmten Handlungskontext; sie muß auf aktuelle und faktisch durchführbare Unterscheidungen gestützt werden.

Harré meint nun, daß diese Extraktionstheorie insofern interessant sei, als sie die Spezifität der Information in diesem Wahrnehmungsprozeß hervorhebe und einen direkten (kognitiv unvermittelten) Zugang zu den Strukturierbarkeiten garantiere, wie sie aus der »umgebenden Anordnung« der optischen Welt extrahierbar seien. Die »direkte« Wahrnehmung sei durch die Aktivität unseres Wahrnehmungssystems bzw. durch die Verschaltung der Wahrnehmungssysteme gewährleistet; dies sei ein (im Sinne kognitiv-begrifflicher Unvermitteltheit) direkter Aufnahmeprozeß, der beobachtbare Dinge und Prozesse zu konstituieren gestatte. Die eigentliche Aufgabe einer R1-Wissenschaft bestehe in der Erarbeitung eines möglichst *stabilen klassifikatorischen Systems*, das einen möglichst verläßlichen strukturierenden Zugriff auf Entitäten erlauben soll. Harré glaubt, daß diese Stabilisierung nicht ohne Berücksichtigung von theoretisch zu entwerfenden Entitäten (R2) möglich ist, die eine Systematisierung der R1-Entitäten durch Teil-Ganzes- und Quasi-Kausal-Relationen erbringen sollen. Eine systematische Erkenntnis sei erst auf theoretischer Ebene möglich, wenn auf der Stufe des Bereichs 2 eine systematische Klassifikation der R1-Entitäten und eine Theoriebildung erfolge. Der Bereich 1 sei also gekennzeichnet durch »direkte«, nicht kognitiv vermittelte, aber u. U. durch Meßbarkeiten und Beobachtungsverfahren bedingte Informationsaufnahme. Hier kommt also zu der Beobachtung selbst nichts an Kognitiv-Interpretativem hinzu.

Die Frage ist natürlich, ob das möglich ist? Ich denke, daß das nicht der Fall ist. Erstens sind Beobachtungs- und Meßverfahren stets von Schematisierungen, theoretischen Vorgehensweisen, Interpretationen (wenigstens im Schematisierungssinne und als Ur- oder Primär- sowie musterbildenden Deutungen im Sinne der Stufen IS_1 und IS_2) mitbestimmt oder bedingt, und zweitens ist die klassifizierende Theorie selber eine Konstruktion, die einen im weiteren Sinne interpretativen Ansatz erfordert: Wenn wir beim Experimentieren und Beobachten stets etwas in Abhängigkeit von Handlungsgepflogenheiten wahrnehmen (müssen) und jede Selektion immer in Abhängigkeit von Interessen und Handlungsorientierungen vornehmen, dann geschieht das schon interpretationsimprägniert; denn Handlungen sind interpretationsabhängig. Sie sind in gewissem Sinne sogar selber Interpretationskonstrukte; sie sind überhaupt nur interpretativ zu differenzieren, zu ordnen, zu planen, zu verstehen usw. Man kann also auf keiner Ebene der Erfassung und zumal der Beschreibung – wenn man überhaupt schon von »Beschreibung« reden will – dem Interpretativen entgehen. Das gilt selbst für den Fall – und das scheint mir der fragwürdige Punkt zu sein, den Harré eigentümlicherweise einfach etwas unkritisch von Gibson übernimmt –, daß man sagt, Strukturierbarkeiten seien in der optischen Umgebungsanordnung vorhanden, Invarianten seien schlicht in Gestalt von »Strahlungsenergiedifferenzen« in gewissem Sinne »vorhanden«, und wir »extrahieren« sie nur.[8]

8 Harré entwirft eine *Ontologie der Dispositionen* relativ zu bestimmten Strukturierungszugängen statt einer Ontologie substanzartiger Strukturen. Diese (hierarchische) Ontologie der Dispositionen reicht von den Gibsonschen *affordances* bis hin zu *Quantenentitäten*, denn auch die

Dies alles ist m. E. aus heutiger Sicht nicht mehr vertretbar. Das wäre im Grunde so etwas wie ein Strukturierbarkeitsrealismus, eine Abwandlung des Relationsrealismus, der sich längst als unvertretbar herausgestellt hat. Begriffliche, logische und mathematische Strukturen sind nicht etwa in der Wirklichkeit vorhanden. Theorien haben ihre logische Struktur und sind dazu geeignet, Strukturierungen vorzunehmen und sozusagen »Strukturierbarkeiten« darzustellen, aber sie sind nicht isomorphone Abbilder von Strukturen, die wir aus der Wirklichkeit ablesen können, weil diese in der Realität als isomorphe Urbilder vorhanden wären. Der Begriff der Struktur ist somit aus heutiger Sicht eher ein interpretationstheoretischer Begriff; wir können nur Strukturen erkennen, die wir in gewissem Sinne selbst »gemacht«, hergestellt, wiedergegeben, projiziert haben. Strukturbegriffe sind eben menschengemachte Begriffe – wie alle Begriffe. Wir lesen allenfalls Strukturen in Umgebungen hinein – und das geschieht notwendig interpretierend. Auch Mustererkennen ist (schema)interpretativ. Harré dürfte mit Gibson implizite, nicht bewußt werdende Interpretationen, zumal Primär- oder Urinterpretationen in unserem Sinne, und diesbezüglich (Vor-)Prägungen oder Deutungen als kognitiv unvermittelt und somit fälschlich irgendwie als (schema-)interpretationsfrei bzw. interpretationsunabhängig unterstellt haben – eine epistemologisch-methodologische Naivität, auch angesichts der richtigen Forderung, zwischen bewußt, konstruktiv-argumentierend vollzogenen und unbewußten, impliziten Interpretationen zu unterscheiden.
Allenfalls ist es eine projektive Unterstellung, wenn wir Strukturen an der Wirklichkeit ablesen, besser: in sie hineinlesen – und das ist auf alle Fälle ein interpretativer Akt. Durch die »direktistischen Ansätze« – sei es einer Gleichsetzung der Informationsaufnahme von bestimmten sog. Invarianten aus der optischen Umgebung im Sinne Gibsons oder sei es nach Harré als kognitivunvermittelte Erfassung (Konstitution durch Beobachtungsreferenz) mit diesen hypostasierten Invarianten selbst – entgehen wir der Interpretativität (zumindest im Schematisierungssinne) mitnichten. Wir sind sozusagen zur Interpretativität verurteilt, über-

Quantenentitäten werden (nach der Bohrschen und Heisenbergschen Deutung) im strukturierenden Zugriff durch einen Meßapparat nur als Strukturierbarkeiten erfahren.

all und immer – und das gilt auch für unsere Wahrnehmungsprozesse. Gerade die Gibsonsche Explikationstheorie mit ihrer Aktivitäts- und Perspektivenorientierung hat das eigentlich in gewissem Sinne gezeigt. Extrahieren ist ein (schema-)interpretierender Vorgang. Wenn wir als erkennende Wesen in handlungsabhängiger Weise nur etwas als etwas Schematisiertes sehen können oder gar wenn wir »sehen«, daß etwas der Fall ist, so ist klar, daß wir eo ipso interpretieren. Wir haben keinen interpretationsunabhängigen Zugang zur Wirklichkeit.

4.4 Herstellung von Referenzbeziehungen im Bereich 2

Der Bereich 2 umfaßt nach Harré die Entitäten, Ereignisse oder Referenten, auf die sich Namen oder Ausdrücke beziehen, deren Träger durch die bloßen Sinnesorgane und Beobachtungsverfahren sowie durch direkte Messungen für uns unbeobachtbar sind, aber im Prinzip durch technische, u. U. Sinnesleistungen verstärkende Mittel, also durch Spezialsensoren, Meßinstrumente usw., beobachtbar (gemacht) werden können. Man beobachtet dann sozusagen in Abhängigkeit von »gedeuteten« Experimenten unter Umständen etwas, was man vorher nicht beobachten konnte. (Man denke etwa an Minikameras für Aufnahmen im Inneren von Blutgefäßen oder an die Röntgenographie oder das Rastertunnelmikroskop.) Ein recht einfaches Beispiel bietet auch die Beobachtung der Rückseite des Mondes – eine Perspektive, die man vor den sechziger Jahren, vor der ersten Mondumrundung, nicht einnehmen konnte. Die Rückseite des Mondes wurde also im wahrsten Sinne des Wortes mit technischer Hilfe zugänglich, sie wurde in den Bereich des Beobachtbaren, in den Bereich 1, transferiert durch einen technischen Fortschritt.
Dem Bereich 2 entsprechen Typ-2-Theorien. Entsprechend waren z. B. in diesem Sinne früher bestimmte Bakterien als Ursachen von Krankheiten postuliert worden: Die Bakterientheorie der Krankheit war in ihrer Entstehungsphase, zumindest bei Pasteur, eine Typ-2-Theorie; die Wissenschaftler hatten keine Möglichkeit, die Mikroorganismen direkt zu beobachten. Es handelte sich um typische Entitäten, zu denen eine Referenz erst hergestellt werden sollte, nachdem sie zunächst von einer Theorie nur gefordert worden waren. Zwar waren sie damals unbeobachtbar, aber doch im

Prinzip als beobachtbar gedacht und postuliert worden. Inzwischen sind sie auch längst »beobachtbar«, wenn auch natürlich mit den technisch verstärkten Gerätschaften, etwa den verschiedenartigen hochauflösenden Mikroskopen. Für feinere Unterscheidungen bzw. für die Sichtbarmachung von Viren oder gar Chromosomen oder Genbasenmengen benötigt man nicht nur normale Lichtmikroskope, sondern auch Elektronenmikroskope, Rastertunnelmikroskope usw., um »das Kleinste« des Erreichbaren noch sichtbar zu machen.

Es ist allerdings nachdrücklich darauf hinzuweisen, daß es einen Übergang gibt von den Typ-2-Theorien zu den unter Typ-1 fallenden Theorien. Heute ist manches beobachtbar und in den Bereich 1 übertragen worden, was man früher nicht beobachten konnte und was z. T. vielleicht sogar als prinzipiell unbeobachtbar galt! Die größte Menge der wissenschaftlichen Theorien gehört zu den Theorien des Typs 2, meint Harré (ebd. 71). Die Darstellungsweise bzw. die Weise, wie dort Referenzen hergestellt und dann auch beurteilt oder gesehen werden, besser: *dargestellt* werden, ist eine modellhaft bildliche »Darstellung«. »Ikonische Eigenschaften« (ebd.) werden abgebildet in einer Darstellung, die als indirektes Abbild von bestimmten noch unbeobachtbaren Entitäten aufzufassen sind. Die Darstellung z. B. von Mikroorganismen als Minizellen war früher eine bildliche, fast modellschematische, metaphorische Darstellungsweise. Während die »Deixis« für den Bereich 1 typisch ist, hätte man hier sozusagen das Ikon oder die ikonische Funktion als Darstellung der Typ-2-Theorien anzusehen. Eine Typ-2-Theorie par excellence ist, wie gesagt, die Bakterientheorie der Krankheit gewesen, die inzwischen ja nicht mehr gänzlich zum Typ 2 gehört, aber mit einzelnen Hypothesen, Zusammenhängen und Ausdrücken durchaus noch in diesen Bereich greift. Ein weiteres Beispiel ist die geologische Theorie der Plattentektonik, welche eine Erklärung der Kontinentalverschiebungen erlaubt, die bis vor kurzem noch nicht meßbar war. Erst jetzt kann man mit bestimmten Laserverfahren über Satelliten genau messen, wieweit Kontinente sich Jahr für Jahr voneinander verschieben; auch hier hat man also heute einen Übergang zum Beobachtbaren zu konstatieren.

4.5 Herstellung von Referenzbeziehungen im Bereich 3

Zum Bereich 3 gehören diejenigen theoretischen Entitäten, Referenten, die prinzipiell über jede menschliche Beobachtbarkeit hinausgehen, die nicht nur heute nicht, sondern eben grundsätzlich nicht beobachtet werden können. R3-Entitäten sind somit natürlich – wie die R2-Entitäten auch schon – hypothetisch, sie sind postuliert, konstruiert, sie sind also das Ergebnis *theoretischer Konstruktionen*. Dazu gehören z. B. die nicht direkt beobachtbaren Quantenentitäten, die als theoretische Konstruktentitäten von bestimmten Zustandsbegriffen oder bestimmten Zustandsvariablen abhängen oder nur vermittels solcher ausgedrückt werden können. Fraglich ist aber bereits die Einordnung der Entitäten der Newtonschen Dynamik. Prinzipiell könnte man sagen, die Newtonsche Dynamik, die Newtonsche Theorie der Kraft und insbesondere auch die der Gravitationskraft stellen Typ-2-Theorien dar. Kräfte an und für sich kann man aber nicht unmittelbar beobachten, sondern immer nur in Gestalt ihrer Wirkungen ermitteln und verfolgen. Man könnte auch der Meinung sein, daß Kraft *prinzipiell* unbeobachtbar ist – wie auch die Energie –, daß es sich also um typische theoretische Begriffe des Bereiches 3 handele. Auch soziale Systeme und pschologische Strukturen gehören als theoretische Konstrukte zu diesem Typ der theoretischen Typ-3-Entitäten.

Eine Typ-3-Theorie wird im wesentlichen durch mathematische Eigenschaften strukturiert, die weniger als ikonische Wiedergaben, also als bildliche Darstellungen, sondern allenfalls als metaphorische Modelldarstellungen verstanden werden können. Harré meint (ebd. 76 f.), daß hier ein neues Verfahren der Begriffsbildung anhand mathematischer Modelle eine entscheidende Rolle spiele, nämlich ein Verfahren zur Einführung von metaphorischen Modellen. Man bildet Metaphern durch strukturelle Analogien, also Modelle im weitesten Sinne, wobei mathematische Modelle, die neuartige Zusammenhänge auszudrücken gestatten, in diesem Sinne ebenso zu den Metaphern gehören würden.

Während der Übergang von Bereich 1 nach 2 prinzipiell im Rahmen der gleichen metaphysischen Kategorie, der Kategorie der prinzipiellen Beobachtbarkeit, verblieb, stellen sich nun im Bereich 3 grundsätzlich neue Fragen. Wenn R3-Theorien weder auf der metaphysischen Basis der R1-Entitäten aufbauen können noch eine ikonische Funktion besitzen, welche Systemeigenschaften besitzen dann erstens R3-Theorien und welche metaphysischen Rahmenbedingungen müssen dann zweitens R3-Entitäten erfüllen? Harré erläutert die Grundgedanken seiner »mathematischen Epistemologie« (ebd. 244) zur Konstruktion von R3-Theorien und zum Entwurf von R3-Entitäten exemplarisch an der speziellen Relativitätstheorie und an der Quantenfeldtheorie. Er meint, daß in beiden Fällen formale Symmetriegesichtspunkte und Erhaltungsgrößen eine zentrale Rolle bei der Theorienkonstruktion spielen.

Die Entwicklung der speziellen Relativitätstheorie lasse sich als Suche nach möglichst weitreichender Kovarianz der mathematischen Gesetze rekonstruieren, die eine Verallgemeinerung der Erhaltungsgrößen erbrachte. Während die Gesetze der klassischen Mechanik kovariant unter den Transformationen der Galilei-Gruppe waren, erbrachte die relativistische Reformulierung (in Angleichung an die Maxwellschen Gleichungen der Elektrodynamik) eine Kovarianz unter den Transformationen der allgemeineren Lorentz-Gruppe und zugleich eine Vereinheitlichung der klassischen Erhaltungsgrößen Masse und Energie zur relativistischen Energie-Masse, die nun als R3-Entität mit größerer Systematisierungsfunktion aufzufassen sei. Harré schließt daraus ganz allgemein, daß die formale Systemeigenschaft der Kovarianz mathematischer Gesetze ein konstruktives Kriterium zum Entwurf von R3-Entitäten mit einer möglichst weitreichenden Systematisierungsfunktion darstelle.
Am Beispiel der Quantenfeldtheorie versucht Harré das Zusammenspiel zwischen Symmetrieüberlegungen, Kovarianzen und Erhaltungsgesetzen ausführlich als ein physikalisches Forschungsprogramm darzustellen. Die Einführung virtueller Austauschpartikel zur Beschreibung von Wechselwirkungen stehe hier unter der Forderung der gauge-Invarianz der Wechselwirkungen relativ zu einer bestimmten Symmetriegruppe, durch die zugleich die jeweilige Form der Erhaltungsgesetze festgelegt werde. Aus den Erhaltungsgesetzen und aus verschiedenen Elementarteilchenexperimenten lassen sich schließlich besondere Eigenschaften der postulierten Elementarteilchen ableiten. Der Entwurf von Elementarteilchen bewege sich demnach zwischen der Forderung nach gauge-Invarianz der Wechselwirkungen einerseits und der Suche nach möglichst universellen Erhaltungsgesetzen andererseits und werde wesentlich durch die Wahl der Symmetriegruppe bestimmt.

Hinter der Suche nach möglichst universellen Erhaltungsgesetzen relativ zu bestimmten Symmetrieoperationen sieht Harré das allgemeine metaphysische »Robustheitsprinzip« (ebd. 277), das er

als eine Verallgemeinerung eines Common-Sense-Prinzips deutet, welches bereits in der klassischen Korpuskularmetaphysik verkörpert gewesen sei: »Was bei Veränderungen unverändert bleibt, ist real.« (ebd.) Auf dem abstrakten Niveau der R3-Theorien seien nun anstelle physischer Operationen mathematische Symmetrietransformationsoperationen getreten; damit lasse sich, so Harré, das klassische Konzept der Substanzmetaphysik auf eine metaphorische Ebene der Quasi-Substanzen übertragen.
Die R3-Entitäten gehören zwar nicht zu dem metaphysischen Rahmen der Bereiche 1 und 2 im engeren Sinne – insbesondere ist ja ihre Beobachtungszugänglichkeit prinzipiell ausgeschlossen –, aber es ist Harrés zentrales Anliegen zu zeigen, daß sie sich in einem verallgemeinerten Sinne unter die gleiche allgemeine Substanzkategorie fassen lassen, die Harré bei Kant zu finden glaubt. Weil eine Referenzherstellung im Sinne einer materialen Praxis in bezug auf R3-Entitäten nach Voraussetzung nicht möglich ist, muß Harré nun natürlich andere Argumente für eine realistische Interpretation vorbringen. Sein wichtigstes Argument besteht einfach in dem soeben genannten »Robustheitsprinzip« bzw. in der These, daß die Symmetrieeigenschaften von physikalischen Gesetzen nicht bloß als formale mathematische, sondern als metaphysische Eigenschaften zu deuten sind, die (im metaphorischen Sinne) eine »Extraktion« von Erhaltungsentitäten als Realia bzw. eine Referenzbeziehung zu R3-Entitäten erlauben: »Das Robustheitsprinzip scheint eng mit der apriorischen Annahme einer realistischen Erkenntnistheorie verknüpft zu sein. Der Weg zur Realität verläuft über Symmetrie und Erhaltung.« (ebd. 279)
Die verschiedenen Argumente von Harré für einen Referenzrealismus in den unterschiedlichen Bereichen 1-3 lassen sich nun zusammenfassen. Dazu ist zunächst nochmals zu betonen, daß die Übergänge zwischen den Theorien dieser unterschiedlichen Bereiche historisch variabel sind. Denn Harrés Einteilung der Entitätenbereiche richtet sich nach der von den Referenzverfahren und deren praktisch-technischen Möglichkeiten abhängigen Einordnungen der in Frage stehenden Entitäten. Wir können heute etwas als »beobachtbar« einordnen, was früher nicht beobachtbar war; ein Übergang von Entitäten der Theorien vom Bereich 2 in den Bereich 1 ist also möglich. Ähnliche Übergänge sollen nach Harré auch im Grenzfeld zwischen den Bereichen 3 und 2 möglich sein, insbesondere dann, wenn eine neue metaphorische Spra-

che oder eine Modellsprache sich so verbreitet hat, daß sie dann u. U. sogar in die Allgemeinsprache übergegangen ist. Wenn also eine Metapher zu einer bildhaften Form- oder Strukturgleichheit (»simile«, vgl. ebd. 70) geworden ist oder werden kann, dann würde solch ein »Übergang« der Entitäten oder gar der Theorie von Typ 3 auf Typ 2 möglich sein. Entsprechend dieser verschiedenen Einteilungen gibt es, wie Harré (ebd. 72 u. a.) sagt, unterschiedliche Möglichkeiten zur Verteidigung des wissenschaftlichen Realismus, den er nun freilich allgemein im Sinne eines Referenzrealismus versteht. Es gibt in diesen drei Bereichen jeweils unterschiedliche Sicherungsverfahren für die entsprechenden Aufweispraktiken der Referenzen, die allerdings aufeinander aufbauen.

In bezug auf den ersten Bereich des Beobachtbaren gilt die einfache Wahrnehmung und Beobachtung im Alltagssinne als Sicherungspraxis. (Darauf ist allerdings bald noch genauer und kritischer einzugehen.) Was natürlich »beobachtbar« ist, ist bekannt, und daß wir gleichsam mit Dingen, Ereignissen im Sinne einer realistischen Annahme umgehen, ist im Alltag vertraut, wird durch unsere Sinne gewährleistet und ist insoweit auch in die experimentelle Handlungspraxis der Wissenschaftler übertragbar. Soweit etwas direkt beobachtbar ist, mit den Sinnen wahrgenommen werden kann, kann man es auch im wissenschaftlichen Sinne und muß man es auch als in diesem schlichten Sinne »real« annehmen. Im Bereich 1 ergeben sich, meint Rom Harré, keine fundamentalen Probleme, wenn man einmal das Wahrnehmungsproblem gelöst hat oder als in irgendeiner Weise gelöst unterstellt. Harré geht das Problem in zwei Schritten an, die auf einer kategorialen Stufung aufbauen. Hinsichtlich des grobkategorialen Status (Dinge oder Ereignisse) gibt es nach Harré überhaupt kein Problem; jedoch hinsichtlich der Feineinordnung in eine natürliche Art im Rahmen eines klassifikatorischen Systems und der Identifizierung von Individuen könne nur ein nach Revidierbarkeiten abgestuftes Konzept der Sicherungspraxis vertreten werden, das abhängig von verschiedenen Stabilisierungsstrategien ist. Daraus leitet sich schließlich auch für Harré die Notwendigkeit ab, zur Stabilisierung der klassifikatorischen Struktur auch theoretische R2-Entitäten (als relative »Real-Essenzen«) zu postulieren, die über Teil-Ganzes- und Quasikausalrelationen mit R1-Entitäten verknüpft sind.

Bezüglich des Realismus auf der Stufe 2 wird, wie Harré sagt, ein induktives Argument oder ein »induktiver Grund« (ebd. 238) angenommen, demzufolge die erfolgreichen Suchprojekte nach Referenzherstellungen in der Vergangenheit zeigen, daß offenbar diese Art von Suche und diese Referenzerstellung durch eine Meßpraxis oder durch materiale Aufspürungspraktiken der geschilderten Art erfolgreich sein können. Das methodisch-induktive Argument stützt sich also auf historische Grenzverschiebungen, und legt nahe, daß die Grenze zwischen den Bereichen der R1- und der R2-Entitäten auch weiterhin verschiebbar sein wird. Harré meint beispielsweise (ebd.), daß unter anderem der Erfolg der Suche nach Bakterien durch Pasteur und Koch die Erwartung rechtfertigt, einen entsprechenden Erfolg auch in anderen Bereichen der Wissenschaft zu haben, bspw. beim Nachweis der Kontinentalverschiebung aufgrund der Plattentektonik. Diese Aussage klingt natürlich etwas unglaublich, aber es geht hier ja nicht um einen inhaltlichen Zusammenhang, sondern der induktive Gang bezieht sich hier auf das methodische Verfahren der Referenzherstellung, und dieses Verfahren hat sich in so vielen Bereichen als derart erfolgreich erwiesen, daß man es selbst auch als induktiv gut gestützt annehmen kann und bei analogen Aufgabenstellungen wieder verwenden und auch erwarten wird, daß es weiterhin erfolgreich bleibt.
Für den Bereich 3 ist eine ähnliche Stützung natürlich sehr viel schwieriger, weil dort die Zugänglichkeit durch ein solches induktives Analogieargument nicht gegeben ist; statt dessen versucht Harré (ebd. 243 ff.) hier den Realismus auf das soeben geschilderte Robustheitsprinzip zu gründen. Die mathematische »Extraktion von Invarianzen« relativ zu bestimmten Symmetriegruppen gilt ihm als Referenzherstellungsverfahren, das eine im abgeschwächteren Sinne realistische Interpretation der R3-Entitäten erlaubt.

4.6 Verfahren der Referenzsuche

Es seien nun abschließend verschiedene Verfahren der Referenzsuche selbst besprochen. Hier geht Harré auf die verschiedenen Referenzarten ein, wie sie in einem unveröffentlichten Aufsatz von L. Roberts dargestellt werden. Es handelt sich um die sog. DC-Referentenkennzeichnung und die IP-Referenzermittlung.

Die DC-Zuschreibung von Referenten sind nach Roberts und Harré (ebd. 101) dadurch charakterisiert, daß sie ein Demonstrativpronomen verwenden (daher »D«) und ein entsprechendes Komplement (daher »C«) – besser wäre vielleicht »G« für »genereller Ausdruck«. Der Satz »Dieses ist ein Stück weißer Kreide« illustriert eine solche DC-Zuschreibung. Dabei leistet der Ausdruck »dieses« eine demonstrative Bezugnahme, weil er eine demonstrative Komponente enthält bzw. mit ihr gebrauchs-funktional verbunden ist. In einer Zeigesituation kann das Demonstrativum auch performativ gemeint sein: »Dieser« bedeutet dann in bezug auf das Zeigen »Hiermit zeige ich an!« usw. Der Ausdruck »Kreide« ist hingegen ein allgemeiner Einordnungs- oder Sortierungsausdruck der entsprechenden Art (ein »sortal«). Typischerweise sind *bestimmte* (sog. ostensive) Kennzeichnungen bzw. Referenzerstellungen durch Zeigehandlungen oder durch direkten Hinweis solche DC-Zuordnungen.[9]
Zweitens führt Harré mit Roberts die sog. IP-Zuordnungen an (die besser II-Zuordnungen heißen sollten), bei denen ein unbestimmtes, indefinites Pronomen (daher »I«) gewählt wird, z. B.: »Eine Variante von diesem Atom ...« oder: »Was immer die Verursachung von dieser Blase (in einer Blasenkammer) ist ...«. Also eine unbestimmte Umschreibung durch »ein« oder »was immer«. An das indefinite Pronomen schließt sich ein spezifizierendes Prädikat P (daher »P«) an als Zuschreibung eines sortalen Ausdrucks in bezug auf einen einzigen Fall. »Was immer die Ursache dieser Blasen ist, ist ein α-Teilchen.« Das wäre solch eine IP-Zuordnung: Ein indefinites Pronomen I und ein individuierendes Prädikat P (besser: I) sind sozusagen verbunden in einer Zuschreibung und (indirekten) Referenzerstellung.
Auch auf dieser Ebene ist die Suche nach der Referentensicherung, also die Referenzjagd, immer abhängig von gewissen Voraussetzungen, Sichtweisen, Einstellungen, von bestimmten Vorbedingungen, Traditionen, die der Forscher mitbringt. Am

9 Im übrigen muß man wohl ergänzen, daß es funktionell im wesentlichen auf die eindeutige Auszeichnung oder Kennzeichnung ankommt, die nicht notwendig an Wahrnehmung oder physisches Zeigen gebunden sein muß: Eine Kennzeichnung abstrakterer Art oder eine verfahrensmäßige Indizierung bzw. punktuelle Identifizierung täte es auch. Also gibt es auch spezielle Kennzeichnungs- oder Indizierungsweisen »KC« oder »KG«!

Beispiel von Pasteur läßt sich sehr gut illustrieren (vgl. Harré a.a.O., 114), wie dieses Muster einer Suchstrategie funktioniert. Pasteur hatte eine Zellkultur mit einer Probe von Zellen mit Hühnercholera geimpft und war den Sommer über in Urlaub gefahren. Als er zurückkam und seine Versuche mit diesen Kulturen wieder aufnahm, fand er, daß Küken, die mit diesen Kulturen geimpft worden waren, immun gegen die Hühnercholera waren. Er hatte also irgend etwas entdeckt, das ihm zu denken gab. Da er zuvor eine bestimmte Versuchsserie zur Gärung von Hefe durchgeführt hatte, meinte er, daß – analog zur Abschwächung der Gärungskraft der Hefe unter Bakterienmitwirkung – auch die Impfung mit bestimmten Bakterienkulturen zu einer Abschwächung der »Kraft« eines Mikroorganismus führen müßte. Das geschah natürlich, wie wir heute wissen, durch Entwicklung von Antikörpern. Pasteur hatte also durch diese Analogie der Hefegärung, der Fermentation, seine Leitidee für die mikrobiologische Theorie der Impfung gewonnen. Ähnlich verlief auch die Entdeckung der bakteriellen Theorie der Krankheit, ebenfalls durch Pasteur, als er, wie Lord Lister zuvor, eiternde Wunden unter dem Mikroskop untersuchte. Er stellte dort kleine Zellansammlungen fest, die Lord Lister als »wilde« menschliche Zellen identifiziert hatte, während Pasteur nun auf die Idee kam, es seien von außen eingreifende Mikroorganismen, die den Organismus »attackieren«. (Damals wurden diese Mikroorganismen noch unter dem allgemeinen, für unsere heutige Sprechweise falschen Namen »Virus« gefaßt.) Es zeigt sich hier, daß Pasteur eine bestimmte Sichtweise bereits mitbrachte und daß er nur auf diese Weise in der Lage war, etwas zu identifizieren und zu finden, und daß Lord Lister, der dasselbe »sah«, nur eben mit einer anderen Vorperspektive, das »Gesehene« nicht in erfolgreicher Weise zu einer Theorie ausbauen konnte. Daß hiernach eine Jagd nach Referenten einsetzte, ist bekannt. Es war eine erfolgreiche Jagd, weil die Bakterien später von Robert Koch als diejenigen Mikroorganismen identifiziert werden konnten, die eine kausale Rolle bei der Infektion von Wunden spielen.

Die beiden Beispiele zeigen deutlich, sagt Harré (ebd. 114), daß die Putnam-Kripkesche Darstellung der Referententaufe für eine solche Suche nach potentiellen Objekten der Wissenschaften, die bisher noch nicht beobachtet werden konnten, unzureichend ist. Hier handelt es sich ja um Identifizierungen entsprechend der besprochenen IP-Form der Referentenidentifizierung nach Roberts, d. h., ein indefinites Pronomen und ein Prädikat werden verknüpft: »Was immer innerhalb dieser entsprechenden Kulturen geschieht, geht auf die entsprechende Verursachung durch Bakterien zurück«, oder: »Was immer zur Abschwächung oder zur Veränderung und damit dann auch zur Immunität der entsprechenden mit diesen Kulturen geimpften Küken führt, geht kausal auf die abschwächende Kraft dieser Mikroorganismen zurück, oder auf die entsprechende Abschwächung der Potenz der Mikroorganismen«. Dieses »Was immer (der Fall) ist, hat die Eigenschaft...«, ist eine typische Instanz von IP-Referenz – im Gegensatz zu DC-Referenzen der Form »Dieses ist ein Exemplar von...«, die durch ein Demonstrativum und ein Komplement gekennzeichnet ist. Deutlich ist, daß hierbei sowohl bestimmte praktische Experimente als auch theoretische Voraussetzungen, Perspektiven, Trägerprozesse und -substanzen wichtig sind, um solche Referentenjagden (erfolgreich) vorzunehmen. Ein praktischer Kontext ist also ebenso wichtig wie ein theoretischer Zusammenhang; beide müssen gleichsam ineinander greifen und können erst gemeinsam die Auswahl und Klassifikation der beobachtbaren Dinge, Ereignisse, Prozesse usw. gewährleisten. Harrés Hauptthese ist, daß im allgemeinen die theoretische Perspektive bzw. der theoretische Zusammenhang bei der Entscheidung darüber Priorität besitzt, welche Bedeutung etwa Ausdrücke für bestimmte natürliche Arten haben; aber diese Bedeutungen gründen letztlich immer in zwei Zusammenhängen, nämlich in dem praktischen Zusammenhang des Experiments sowie der technischen Instrumentenentwicklung einerseits und in der historischen Entwicklung des theoretischen Zusammenhangs und der zugehörigen Perspektive andererseits; erst beides zusammen kann eine sinnvolle Theorie für eine erfolgversprechende Referentenjagd ergeben.

Die beiden Verfahren der DC- und der IP-Zuordnung müssen deutlich voneinander unterschieden werden; sie sind unabhängig voneinander, erfolgen allerdings oft auch nacheinander (man vgl. etwa das obige Beispiel: »eine Variante von *diesem* Atom«). Das »Herausgreifen« im Falle der IP-Zuordnung ist nicht nur ein materiales Zeigen, sondern dies alles geschieht auch auf der sprachlichen Ebene und setzt einen kognitiven Akt des Auffassens und des Zuordnens, also eine Deutung, voraus. Die IP-Referentensuche ist von vornherein stärker theoriegebunden als die DC-Zuordnungen, die nach Harré für den Bereich 1 typisch sind. Wenn man ein Demonstrativpronomen verwendet, ist es ja indexikalisch an eine bestimmte Zeigesituation gebunden. Harré meint, daß die wissenschaftliche Gemeinschaft bzw. auch die Gemeinschaft der Handelnden und Erkennenden generell danach streben, bestimmte IP-Zuordnungen, die noch unbestimmt sind (»Was immer die Ursache dafür ist, ist ein...«), in eine DC-Zuordnung zu übertragen oder zu transformieren, so daß man im Prinzip auf die Ursache »zeigen« kann, daß man sie reproduzieren, herstellen kann: »Aus der Sicht der philosophischen Logik muß jede Forschung mit Roberts' IP-Referenzakten beginnen (...) und mit einem DC-Referenzakt abschließen.« (ebd. 196)

In beiden Fällen gibt es so etwas wie eine bestimmte, eine physische Beziehung zwischen der Person, welche die Referenzerstellung leistet, die Referenzbehauptung aufstellt und zu erfüllen versucht, und dem Referenten, der durch diese physische Verkettung aufgespürt und identifiziert wird. Im Sinne der DC-Zuordnung ist es natürlich das unmittelbare Zeigen, das indexikalische Verfahren der Handlung, das die Verkettung gewährleistet. Im IP-Fall ist das Zeigen hingegen durch bestimmte Kontexte, praktische Methoden, Meßverfahren usw. sowie auch durch theoretische Annahmen vermittelt und somit indirekt. Man kann also die IP-Referenz nicht unmittelbar feststellen, sondern man braucht Instrumente, technische Hilfen dazu. So lassen sich nach Harré DC-Referenzen praktisch durch IP-Referenzen ersetzen. Wichtig ist, daß diese Art von Unterscheidung überhaupt vorgenommen wird. Man sieht schon hier, daß Referenzerstellen keineswegs ein einfacher Prozeß ist, sondern ein kompliziertes Verfahren, das dadurch noch komplizierter wird, daß man anhand verschiedener sprachphilosophischer Ansätze auch noch entsprechend unterschiedliche Referenzen unterscheiden kann, die hier eine Rolle spielen könnten. Z. B. kann man etwa beim Erstellen einer DC-Referenz auch noch im Sinne des Sprachphilosophen Katz zwischen »Token-« und »Type«-Referenz unterscheiden. (»Token ist das unmittelbar auftretende Zeichen, das ausgesprochen oder geschrieben wird, das an der Tafel steht – das Zeichenvorkommnis –, während »Type« die Abstraktion davon ist, die Klasse der gleichgestalteten Zeichenvorkommnisse; der »Typ« ist der Strukturrepräsentant der gesamten Klasse.) Man sieht sogleich, daß diese

Zuordnung von Referenzen in beiderlei Sinn gemeint sein kann. Faktisch wird es natürlich immer so sein, daß beim demonstrativen Zeigen, also bei der DC-Referenzerstellun, die »Token«-Referenz in der entsprechenden Situation die grundlegendere sein wird: Ich zeige sozusagen auf *dieses* Stück; das ist im Sinne der »Token«-Referenz zu verstehen, es kann und wird aber auch als ein Beispiel verallgemeinert und dann eben abstrakter als »Type«-Referenz aufgefaßt werden. Für den Bereich 1 gilt, daß eine Entität direkt bezeichnet oder identifiziert werden kann durch eine bestimmte Zeigerelation, durch eine Referenzerstellung im Sinne der DC-Referenz, durch eine solche »Token«-Interpretation. Die »Token«-Referenz wird als Grundlage der Referenzerhaltung insbesondere dann wichtig, wenn man Referenzen durch »materiale Praktiken« unterfüttern oder fundieren will.

Über die Token-Type-Differenzierung hinaus, geht es bei Harré nämlich in erster Linie um Handlungen als spezifizierende und individuierende Zugriffe auf Entitäten und nicht bloß um einen Zeichenkontext und die situationale Kennzeichnungsanbindung. Man muß Harré wohl so verstehen, daß die Type-Referenz (z. B. »ein Okapi«) *allgemeiner* und *stabiler* gegen Revisionen ist und ihrerseits eine Voraussetzung für eine verläßlich zu konkretisierende Token-Referenz ist (z. B. »das Lieblingsokapi von Jake«), die ja die Identifizierung eines bestimmten Exemplars einer bestimmten Art betrifft. Noch stabiler als die Type-Referenz ist die Referenz im Sinne der Entitätenkonstitutionen als »affordances« (in einem gegenüber Gibson modifizierten Sinne), insofern dieser nur sehr allgemeine Kategorien (Dinge, Prozesse) zugrunde liegen.

Eine weitere Unterscheidung, die eine wichtige Rolle in der gegenwärtigen philosophischen Diskussion zum Referenzbegriff spielt, ist die Unterscheidung zwischen Sprecherreferenz und semantischer Referenz, wie sie etwa von Saul Kripke diskutiert worden ist. Sprecherreferenz ist dasjenige, was der Sprecher in einer Situation meint, worauf er sich durch einen Referenzakt bezieht, obwohl dieser unter Umständen sogar fehlgehen kann. Ein vieldiskutiertes Beispiel ist die sprachliche Bezugnahme durch den Ausdruck »dahinten der Herr mit den Jeans und dem Gin-Glas in der Hand«, wobei es sich in diesem Beispiel voraussetzungsgemäß gar nicht um einen Herrn, sondern um eine Dame in Jeans handeln soll, die auch keinen Gin im Glas hat, sondern Mi-

neralwasser. In solchen Situationen kann trotzdem noch eine Referenz hergestellt werden und funktionieren. Man kann unter Umständen sogar etwas Richtiges über den Referenten – z. B. über die Haltung, den Ort usw. – aussagen, obwohl die zur Bezugnahme verwendeten Kennzeichnungen völlig falsch sind. Offensichtlich ist in solchen Situationen etwas anderes als diese Kennzeichnung gemeint. Man kann also in der Aktion, in der Sprechersituation, eine Referenzauszeichnung praktisch vornehmen, die dann u. U. nach allgemeinerer Bedeutungsanalyse der involvierten Ausdrücke falsifiziert wird. Mit anderen Worten: Die Bedeutungsanalyse der Ausdrücke kann ergeben, daß die Ausdrücke eigentlich fehl am Platze sind, daß die Ausdrücke, so wie sie die Sprachgemeinschaft allgemein verwendet, etwas anderes bedeuten – und trotzdem kann die Referenz unmißverständlich und korrekt funktionieren. Daher ist es nötig, zwischen der Sprecherreferenz und der Bedeutungsreferenz, die durch die Bezeichnung der Ausdrücke entsprechend den Regeln der Sprachgemeinschaft allgemein festgelegt wird, zu unterscheiden.
Es gibt noch weitere Unterschiede, die berücksichtigt werden könnten, die hier freilich nicht zu diskutieren sind – wie etwa die von Donnellan (in Wolf 1985, 179 ff.) getroffene Unterscheidung zwischen referentieller und attributiver Verwendung von Kennzeichnungsausdrücken. Das würde hier zu weit führen. Es sollte bereits deutlich geworden sein, daß solche Bezugnahmeverfahren und -mechanismen durchaus mit Gesichtspunkten zusammenhängen, die in der Diskussion über die Realität von theoretischen Entitäten eine Rolle spielen. Besonders deutlich zeigt sich natürlich im Bereich 3, daß alle diese Verfahren der Referenzerstellung theoriegeleitet, theorieabhängig sind, während man beispielsweise im Bereich 1 durchaus mit den DC-Referenzen auskommen kann.
In den Bereichen 2 und 3 wird die Theoriebeteiligung unausweichlich. »Welches ist das Gen der Sichelzellenanämie?« ist eine typische Frage für eine solche Referentenjagd, für die wie erwähnt, die Tauftheorie der Referenz, wie sie von Kripke und Putnam erstellt worden ist, nicht ausreicht, weil sie sich nicht für die Anwendung in derartigen Verfahren der wissenschaftlichen Referenzerstellung eignet. Die Anwendung des Tauf- und Tradierungs-Verfahrens, worauf sich diese sog. »Kausaltheorie« der Referenz stützt, setzt eben voraus, daß man den Gegenstand sieht,

kennt und identifizieren kann, um die Taufe vornehmen und die Weitergabe der beizubehaltenden Zuordnungen leisten zu können; d.h., die Wiedererkennbarkeit des Referenten muß dann auch jeweils gewährleistet sein. Das aber ist keineswegs sicher und auch keineswegs immer der Fall – im Gegenteil, es ist in den theoretischen Wissenschaften gerade nicht die Regel. Daher ist die »kausale« Referenztheorie auch keine Referenztheorie für eine theorienorientierte Wissenschaft. Wenn die Wissenschaften sich mit den Bereichen 2 und 3, also dem Unbeobachteten und dem prinzipiell Unbeobachtbaren befassen, kann man die entsprechenden Referenten nicht von vornherein dingfest machen, identifizieren und taufen; hier müssen ganz andere Verfahren der Referenzerstellung, wie etwa die IP-Referenzen, einspringen. Dies macht deutlich, daß die Referentencharakterisierung bzw. -identifizierung in der Wissenschaft keineswegs so einfach ist, wie es sich Philosophen im Rahmen ihrer Sprachphilosophie oft vorstellen.

Auch die Exemplare natürlicher Arten werden durch Referenzprozesse identifiziert, die ihrerseits erstellt und gesichert werden müssen. Sie werden allerdings nicht durch Entdeckungen von unveränderlichen Wahrheiten gesichert, sondern durch den wiederholbaren Erfolg von solchen Aufweis- oder Referenzerstellungspraktiken. Die Entwicklung dieser Praktiken sowie der theoretischen Zusammenhänge kann gegebenenfalls auch zu einer Änderung der Einteilungsprinzipien führen. Natürliche Arten, selbst im engeren Sinne *biologische* Arten, sind keineswegs absolut unveränderlich hinsichtlich der Einordnung in bestimmte Klassifikationszusammenhänge und Bezugnahmen. In der Wissenschaftsgeschichte sind sogar radikale Neuordnungen, insbesondere bei biologischen Taxonomien, bekannt. Nachdem man z. B. lange Zeit Wale als Fische angesehen hatte, wurden sie erst später zu den Säugetieren gerechnet. Heutzutage hat man eingesehen, daß die Prokaryonten, also die kernlosen Mikroorganismen, sich nicht einfach in einen Topf werfen lassen, sondern daß man zwischen den sogenannten Archaebakterien und den üblichen Bakterien und anderen Mikroorganismen unterscheiden muß und daß es dafür bestimmte Kriterien gibt, die für eine unterschiedliche biologische Behandlung und Einordnung sprechen. Mit anderen Worten: Artenkonstruktion oder -konstitution hängt von Referenzpraktiken und theoretischen Kontexten ab und ist historisch variabel. Die Jagd nach Referenten und eine Einordnung in eine natürliche Art sind abhängig erstens von den genannten Referenzpraktiken; zweitens von einer unterstellten ontologischen Kategorie, also einer Erfassung der Seinsweise dieser entsprechenden Entität; und drittens auch von (unter systematischen Gesichtspunkten) kontigenten Kommunikationsformen und gewissen konventionalisierten Denk- und Sprechweisen sowie Sprachgepflogenheiten im historischen Kontext der jeweiligen Wissenschaft. Beispielsweise hat man eine Zeitlang geglaubt, daß im Innern der Bahn des Planeten Merkur noch ein weiterer Planet namens »Vulkan« vorhanden sei; man glaubte sogar eine Weile, daß man ihn entdeckt hätte. Später jedoch stellte sich heraus, daß der These bestimmte Beobachtungsfehler zugrunde lagen und daß die Indizien, die für den Planeten »Vulkan« sprachen, auf eine Art Sonnenfleck zurückzuführen waren (vgl. Harré, 105). Auf diese Weise wurde also der Name »Vulkan« wieder revoziert, denn Sonnenflecken gibt man normalerweise keine Namen, sie gehören nicht zu einer ontologischen Kategorie, die namentragend ist. (Allerdings erhalten heutzutage sogar schwere Stürme Namen, obwohl auch sie etwas ephemere Gegenstände sind, wenn auch von höchster Wirksamkeit, aber sie weisen keine dauerhafte Existenz auf.) Man sieht, daß die Zuordnung der Namen von bestimmten praktischen und etablierten Gepflogenheiten und sprachlichen Regeln oder sogar Willkürlichkeiten der Sprachgemeinschaft abhängt, die im einzelnen gar nicht so einsichtig und manchmal auch gar nicht so folgerichtig sein müssen.

Die Anwendung dieser Einsichten auf die Bereiche 1, 2 und 3 und die Verbindung dieser verschiedenen Referenzsicherungsarten mit dem Realismusproblem soll noch kurz geschildert werden, soweit beides nicht schon angedeutet worden ist. Jedenfalls kann man nach Harré sagen, daß ein Realist die Referenten, über die er in seiner Forschung oder Diskussion spricht, als an bestimmte Praktiken und nicht bloß an mentale Zuschreibungszustände gebunden verstehen muß. Die Zuordnung hängt nicht nur an bestimmten Fürwahrhaltungen des Wissenschaftlers, sondern sie muß auch an bestimmte externe Zustände oder Dinge geknüpft werden, die zumindest vorausgesetzt oder unterstellt werden müssen.

Dieses Postulat ist schon eher ungewöhnlich für die derzeitige Wissenschaftstheorie, weil sich die meisten Vertreter dieser Disziplin heute auf eine Erkenntnistheorie stützen, die man nach John Pollocks Buch *Contemporary Theories o Knowledge »doxastisch«* nennt. Doxastisch sind solche Erkenntnistheorien, bei denen die Geltung bestimmter Sätze über real existierende Dinge, also über die Referenten, immer abhängig ist von Fürwahrhaltungen und nicht direkt von Zuständen der Welt oder auch Perzeptionszuständen des erkennenden Subjekts. Pollock spricht von doxastischen Theorien – vom griechischen »doxa« –, also von solchen, die von Meinungen abhängen, an Meinungen gebunden sind. Da man niemals etwas anderes als ein Umherwandern im Bereich der Meinungen oder der Fürwahrhaltungen feststellen könne, gäbe es erhebliche Schwierigkeiten, darüber hinauszugreifen und etwa reale Anknüpfungspunkte zu finden. Pollock plädiert selber dafür, nicht-doxastische Theorien in der Weise als eine Grundlage der Wissenschaftstheorie zu nehmen, daß die Wahrnehmungszustände, also die mentalen Zustände des Erkennenden, direkt identifiziert werden mit dem entsprechenden Zugang zu dem Referenten. Mit anderen Worten: Die Wahrnehmungszustände sind direkt als rechtfertigende Gründe im Sinne von Prima-facie-Gründen anzusehen, die freilich überholt und korrigiert werden können, aber immerhin als direkt rechtfertigende Gründe für Fürwahrhaltungen ohne Abhängigkeiten oder Zwischenschaltungen anderer Fürwahrhaltungen aufzufassen sind: ein klassischer phänomenalistischer Ansatz? Es ist charakteristisch für verschiedene Ansätze in der modernen Erkenntnistheorie, daß so etwas wie eine »Direktphilosophie« häufig vorkommt, also nicht nur in dieser Weise bei Pollock, der sogar von »direktem Realismus« spricht (meiner Ansicht nach eine etwas falsche Ausdrucksweise, man könnte allenfalls von einem direkten erkenntnistheoretischen Mentalismus reden). Pollock nennt einen »direkten Realismus« einen Realismus, der ein nicht-doxastischer ist, der sich also nicht auf andere Fürwahrhaltungen und Meinungen gründet. Abgesehen von diesem erkenntnistheoretischen »Direktismus« (das Wort könnte mißverständlich sein, es geht ja hier nicht um Dirigieren), gibt es natürlich auch in der Wahrheitstheorie solche Ansätze, etwa bei Davidson (vgl. Bd. 1, 1993, S. 154 ff.), der versucht, bestimmte Basisaussagen direkt als wahr anzusehen und sie als unmittelbare Erfüllungsgrundlagen für eine korrespondenztheoretische Wahrheitstheorie à la Tarski zu nehmen.

Harrés These, daß der Realismus verteidigt werden kann, ist nicht global; der Realismus kann nicht als eine allgemeine Technik oder Theorie vertreten werden, die unkontrovers zeigt, daß die Welt unabhängig von kognitiven und materialen Praktiken der Menschheit so, wie sie ist, erkannt werden kann. Statt dessen muß man die Verteidigungsstrategie nach den drei von ihm unterschiedenen erkenntnistheoretischen Bereichen aufspalten: Nach Harré hat der Realismus in jedem der drei Bereiche eine unterschiedliche Form und Fundierung.

Im Bereich 1 entscheidet eher die unmittelbare Beobachtung und Referenzpraxis (einschließlich Messung) über die Einordnung in natürliche Arten im Rahmen eines klassifikatorischen Systems. Man kann (mit Schummer) sagen, daß Harré eine Trennung zwischen mindestens drei kategorialen Ebenen vornimmt, er unterscheidet: 1. allgemeine ontologische Kategorien (Dinge oder Prozesse), die eine primäre Konstitution von Entitäten erlauben; 2. Kategorien der Natürliche-Art-Zugehörigkeit, die eine Type-Referenz ermöglichen, und 3. individuelle Merkmale zur Herstellung einer Token-Referenz. Entscheidend für die R1-Wissenschaft ist das auf Ebene 2 fundierte klassifikatorische System. Der Referenzrealismus ist durch eine von 1-3 abnehmende Sicherheit in der Stabilität der Referenzpraktiken geprägt – eine Sicherheit, die nach internen Kriterien zu bewerten ist und wesentlich vom praktischen Erfolg abhängt. Gleichzeitig wird eine Stabilisierungsstrategie durch den Entwurf von R2-Entitäten angeboten, die über Teil-Ganzes und Quasi-Kausalrelationen eine Systematisierungsfunktion in bezug auf R1-Entitäten erfüllen.

Im Bereich 2 wird der Strategierealismus zunächst durch das oben erwähnte »induktive Argument« verteidigt: Da die Suche nach Referenten bisher so erfolgreich gewesen ist (z. B. die Identifizierung von Bakterien oder Mikroorganismen in der biomedizinischen und pharmazeutischen Forschung), könne diese Art von Referenzerstellung sowie die Unterstellung, daß häufig solche Referenzerstellungsprozesse erfolgreich verlaufen, dann auch mit hoher Erfolgszuversicht auf andere Gebiete übertragen werden. Das induktive Argument ist allerdings keineswegs das einzige Argument für den R2-Realismus. Der strategische Realismus ist ein *pragmatischer Realismus*. Denn eine realistische Lesart der R2-Entitäten ist anstrebenswert, weil dadurch per constructionem das methodologische Ziel einer stabilisierten ontologischen Ordnung in Aussicht gestellt wird. Und eine realistische Lesart ist begrün-

det, also vernünftig, wenn die R2-Theorie bestimmte Kriterien der Konsistenz, Plausibilität und Praktikabilität zur praktischen Referenzerstellung und -sicherung erfüllt.
Im dritten Bereich schließlich, also im rein theoretischen Felde des prinzipiell Unbeobachtbaren werden Symmetrie-, Kovarianz- und Erhaltungsforderungen zur theoretischen »Extraktion« von Entitäten formuliert, die in verallgemeinertem Sinne durch die Kantsche Kategorie der Substanz gefaßt werden können.
Etwas, z. B. ein bestimmtes Energiefeld, muß über die Zeit hinweg als etwas von oder mit Einfluß *identifiziert* werden können und muß dementsprechend, um überhaupt identifiziert werden zu können, in gewisser Weise nicht nur solchen Folgerungen entsprechen, die zu feststellbaren Wirkungen im Bereich des Beobachtbaren führen, sondern es muß auch bestimmten ontologisch-metaphysischen Grundannahmen genügen, die durch die jeweilige Erkenntnisgemeinschaft bzw. Wissenschaftlergemeinschaft akzeptiert worden sind. Dies gilt selbst dann, wenn man nur eine Charakterisierung bestimmter Eigenschaften dieser (postulierten) Entitäten geben kann, wenn es sich etwa um Dispositionen handelt (die R3-Beschreibungen bzw. die R3-Zuschreibungen sind nach Harré (ebd. 281 ff.) stets dispositional), wenn man nur bestimmte Tendenzen, Verhaltensneigungen und Wirkungen, bestimmte Fähigkeiten zuschreibt, welche die prinzipiell unbeobachtbaren Referenten der theoretichen Ausdrücke aufweisen können. Dieses läßt sich eigentlich zusammenfassend nur so deuten, daß eben die Forderungen der Erhaltung, der Kovarianz, der Symmetrie eine analogieschöpfende Kraft haben und daß entsprechende Metaphern auch dann so zu verwenden und zu verstehen sind. Mit anderen Worten, hier ist alles mehr theoretisch und modellhaft, die Theorien des Bereichs 3 sind viel stärker integrativ, viel stärker hierarchisch, viel stärker auf die Einheitlichkeit der anderen Bereiche ausgerichtet, sie sind eher architektonisch. Sie sind weder direkte Abbilder noch Referentenanzeiger, sondern sie liefern abstrakte, in metaphorisierender Formulierung darzustellende oder etwa mathematische Zusammenhänge, und entsprechend strukturieren sie die verschiedenen Bereiche, auf die sie sich beziehen und auf die sie angewendet werden.
Der Wissenschaftstheoretiker Aronson hat in seinem Buch *A realist philosophy of science* (1984) einen entitätenrealistischen Ansatz entworfen, welcher Theorien unter besonderer Berücksichtigung

des ontologischen Gehalts in erster Linie als eine Art von Landkarten auffaßt. Theorien sind seiner Meinung nach in dem Sinne Landkarten, daß sie ontologische Relationen darstellen, wodurch zunächst als unabhängig geltende Phänomene (Entitäten des Harréschen Bereichs 1) auf einer ontologisch tieferliegenden Entitätenebene »abgebildet« und über diesen Umweg verknüpft und systematisiert oder gar mit anderen Theorien in Beziehung gesetzt werden können. Dieses Modell der Landkartenauffassung von Theorien hat einige Faszination für sich, denn solche Theorien können dann auch einen Beitrag zur Erstellung von Referenzen liefern bzw. durch die Verbindung von verschiedenen Referenzerstellungs- und -erhaltungspraktiken im Sinne Harrés Wege zu einer einheitlicheren Betrachtung verschiedener Phänomenbereiche eröffnen bzw. Erklärungen ermöglichen. Aufgabe solcher Theorien ist es, die Anzahl der voneinander unabhängigen Phänomene zu reduzieren und eine Ordnung herbeizuführen, indem sie den verschiedenen Entitäten durch Teil-Ganzes- und Kausalrelationen eine »gemeinsame Ontologie« unterstellen.

Das Modell der Landkartenbildung ist recht plastisch und wird auch von Harré (a.a.O., 197 ff.) zur Schichtenüberbrückung zwischen R1- und R2-Entitäten, bzw. zur Ortung der letzteren im Rahmen einer R2-Theorie benutzt. Er wendet es (ebd. 201 ff.) auf die Stadien der Entwicklung von Theorien an, die er zu »Theoriefamilien« zusammenfaßt, um darauf Kriterien der »Plausibilität« bzw. der Akzeptierbarkeit einer Theoriefamilie im jeweiligen Stadium anzuwenden. In einer »Theoriefamilie« wird so etwas wie ein ideales Erkenntnisobjekt, ein ideales kognitives Modellobjekt, entworfen, das zunächst nur durch bestimmte metaphorische Ausgangspunkte initiiert, im weiteren Verlauf aber zu einer Theorie ausgestaltet wird. Harré spricht von einem »Quellanalogon« (source analogue), von dem der Theoretiker ausgehe, um dann anhand dieser eher metaphorischen Darstellung (durchaus auch in unreiner oder verzerrter Form) bestimmte Zusammenhänge zu erläutern, unter Umständen auch unter Beibehaltung von traditionellen alltagssprachlichen Ausdrücken, die aber in der wissenschaftlichen Entwicklung der Theorie eine völlig technische Bedeutung annehmen könnten.

Harré exemplifiziert das sehr eindrucksvoll an der Theoriebildung Darwins. Darwin kannte neben den verschiedensten lebenden Pflanzen- und Tierarten auch zahlreiche Spuren von ausgestorbenen Lebewesen. Er deutete den natürlichen Prozeß der Entwicklung und des Aussterbens von biologischen Arten nach der Analogie des Züchters oder des Gärtners, der Arten verändert, bestimmte Artmerkmale abwandelt, indem er eine Auswahl bei der Vermehrung vornimmt, um neue Unterarten oder Varianten zu züchten; von »domestic selection« ist da die Rede, also sozusagen von der Züchterauswahl, die man in der Hand hat. Diesen Vorgang habe Darwin als Anregung genommen, um daraus ein allgemeines Modell zu entwickeln, wobei der Ausdruck »Auswahl« (Selektion) beibehalten wurde, aber nun eine völlig abgewandelte technische Bedeutung erhielt: Es ging nicht mehr um eine willentliche Entscheidung oder um persönliche Bewertungen der verschiedenen Varianten, sondern es wurde nun bei dem im technischen Sinne verstandenen neuen Selektionsbegriff für das Quellanalogon von allen willentlichen und personalen Komponenten, die aus der Züchtermetapher stammen, abstrahiert. Dabei postulierte Darwin einen grundlegenden Trägermechanismus, der erst heutzutage entdeckt und dessen Trägerrolle erst richtig verstanden ist durch die Theorie der Molekulargenetik. Dieser geforderte Trägermechanismus führte zu einem vorgestellten Prozeß der Mutation und Selektion; oder besser gesagt: zu einer Vererbungstheorie, die zunächst noch relativ global formuliert war, aber den unbekannten Mechanismus der Vererbung umreißen sollte. In entwickelter Form lag später eine Theorie vor, die in der Lage war, die beobachteten Muster zu erklären. Bestimmte theoretische Muster, die sich aus den vorgestellten Prozessen etwa hinsichtlich der Selektion ergeben, müssen sich dann in den beobachteten Mustern wiederfinden lassen, und es muß so etwas geben wie einen Zusammenhang, eben eine »Verhaltensanalogie«, zwischen den vorgestellten, also theoretisch geforderten, Mustern und den beobachteten Mustern.

Aus dem ursprünglichen metaphorischen Quellanalogon Darwins wurde im Verlauf der Theorieentwicklung ein allgemeines Modell, das nun beansprucht, der Erfahrung zu entsprechen. So sei aus der ursprünglichen Übertragung der Quellanalogie auf den neuen Bereich der biologischen Artenbildung und einer entsprechenden Ergänzung durch einen zunächst nur hypothetisch unterstellten Selektionsprozeß und einen Vererbungsmechanismus (den Darwin noch gar nicht im einzelnen kennen, sondern nur postulieren konnte) schließlich dann so etwas wie ein Idealmodell entstanden.

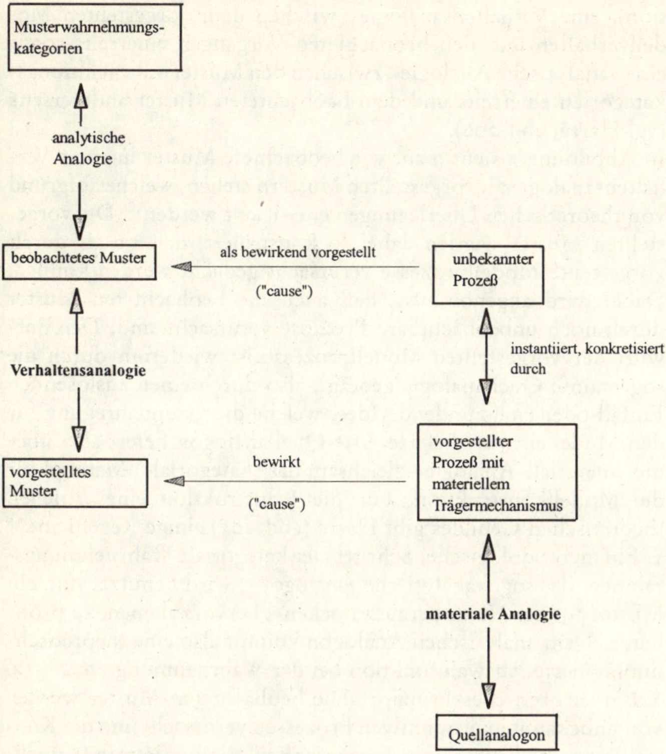

Abbildung 2: Schema einer Theoriefamilie nach Harré (1986, 206)

Der Vererbungsmechanismus wurde schließlich im Detail ausgearbeitet durch die Molekulargenetik, die einen bestimmten systematischen Zusammenhang im Sinne einer »Theoriefamilie« à la Harré aufweist: Das ursprüngliche Modell wurde durch Etablierung und Detaillierung eines Mechanismus zu einem strukturell-systematischen Modellzusammenhang, der postuliert wurde, um »beobachtete Muster« als von einem »unbekannten Prozeß« verursacht zu enthüllen (Harré ebd. 206). Dabei gibt es eine »materiale Analogie« zwischen dem vorgestellten Erzeugungsprozeß (biologische Selektion) und dem Quellanalogon (Züchterselektion), eine Verhaltensanalogie zwischen dem vorgestellten Modellverhalten und den beobachteten Vorgängen einerseits sowie eine »analytische Analogie« zwischen den Musterwahrnehmungskategorien einerseits und dem beobachteten Muster andererseits (vgl Harré, ebd. 206).

In Abbildung 2 sieht man, wie beobachtete Muster in einer Verhaltensanalogie zu vorgestellten Mustern stehen, welche aufgrund von theoretischen Überlegungen entwickelt werden[10]. Die vorgestellten Muster werden dabei so konstruiert, daß sie als durch vorgestellte Modellprozesse verursacht gedacht werden können. Dabei wird angenommen, daß auch die beobachteten Muster durch noch unbeobachtbare Prozesse verursacht sind. Der Entwurf der vorgestellten Modellprozesse ist wiederum durch die sogenannte Quellanalogie geprägt, also durch einen auslösenden Einfall oder eine zündende Idee, welche die Grundanregung für den Modellentwurf lieferte. Das Quellanalogon liefert also über die »materiale Analogie« gleichsam das (kategoriale) Material für die Modellkonstruktion. Für die Konstruktion eines solchen theoretischen Gebildes gibt Harré (ebd. 205) einige Regeln an:

1. Ein methodologischer Schritt: Der kategoriale Wahrnehmungsrahmen, das sog. »analytische Analogon«, wird benutzt, »um ein Muster aus der Natur herauszulocken«, hervorzuheben, zu profilieren. Dem analytischen Analogon kommt also eine theoretisch-imprägnierte Auswahlfunktion bei der Wahrnehmung zu.

2. Ein theoretisches Prinzip: »Die beobachteten Muster werden von unbekannten produktiven Prozessen verursacht und die Konstellationen (clusters) von Eigenschaften, die bestimmte (natürliche, H. L.) Arten auszeichnen, sind Manifestationen von unbekannten Konstitutionen«. Harré formuliert hier also gewissermaßen das traditionelle Kausalprinzip, das ihm als Rechtfertigung zum Entwurf von R2-Entitäten dient: Für jedes Phänomen (R1-Entität) ist eine Ursache, ein phänomenerzeugender Prozeß (R2-Entität), anzunehmen. Gleichzeitig fordert er, daß alle Phänomeneigenschaften als Manifestationen von Dispositionseigenschaften der hypothetischen R2-Entitäten zu fassen sind.

10 In seiner Dissertation hat Joachim Schummer (1994) noch eine »kategoriale Analogie« zur Verbindung zwischen Quellanalogon und den Musterwahrnehmungskategorien (dem »analytischen Analogon« nach Harré) ergänzt. (Zu weiteren Details vgl. Schummer (1994).)

3. Ein weiteres theoretisches Prinzip: »Ein Analogon der beobachteten Prozesse kann gedacht (z. B. vorgestellt) werden als verursacht durch ein Analogon des realen, aber unbekannten produktiven Prozesses«. Mit diesem dritten Schritt werden nun die Forderungen des letzten theoretischen Prinzips auf eine Modell- oder Vorstellungsebene übertragen. Auf der Modellebene ist also ein Kausalverhältnis und ein Dispositions-Manifestationsverhältnis zwischen Modell-Phänomenen und Modell-phänomenerzeugenden Prozessen zu konstruieren, ohne Abstriche bei der Verhaltensanalogie zur Phänomenebene zu machen.

4. Ein weiterer methodologischer Schritt: »Das Analogon des realen produktiven Prozesses oder der ›inneren‹ Konstitution wird in Gleichförmigkeit mit dem Quellanalogon aufgefaßt (vorgestellt)«. Die Freiheit der Modellkonstruktion wird nun durch diesen vierten Schritt von der theoretischen Seite in konstruktive Schranken gesetzt. Die modell-phänomenerzeugenden Prozesse sind in Abstimmung mit dem Quellanalogon zu entwerfen.

Daran kann Harré nun den erkenntnistheoretisch besonders wichtigen 5. Schritt anschließen:

5. Die epistemologische Forderung: »Der hypothetische produktive Prozeß oder Mechanismus, wie er im Rahmen der entsprechenden Theoriefamilie gefaßt ist, repräsentiert in gewissem Grade die Natur des realen produktiven Vorgangs oder Mechanismus«, wenn sich die Theoriefamilie in einem Zustand der Plausibilität befindet. Mit diesem letzten Schritt wird also eine realistische Interpretation des hypothetisch entworfenen Phänomenerzeugungsprozesses empfohlen. Den Plausibilitätsgrad bemißt Harré in erster Linie anhand der Spannungslosigkeit, der Ausgewogenheit und der Flexibilität der verschiedenen Analogiebeziehungen.

Entscheidend ist, daß die gesamte Entwicklung einer Theorie, die Harré eine »Theoriefamilie« nennt (etwas, was Lakatos früher »Theorienserie« oder »Forschungsprogramm« genannt hat), von diesen Analogiebildungen abhängt. Es ist wichtig, daß man gewisse Kriterien zur Bewertung des *Gesamtzusammenhangs* einer solchen »Theoriefamilie« besitzt, um den Plausibilitätsgrad einer Theoriefamilie zur rationalen Begründung einer strategisch-realistischen Deutung einzuschätzen. Dazu liefert Harré (ebd. 210 ff.) vier Kriterien: 1. die dynamische Ausgewogenheit zwischen Verhalten- und Stoffanalogie bzw. die Flexibilität, mit der das Theoriengebilde nach theoretischen oder empirischen Impulsen wieder in ein Gleichgewicht zurückfinden kann; 2. die Stärke der einzelnen Analogien; 3. die historische Stabilität des Quellanalogons und 4. die Koordination zwischen analytischem Analogon und Quellanalogon.

Außerdem formuliert Harré vier Regeln zur vergleichenden Bewertung unterschiedlicher Theorienfamilien:

Die erste Regel besagt, daß man eine logisch widerspruchsfreie Theorie oder Theoriefamilie einer widerspruchsvollen vorziehen sollte.[11] Allerdings kann es sein, daß selbst Theorien, die nicht mehr als gültig angesehen werden, unter Umständen doch noch weiter benutzt werden. Es wurde ja weiter oben schon erwähnt, daß die Newtonsche Theorie nach wie vor verwendet wird, z. B. zur Berechnung der Bahnen von Raumsonden sowie zu astronomischen Voraussagen, obwohl sie eigentlich eine überholte, ja falsifizierte Theorie ist und gleichsam nur noch als eine grobe Näherung gilt.

Eine zweite Regel fordert, daß diejenigen Theoriefamilien präferiert werden, die vereinbar sind mit dem allgemeinen metaphysischen Hintergrund. Man würde also heute – ein Beispiel, das Harré anführt – nicht meinen, daß etwa kriminelle Akte ausschließlich auf »satanische« Versuchungen zurückzuführen seien oder daß Böswilligkeit als eine angeborene Eigenschaft aufzufassen sei. Statt dessen versucht man heute im Zuge einer Gesamtberücksichtigung sowohl des sozialen Milieus als auch einer teilweise genetischen Bestimmtheit der Menschen so etwas wie eine Dispositionstheorie für die Kriminalität zugrundezulegen, die eben wesentlich auch auf soziale Veranlagungen und Anreize rekurriert und nicht nur gleichsam auf geheimnisvolle genetische oder satanische oder sonstige Eigenschaften des entsprechenden Sünders oder Verbrechers.

Harrés dritte Regel ist, daß man eine Theoriefamilie vorziehen sollte, die sich erfolgreich beim Finden von Hypothesen und Forschungsprogrammen bewährt hat, beispielsweise für Existenzan-

11 Weil Harré ja nicht mit Satzsystemen, sondern mit Analogiebildungen zwischen Entitäten bzw. Kategoriensystemen operiert, wäre allerdings erst zu klären, was hier ein »logischer Widerspruch« sein könnte. Harré relativiert dieses logische Kriterium jedoch wieder, indem er es auf eine Bedingung für sprachliche Verständigung abschwächt.

nahmen in bezug auf Mikroorganismen. So wurde etwa Pasteur dazu geführt, eine Theorie der Immunität und eine Theorie der Krankheitsverursachung durch Bakterien zu entwickeln, wobei solche zunächst spekulativ-postulatorischen Existenzannahmen dann mehr oder minder »bewährt«, »bestätigt« werden konnten – sei es durch empirischen Voraussageerfolg, sei es durch den Nachweis der postulierten Entitäten, insbesondere als man in der Lage war, Bakterien zu lokalisieren, oder, etwa in dem Beispiel der Darwinschen Theorie, als man Gene zu lokalisieren und zu identifizieren vermochte. So gewinnt die Theorie zusätzliche Stützen.

Die letzte Regel – oder geradezu ein Kriterium für den Referenzrealismus in bezug auf Theoriefamilien – besagt, daß eine Zusammenschau von vielen verschiedenen Phänomenen einer bloßen Aggregation vorzuziehen sei, das heißt also: Eine integrierende Theorie, die in der Lage ist, erstens, einen größeren Bereich zu umfassen und, zweitens, diesen in einem gewissen einheitlichen Zusammenhang darzustellen, wird bevorzugt. Das ist etwas, was Ernest Nagel in seinem berühmten Buch *The Structure of Science* (1961) die »Triangulation« genannt hatte. Wenn man gleichsam von verschiedenen Punkten aus, wie ein Landvermesser sozusagen, in das unbekannte Terrain »vorwärts einschneidet« und dabei immer noch zu übereinstimmenden Voraussagen kommt, dann ist dadurch eine besondere zusätzliche Stütze für die reale Existenz der auf mehreren Wegen unabhängig erschlossenen Entität gegeben.

4.7 Referenzmethodologie als interpretationskonstruktionistische Verfahrenslehre

Resümieren wir Harrés Entwurf einer realistischen Philosophie der Wissenschaften im Sinne des Strategierealismus, so stellt sich als Kernpunkt dar, daß Harré Erfahrung und Wahrnehmung als aktive Handlungsprozesse versteht, die in interaktiv fortzusetzender praktischer Bezugnahme, d. h. in Experimenten, Verfahren, technisch-instrumentellen Manipulationen, Bezug auf die Realität nehmen. Die Bezugnahme auf Realität wird sowohl durch praktische »Referentenjagden« als auch durch den theoretischen Entwurf von Entitäten, die in wissenschaftliche und natürliche Arten

eingeordnet sind, angeleitet – Realität wird schließlich praktisch als experimentell bestimmbar erfaßt.
Es ist fast wie bei Heideggers Theorie der Technik: Durch unsere wissenschaftlichen Verfahren der unterschiedlichen Referenzerstellungen, insbesondere der Verbindung der theoretischen Referenzkonstruktionen mit instrumentell-praktisch realisierten Herstellungen von Bezügen zu R1-Entitäten wird die Erfahrungsrealität einerseits konstituiert und andererseits wird sie in der Erfahrung elementweise in Entitäten strukturiert und manipulativ-technisch erfaßt.
Der Konstitutionsprozeß von Entitäten steht zwischen willkürlich-bewußter Konstruktion und passiver Aufnahme im Sinne traditioneller Theorien der Datenvorgabe bzw. der Sinneswahrnehmung, wie sie im Sensualismus und Empirismus, aber auch noch beim sinnespassivistischen Kant anzutreffen sind. Er muß als fortdauernder Wechselwirkungsvorgang, als Reihe von bewußt geplanten Referenzjagden, verstanden werden, wobei, wie es Joachim Schummer (1994) ausdrückt, »die Erfahrungsrealität ... als strukturierbar in Entitäten erfahren wird«, und »sich der Charakter der Strukturierbarkeit in der Erfahrung nur als Disposition zeigt«. Harré entwirft gleichsam eine handlungsgestützte, interaktivistische »dispositionale Ontologie«, die insofern einen methodisch-technisch-pragmatischen Realismus darstellt, als theoretische Entitäten sowohl in theoretische Konstruktionen wie auch in praktische Handlungsweisen (z. B. experimentelle Verfahren der Referenzsuche) interaktiv eingebettet werden. Die Stabilisierung der realen Bezugnahmen reicht letztlich in Abstufung nach zunehmender Stabilität von der theoretisch-tentativen Konstruktion und theoretischen Einbettung über die theoriegeleitet konstruierten Arten und deren Type-Referenzen bis hin zu praktisch-experimentellen deiktisch-demonstrativen Referenzakten, wobei die letzteren natürlich vom Strukturzusammenhang der Artenbildung und der theoretischen Entwürfe mitgeprägt sind.
Die Überführungen von Type-Referenzen in Token-Referenzen und von IP-Kennzeichnungen in praktisch individuierende DC-Charakterisierungen kennzeichnen dabei die Konkretisierung der jeweiligen Referenzsuche in Gestalt einer experimentellen Referenzjagd, die als ein solcher Eingriff handlungsorientiert und sozial geregelt erfolgt. Dabei wird eine Verbindung zwischen den theoretisch entworfenen Konstruktentitäten und den interaktiv-

reaktiven dispositionalen Entitäten der Beobachtungsstufe im Bereich 1 hergestellt. Bezugnahme ist also eine abgestufte »materiale Praxis« (Harré 1986, 68 f.), die auf sozial regulierten Handlungen sowie auf theoretischen Konstruktionen und Konzepten insofern beruht, als die Theorieverknüpfungen und die auf sie zurückgehenden Artenbildungen die Regeln zur »experimentellen Bezugnahme« wesentlich mit beeinflussen.

Selbst Wahrnehmung ist schon als eine aktive und interaktive Bezugnahme auf Dinge und Ereignisse zu verstehen, denn zu den Wahrnehmungshandlungen gehören quasi-experimentelle Variationen (Eigenbewegung, Konstanzbildung, Appetenzverhalten) und Strukturierungsordnungen (Schematisierungen, selektive Aufmerksamkeit, Focussierung). Alle konkreten Wahrnehmungs- und Erkenntnishandlungen können letztlich als Bezugnahmeverfahren aufgefaßt werden, die im Wechselwirkungsverhältnis von Vorstrukturierungen und konkretisierender Praxis per Zugriff und Manipulationen entwickelt werden, wobei eine stufenweise Stabilisierung nach Schematisierungen und intersubjektiven Regelabsicherungen erfolgt. Im Zusammenhang mit dem jeweiligen theoretischen und semantischen Strukturgerüst, das in die Wechselwirkung zwischen Theorie und Praxis des dynamischen Orientierungs- und Forschungsprozesses eingeht, kann durch Stabilisierung der entsprechenden Referenzverfahren ein zunehmender Erfolg der praktisch-theoretischen Referenzjagden erreicht werden. Die Bezugnahme auf Elemente der »Realität« wird dadurch schrittweise verbessert und schließlich erfolgreich eingelöst. Diese im interaktiven Wechselspiel zwischen Manipulation und Reaktion konkretisierte Bezugnahme auf Entitäten muß man wohl als eine realistische Bestimmung von »realen« Entitäten bezeichnen.

Harré versteht seinen Ansatz – möglicherweise zu stark, wie Schummer (ebd.) kritisiert – als einen physikalistischen Realismus, der zudem noch zu sehr von kognitiven Unterstellungen in Gestalt der physikalischen Teil-Ganzes-Beziehungen und der Kausalrelationen abhängig ist, die nicht eigentlich handlungsgeleitet-instrumentell verstanden werden. Konsequenterweise müßte er den experimentellen und handlungsgeleiteten Zugriff nicht nur in bezug auf die wissenschaftlich erstellten Referenzen, sondern auch in bezug auf die Referenzpraxis der Wahrnehmung stärker betonen, wie Schummer (ebd.) hervorhebt. Implizit ist das alles jedoch bei Harré zu erkennen. Die Realität reagiert auf unsere handlungs- und theoriekonstruktgeleiteten Zugriffe, indem den interaktiven Strukturierungsversuchen – metaphorisch gesprochen – Erfolg oder Mißerfolg signalisiert wird. Die Realität zeigt sich in Reagibilität, in Reaktionstendenzen oder -dispositionen gegenüber experimentellen oder auch nur beobachtend-erfahrenden Zugriffsversuchen, also gegenüber menschlichem Handeln. Insoweit die Erkenntnistheorie und auch die Philosophie der wissenschaftlichen Erkenntnis notwendigerweise in Handlungspraktiken eingebunden sind, sind natürlich auch alle Klassifizierungen von Erfahrungen, alle Systematisierungen von Referenzpraktiken und Bezugnahmen auf Entitäten letztlich selber mit abhängig von solchen strukturierenden, manipulierenden und vor allem repräsentierenden Handlungen – zumal der Form und Darstellungsweise nach. Damit gewinnen sie wie alle Handlungen den Charakter von interpretationsimprägnierten Akten; denn Handlungen selbst sind Interpretationskonstrukte, die als solche nur per Deutung und Schematisierung erfaßt und durchgeführt werden können.

Darüber hinaus zeigte sich auch in der Zwischenschaltung der unterschiedlichen Kennzeichnungen (wie der IP- und DC-Kennzeichnungen), daß Referenzerstellungen interpretative Praktiken darstellen, die zudem noch sozial reguliert und konventionalisiert sind (wenigstens im Falle der wissenschaftlichen Referenzjagden). Daran wird deutlich, daß der theorie-, konstruktions- und praxisvermittelte Zugang zu als »real« verstandenen Reagibilitäten der Natur und somit auch Harrés pragmatischer Referenzrealismus im höchsten Maße interpretationsgesteuert ist. Wenn selbst die Wahrnehmungsprozesse schematisierend und selektiv ablaufen, also dem Muster der Schemainterpretation folgen, so gilt dies erst recht für jede Form der systematischen Referenzsuche. Harrés pragmatischer Referenzrealismus kann daher als ein Schema- und Konstruktinterpretationismus verstanden werden. Selbst das als Residuum »realer« Reagibilität definierte Zielobjekt der Referenzjagden, das »Reale« bzw. die durch Referenzpraktiken realisierten Entitäten, besitzen somit den Charakter von interpretationsimprägnierten Realfaktoren oder von (methodisch nur teilweise konventionalisierten, aber nicht willkürlichen) Interpretationskonstrukten.

In der Auseinandersetzung mit Harrés Ansatz wird deutlich, daß der Interpretationskonstruktionismus wichtige und auf der Höhe der Zeit stehende realistische Varianten zuläßt und mit einem pragmatischen Ansatz verbunden werden kann und muß, daß also ein moderner praxisorientierter und experimentalistischer Physikalismus vom realistisch-pragmatischen Interpretationskonstruktionismus erfaßt werden kann. Gerade mit Bezug auf die Naturwissenschaften schließen sich Realismus und Interpretationismus keinesfalls aus, sondern notwendig wechselseitig ein. Eine differenzierte Betrachtungsweise der Natur kann heutzutage in der Tat nur aktivistisch-pragmatisch *und* theoriegeleitet, also im Zuge von regelgeleiteten Interpretationspraktiken erfaßt werden. Ein differenzierter Realismus muß ein Schema-, Theorie- und Praxis-Interpretationismus sein, der sich in einer Interpretationspraxis konkretisiert.

Selbst die Konzeption der »Realität«, der realen und realisierten Entitäten, ob nun in Distanzierung zum erkennenden Subjekt oder aus der Sicht von Theorien und Verfahren der Wissenschaften entworfen, bleibt ihrerseits stets konstruktgebunden und ist somit ein erkenntnistheoretisches Interpretationskonstrukt, das erst auf höherer Interpretationsebene, nämlich bei der Selbstanwendung von Konstruktbildungen erkenntnistheoretischer Art (vgl. IS_6), theoretisch differenziert und erschlossen werden kann. Diese höherstufige Interpretationsgebundenheit des Realitätsbegriffs hat Harré und haben entsprechende parallele Versuche zur Entwicklung eines pragmatischen Realismus (etwa des internen Realismus oder verwandter Ansätze) bisher nicht deutlich genug gesehen. *Auf dieser Stufe* ist aber auch Realität nichts anderes als ein interpretationsimprägniertes Konstrukt. Das bedeutet aber keinesfalls, daß nicht auch – metaphorisch gesprochen – die Realität oder die Natur bei bzw. in der Reaktion auf unsere Interpretations- und Konstruktionsversuche mitspielt! »Realität« ist eben ein interaktives Konstrukt, Ergebnis von Entwürfen, Deutungen, Konstruktbildungen sowie Artenabgrenzungen einerseits und der auf Referenzjagden und experimentelle wie theoretische Fragestellungen »antwortenden« Realfaktoren andererseits. *Realität ist Reagibilität und Reaktion.* Realismus ist ein Interaktionsinterpretationismus.

5 Zur Frage nach der Realität in der Naturwissenschaft

5.1 Paradoxa der Quantenmechanik

Wir wollen uns nun der Realitätsproblematik der sog. »harten« und exakten Disziplin zuwenden, uns also an die Front der neuesten Diskussion in den theoretischen Naturwissenschaften begeben, und zwar gerade dorthin, wo die Frage nach der Realität am umstrittensten ist. Ich möchte zeigen, daß auch hier viele Deutungsunterschiede zu finden sind. Zudem ist deutlich, daß die phantastische Welt der »Quantenrealitäten« in mancher Weise geradezu die Science-fiction-Literatur übertrifft; gerade sie kann daher auch als ein faszinierendes Beispiel illustrieren, wie man in der Wissenschaft über die mesokosmischen Strukturen hinausschreiten kann und zu teilweise abstrusen, ja scheinbar absurden Ideen gelangt. Bohr soll einmal berichtet haben, ein junger Wissenschaftler sei zu ihm gekommen und habe gesagt, er hätte ein Rätsel der Quantenphysik gelöst: Bohr habe ihm geantwortet, das könne nicht wahr sein, denn seine Lösung sei »nicht verrückt genug, um wahr zu sein« (zit. n. Gribbin 1987, 269). »Einstein sagte, daß die Welt, wenn die Quantenmechanik recht habe, verrückt sein müsse«, meinte Daniel Greenberger: »Nun, Einstein hatte recht: Die Welt ist verrückt.« (Zitat n. Horgan, ebd.). Jedenfalls gilt (nach Horgan 1992): »Bis jetzt bestätigen die Experimente Einsteins schlimmste Befürchtungen.« Im Felde der philosophischen Deutungen der Quantentheorie ist also einiges zu erwarten; vielleicht kann man sagen: Wenn man etwas aus der Quantentheorie und den Deutungen der Quantenrealität gelernt haben könnte, dann dies: daß man sich nicht auf den Alltagsverstand und die Alltagsauffassung verlassen kann und darf, sondern daß man »dem gesunden Menschenverstand der alltäglichen Makrowelt zu mißtrauen« hat (Casti 1990, 534). »Bohr pflegte zu sagen, daß jemand, den die Quantenphysik nicht verwirrt, sie nicht wirklich verstanden habe«, so resümiert auch John A. Wheeler – aber ist nicht Verwirrung der Prototyp des

Nichtverstehens? Der berühmte Quantenelektrodynamiker Feynman meinte sogar: »Man darf wohl mit Fug und Recht behaupten, daß es niemanden gibt, der die Quantenmechanik versteht« (zit. ebd. 531).

Beginnen wir mit einigen Experimenten und Anekdoten. Einstein, der noch ein Vertreter der klassischen Sicht des Realismus in der Wissenschaft gewesen ist, obwohl er selbst durch seine Relativitätstheorie die klassischen Vorstellungen von Raum und Zeit überwunden und revolutionär verändert hat, soll zu Pascual Jordan gesagt haben: »Sie werden doch nicht im Ernst daran glauben, daß der Mond nicht existiert, wenn man ihn nicht anschaut«. Der Physiker N. David Mermin von der Cornell University meint demgegenüber in einem Aufsatz in einem philosophischen Journal, wir hätten nun definitiv bewiesen, daß der Mond nicht existiert, wenn ihn keiner betrachtet: »We now know that the moon ist demonstrably not there when nobody looks« (Journal of Philosophy, 78 (1981), 397). Dann ließe sich natürlich z. B. fragen, wie es solange mit der Existenz der Rückseite des Mondes gestanden hat, die ja erst vor wenigen Jahrzehnten ins Blickfeld geriet, als Raumsonden den Mond zum ersten Mal umkreisten. Ist die Rückseite des Mondes nur »vorhanden« – was immer das heißen mag, wenn jemand auf sie blickt, und verschwindet sie beim Wegblicken oder, wenn die Sonde die Mondvorderseite passiert? Existierte vor der Raumfahrtepoche nur die Vorderseite des Mondes? Aber vielleicht sind solche Beschreibungen viel zu sehr auf mesokosmische Situationen zurechtgeschnitten. Die Quantenrealität scheint jedenfalls ganz anders zu sein, als man sich im Alltag die Realität vorstellt. Selbst Physiker, wie Heinz Pagels (1983), sprechen von »Quantenverrücktheiten«, »Quantenabsurditäten« oder »Quantenmysterien«. Es soll nun ausführlicher auf die Realitätsfrage in der Quantentheorie eingegangen werden. Den Ausgangspunkt kann das berühmte Doppelspalt-Experiment bilden.

Im Ein-Spalten-Experiment sendet eine Quelle Elektronen oder Photonen oder irgendwelche kleinsten Teilchen aus, die durch einen einzelnen Spalt auf einen Nachweisschirm »gestrahlt« oder »geschossen« werden. Man erhält dabei als Resultat eine Verteilung der Einschläge bzw. der Auftreffwahrscheinlichkeit, die der Gaußkurve einer statistischen Normalverteilung entspricht. Haben wir zwei Schlitze und halten einen beliebigen der beiden

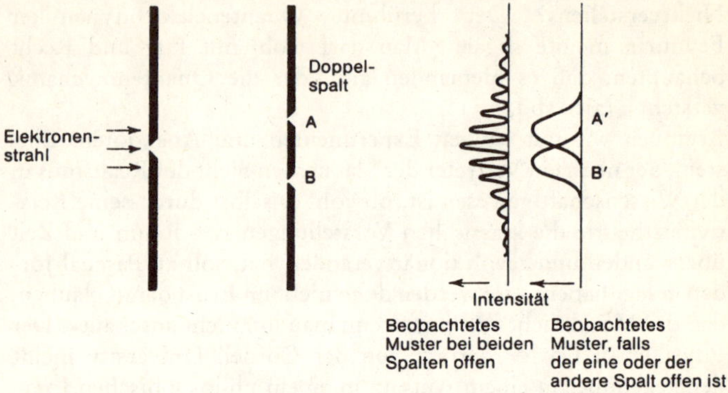

Abbildung 3: Das Doppelspalt-Experiment (nach Gribbin (1987, 187): »Experimente mit Elektronen oder Photonen zeigen (...), wenn beide Spalten ›offen‹ sind, nicht das Muster, das sich ergibt, wenn wir die Ergebnisse addieren, die wir bei getrennter Öffnung der beiden Spalten erhalten.«

Spalte geschlossen, dann bekommt man jeweils eine solche Verteilung von Teilcheneinschlägen (A' bzw. B'). Das Problem ist nun das folgende: Wenn wir beide Spalten gleichzeitig öffnen und Teilchen »durch beide schießen«, dann erhalten wir nicht etwa einfach eine Summe, eine additive Überlagerung der entsprechenden Verteilungskurven von A' und B', wie man zunächst erwarten könnte, sondern es resultiert eine ganz streifenartige Verteilung, ein Interferenzmuster. Dabei wird deutlich, daß man Elektronen oder Photonen in manchen Experimenten als Teilchen (statistische Streuung am Einzelspalt, lokalisierter Nachweis am Nachweisschirm), in anderen Experimenten hingegen als Wellen aufzufassen hat, denn die Interferenzmuster lassen nur eine Wellendeutung zu. Es erweist sich somit, daß unsere traditionellen Auffassungen von Teilchen und Welle in gewisser Weise verbunden werden müssen und daß die klassische Korpuskularauffassung bei Quantenentitäten wie Elektronen und Photonen nicht richtig sein kann. Betrachtet man die Entstehung der Interferenzmuster schrittweise, dann ergibt sich folgendes Bild: Bei relativ wenigen Durchschüssen ist die Verteilung noch nicht erkennbar; doch je mehr Teilchen durch die beiden Spalten durchgeschossen werden, desto deutlicher prägt sich ein solches Interferenzmuster aus. Das einzelne Teilchen reagiert »punktförmig« mit dem Schirm, aber die Verteilung vieler Teilchen zeigt, daß man noch mehr dazu sagen kann: Quantenobjekte verhalten sich unter manchen Umständen wie Teilchen, unter anderen Umständen aber wie Wellenfronten. Dies ist der bekannte Welle-Teilchen-Dualismus der Quantenobjekte.

Was die beobachteten Muster bei einer solchen Zwei-Spalten-Überlagerung angeht, so folgt das Gesamtbild praktisch den Mustern der Interferenzbildung von klassischen Wellenfronten; man bekommt also Welleninterferenzen, die sich aus der bloßen Überlagerung der Teilcheneinschläge der Durchgänge durch die einzelnen Spalten nicht erklären lassen. Dies ergibt sich interessanterweise auch, wenn wir die Photonen so selten durchgehen lassen, daß stets nur ein einzelnes Photon gleichzeitig die beiden Spalten passiert. Summiert man solche Einzelereignisse, dann erhält man wiederum ein Interferenzmuster, obwohl man sich gar nicht vorstellen kann, wie jedes einzelne Photon mit sich selber interferieren können sollte. Wenn beide Spalten offen sind und nur ein einziges Photon durchgeht, ergibt sich jedenfalls ein Interferenzmuster, als sei sozusagen eine Wellenbildung geschehen, die ganz traditionell in der Sprache der Wellenoptik beschrieben werden kann: Von jedem Spalt geht eine gesonderte Wellenfront aus, und die beiden Wellenfronten interferieren, verstärken und löschen einander in periodischen Abständen auf dem Nachweisschirm. Festzuhalten ist also, daß dieses Interferenzmuster am Doppelspalt sich stark unterscheidet von dem Muster, das man durch Summation der beiden Muster von Einfachspalt-Experimenten erhält, und zwar auch dann, wenn das Doppelspalt-Experiment nacheinander mit einzelnen Elementarteilchen durchgeführt wird. Mit anderen Worten: selbst wenn man ein (als klassisches »Teilchen« aufgefaßtes) Photon durch einen Spalt schickt, muß offenbar das Photon gleichsam »wissen«, daß der andere Spalt offen ist, weil es nachweislich ein anderes Muster erzeugt, wenn der andere Spalt geschlossen bleibt. Man kann gar nicht im nachhinein feststellen, durch *welchen* der beiden offenen Spalten das Photon hindurchgegangen ist; es läßt sich nicht einmal sagen, *daß* das Photon durch einen einzelnen der beiden Spalten hindurchgegangen sein muß; das wäre sozusagen eine alltägliche, mesokosmische klassische Teilchen-Darstellung, die uns natürlich naheliegt, aber hier offensichtlich in die Irre führt. Die Elektronen oder Photonen »wissen« scheinbar nicht nur, ob beide Löcher offen sind oder nicht, sie »wissen« gleichsam auch, ob wir sie beobachten oder nicht – und »stellen« sich in ihrem »Verhalten« darauf »ein«. Es gibt keinen klareren Beleg für die Situations- oder Kontextabhängigkeit der Beschreibung, für die Abhängigkeit des Ergebnisses von der Versuchsanordnung. Man kann das Ganze auch so darstellen, daß durch Messung erst gleichsam das Phänomen erzeugt wird, das man messen will. Die Realität stellt sich sozusagen erst in der Messung dar, wobei man zwischen dem Meßprozeß (der auch menschliche Planung voraussetzt) und dem Ablesen der Meßapparatur unterscheiden muß! Die entscheidenden Weichenstellungen sind alle schon da, *bevor* der Physiker das Ergebnis abliest. Das ist auch die Meinung von Bohr und Heisenberg. Die Quantenrealität ist somit abhängig von einer Versuchsanordnung (hier: ob einer von beiden und wenn welcher oder ob beide Spalten offen sind). Die »Eigenschaften« der Quantenobjekte sind also unvermeidlich situations-, kontext-, versuchsabhängig: Sie sind relational an die präparierte Versuchssituation gebundene Zuschreibungseigenschaften, also eine Art von Interpretationskonstrukten.

Bohrs Vorschlag für die »Lösung« dieses Paradoxons war die These, daß man im Falle zweier offener Spalten über den unbeobachteten Spaltendurchgang überhaupt nichts aussagen könne, da nicht zu entscheiden sei, durch welchen Spalt das »klassisch« verstandene Photon oder Elektron gegangen ist. Bohr meinte, wir können nur messen, und über alles Weitere können wir keine Aussagen machen. Was wir messen können, existiert nachgewiesenermaßen. Existiert aber *nur* das, was gemessen wird? Über das »Dahinter« können wir uns keine objektive, verläßliche Vorstellung machen, weil wir dann über die Grenzen der »klassischen« Versuchsbeschreibungen und der entsprechenden Sprache geraten würden. In der Tat ist es ja so, daß man sich nicht vorstellen kann, wie etwas ein Teilchen und eine Welle zugleich sein könnte. Dies ist auch im Experiment so: Entweder zeigt sich der Teilchencharakter, z. B. bei dem Einfachspalt-Experiment, oder der Wellencharakter, etwa bei zwei geöffneten Spalten. Selbst wenn man die Photonen beim Doppelspalt-Experiment einzeln durchgehen läßt, zeigen sie, wie erwähnt, in der Summe einen Wellencharakter, wenn auch jedes *einzelne* Photon oder Elektron beim Aufschlag auf den Schirm wie ein »Teilchen« reagiert. Richard Feynman behauptete, das Doppelspalt-Experiment enthalte das ganze Geheimnis der Quantenmechanik. Freilich: »Die meisten Physiker sind sehr naiv; sie glauben immer noch an wirkliche Wellen oder Teilchen« meinte Anton Zeilinger, selbst theoretischer Physiker (zit. n. Horgan 1992).

Es gibt viele Überlegungen dazu, wie die Paradoxa der quantenmechanischen Meßexperimente gedeutet werden können. Im Anschluß an Bohr hat z.B. der Physiker Wheeler behauptet, wir würden das Objekt der Quantentheorie erst in der Messung erzeugen, durch unsere Meßexperimente »erschaffen«; und er hat auch Argumente beigebracht, um seinen Hauptsatz »No elementary phenomenon is a phenomenon until it is an observed phenomenon« zu beweisen.

Dazu hat er ein Experiment mit verzögerter Entscheidung (*delayed-choice experiment*) entworfen, das übrigens später auch mit Laserstrahlenreflektoren durchgeführt worden ist: Durch einen Strahlenteiler wurden die Photonen eines Lasers in zwei Strahlenwege aufgeteilt und anschließend wieder über Reflektoren auf einem Detektor gekreuzt. Dabei zeigte sich erwartungsgemäß ein Interferenzmuster, und zwar auch dann, wenn man einzelne Photonen nacheinander durch den Strahlenteiler schickte, so daß jedes Photon – dem Wellencharakter entsprechend – gleichsam »mit sich selbst« interferierte. In Modifikation dieses Versuchsaufbaus wurde nun in einem der beiden Strahlenwege *nach* dem Strahlenteiler eine sog. Pockels-Zelle eingebaut. Die Pockels-Zelle dient als Schalter, der über eine sehr schnelle elektrische Steuerung die Photonen auf einen zusätzlichen Detektor ablenkt, wo diese als Teilchen nachgewiesen werden können. Ist der Schalter an, dann kann man also nachweisen, ob ein Photon (als Teilchen) den entsprechenden Strahlungsweg eingeschlagen hat oder nicht. Der Witz des Experiments besteht nun darin, daß der Schalter zeitlich erst nach Passieren des Strahlenteilers eingeschaltet werden kann, d.h., man trifft eine »verzögerte Entscheidung« darüber, ob man das Photon als Teilchen nachweist, nachdem die nur durch den Wellencharakter zu deutende Strahlenteilung des einzelnen Photons eigentlich schon geschehen sein müßte. Das Ergebnis des Experiments ist verblüffend: Sobald der Schalter eingeschaltet ist, wird gewissermaßen rückwirkend die Strahlungsteilung aufgehoben, denn das Photon ist nun nur noch über den zusätzlichen Detektor als Teilchen nachweisbar; der zweite Strahlungsweg bleibt also trotz vorausgegangener Strahlungsteilung gleichsam »leer«. Mit dieser Versuchsanordnung wird folglich über den Teilchen- oder Wellencharakter erst entschieden, *nachdem* bereits eine Strahlungsaufteilung erfolgt ist und obwohl die experimentelle Entscheidung nur über einen der beiden Strahlungswege realisiert wird.

Wheeler hat bekanntlich die Folgerung gezogen, daß durch verschiedene Meßanordnungen sozusagen das reale Objekt erst geschaffen werde. Doch es ist nicht ganz klar, wie das zu verstehen ist; es ist nur deutlich, daß es keinen *Mechanismus* gibt, der das Zustandekommen des Meßergebnisses und die Wechselwirkung zwischen Quantenobjekt und Meßgerät erklären kann; es ist, als »wüßten« die Quantenentitäten der beiden Strahlungswege voneinander. Wie ist diese »Mysteriosität« auszuschalten?

Wheeler war übrigens auch der Meinung, daß es so etwas gibt wie eine Rückwirkung auf die Vergangenheit: Die Teilchen- oder Welleneigenschaft entsteht zwar sozusagen erst durch unsere Entscheidung, sie wirke aber gleichsam in die Vergangenheit zurück. Ob sich etwas als Teilchen oder als Welle manifestiere, wird später entschieden, aber diese Entscheidung wirke sich gleichsam rückwärts aus: Wir würden sozusagen im nachhinein über die Vergangenheit entscheiden; denn unsere experimentelle Entscheidung lege fest, welche der alternativen Möglichkeiten sich vorher ereignet habe. Hier macht Wheeler wohl einige unzulässige Voraussetzungen: Nur ein klassisches »Teilchen« muß sich im voraus entscheiden, nicht aber relationale Entitäten aus »verschmierten« Eigenschaftszuschreibungen.

Die Welt ist also nach dieser subjektivistischen Auffassung buchstäblich von unserer Beobachtung, unserer Existenz, unserer Meßentscheidung abhängig. Wheeler dehnt schließlich diese Vorstellung noch weiter aus – sogar bis hin zum Urknall, zur Entstehung des Universums. Dazu führt er auch ein Beispiel an: Das Licht, das etwa von einer entfernten Galaxie zu uns kommt, wird nach der Allgemeinen Relativitätstheorie durch gravitierende Massen gekrümmt oder abgelenkt. Ein Lichtstrahl bzw. die entsprechenden Photonen müssen entweder auf der einen oder der anderen Seite oder auf beiden Seiten um eine im Strahlenweg liegende Galaxie »herumgelenkt« werden: Das entspricht also der Vorstellung einer »Gravitationslinse«. Aber es werde sozusagen erst im Moment der Messung und durch die Messung entschieden, welchen Weg das Photon gegangen ist. Wird die Messung nämlich im Kreuzungspunkt der beiden Strahlengänge durchgeführt, dann mißt man ein Interferenzmuster; folglich müsse das

Licht beide Wege eingeschlagen haben. Wird das Licht hingegen vor bzw. nach dem Kreuzungspunkt detektiert, dann werde es als Teilchen nachgewiesen, das nur einen der beiden Wege durchlaufen haben kann. Nur durch die Meßanordnung wird gleichsam rückwirkend entschieden, ob ein Photon rechts oder links oder beidseitig an der Galaxie vorbeigegangen ist. Man strukturiert, projiziert das sozusagen in die Vergangenheit hinein. Entsprechendes gilt für den Teilchen- oder Wellencharakter beim vorher beschriebenen Verzögerungsexperiment. Das aber ist ein Paradoxon der Vergangenheitsbestimmung oder -veränderung aus der Gegenwart heraus.

Ein anderes Paradoxon, das ebenfalls aus der Bohrschen Interpretation entsteht, ist berühmt geworden unter dem Namen »Schrödingers Katze«. Erwin Schrödinger erklärte zwar später über sein Gedankenexperiment mit der Katze: *»Ich mag sie nicht, und es tut mir leid, daß ich jemals etwas mit ihr zu tun hatte«* (nach Gribbin 1987). Hier mag man aber als Antwort Fritz Reuters Onkel Bräsig zitieren: »Indessen doch – denn hölpt dat nich!«.

Das Gedankenexperiment basiert auf Wahrscheinlichkeiten quantenmechanischer Prozesse. Es läßt sich anhand des Doppelspalt-Experiments darstellen; die Wahrscheinlichkeit, daß ein Photon beim Doppelspalt-Experiment durch den einen Spalt gegangen ist, beträgt 50%. Eine andere Darstellungsmöglichkeit erhält man über ein Experiment zur radioaktiven Zerfallswahrscheinlichkeit.

Eine Glasphiole, die sich zusammen mit einer Katze in einem Kasten befindet, wird von einem Hammer zerschlagen, wenn das Photon durch den Spalt 1, aber nicht durch den Spalt 2, hindurchgeht und einen Photosensor aktiviert, der den Hammermechanismus auslöst[1]; das ausströmende Gas tötet dann die sog. Schrödingersche Katze.[2] Nach dem Schrödingerschen Modell kann man nur feststellen, ob die Katze wirklich tot ist, indem man den Ka-

1 Die andere Variante des Gedankenexperiments besteht darin, daß man einfach in dem Kasten oder davor eine radioaktive Probe mit einer bestimmten Halbwertszeit, z. B. von einer Stunde, plaziert. Der Zerfall eines bestimmten betrachteten Atoms würde mit 50%iger Wahrscheinlichkeit innerhalb einer Stunde geschehen und einen Geigerzähler in Gang setzen, der seinerseits wieder den Mechanismus des Hämmerchens in Gang setzt, welches die Gasphiole zerbricht.

2 Für Tierfreunde hat man (nach J. Bell) inzwischen im Gedankenmodell

sten öffnet und hineinguckt; vor der Öffnung ist die Katze mit 50% Wahrscheinlichkeit tot. Das Öffnen ist eine ganz sinnvolle Überprüfung, die Katze ist ja ein ganz normales makroskopisches Objekt; Schrödinger meint aber mehr: die makroskopische Tötung der Katze oder die Nichttötung wird sozusagen erst von diesem mikroskopischen Elementarprozeß in Gang gesetzt. Schrödinger wollte vor allem zeigen, daß die quantenmechanische Unklarheit über das Vorliegen von Eigenschaften nicht nur in mikroskopischen Bereichen wichtig ist, sondern daß sich diese Unklarheit auch in den makroskopischen Bereich fortsetzt. Wir haben in beiden Versuchsanordnungen (vgl. Anm. 1) eine statistische Quelle, die ein statistisches Ereignis auf dem Mikrolevel auslöst; wir können ja nicht sagen, durch welchen Spalt ein Photon gegangen ist oder ob das radioaktive Atom nach einer Stunde zerfallen sein wird oder nicht. Wir können nur sagen, daß die Katze mit 50% Wahrscheinlichkeit tot sein wird. Diese Illustration mag soweit noch allgemeinverständlich sein. Das eigentliche Problem ist aber, daß wir nach einer streng empiristisch-positivistischen Auffassung vor der Kastenöffnung nicht einmal sagen können, ob die Katze entweder tot oder nicht tot ist – die Katze hat demnach für uns keinen definierten Zustand, bevor wir nicht gemessen haben. Gemessen wird aber erst durch Öffnen des Kastens und durch das Feststellen, ob die Katze nun tot ist oder nicht. Mit anderen Worten, wir müssen annehmen, daß es so etwas gibt wie einen verschmierten Elementar- oder Mikroprozeß, der die Katze in einem Zustand zwischen Leben und Tod beläßt; erst die Öffnung des Kastens ist eine Messung des mikroskopischen Prozesses, die uns klar die Mitteilung gibt: Der mikroskopische Prozeß hat stattgefunden oder nicht, denn die Katze ist am Leben oder sie ist tot. Dieses Öffnen entscheidet den Fall, aber es stellt angeblich nicht nur sozusagen informativ, sondern »real« die Weichen über Leben oder Tod der Katze. Das klingt für die Realität der normalen makroskopisch-mesokosmischen Erkenntniswelt ganz unglaublich, ja absurd, aber es ist quantenmechanisch durchaus sinnvoll und konsequent, es so zu beschreiben und zu strukturieren. Erwähnt werden soll noch das Bonmot von Steven Hawking, dem großen Kosmologen und Theoretiker der Strah-

das Gift in der Phiole durch Futter ersetzt: Die Katze ist also am Ende entweder gefüttert oder ungefüttert.

lung der Schwarzen Löcher aus Cambridge: »Wenn mir einer mit Schrödingers Katze kommt, dann greife ich zur Knarre.«

Im Anschluß an den »klassisch« verstandenen Zeitpunkt des »Passierens« durch den Doppelspalt muß sich die Katze im Schwebezustand zwischen Leben und Tod (mit 50% Wahrscheinlichkeit ist sie lebendig, mit 50%iger Wahrscheinlichkeit tot) befinden, solange der Kasten nicht geöffnet wird. Denn die beiden Zustände dieses Prozesses werden quantenmechanisch durch Überlagerung der entsprechenden Zustandswellenfunktionen beschrieben. Die gemeinsame Wellenfunktion dieser beiden Zustände ist nicht ausgezeichnet derart, daß man sagen kann, das System sei vor der Messung (vor dem Öffnen) definitiv in dem einen oder in dem anderen Zustand.

Man kann nicht gleichzeitig alle Zustandsgrößen von quantenmechanischen Systemen messen, sondern exakte Impuls- und Ortsmessungen sowie Energie- und Zeitmessungen usw. am selben Quantenobjekt schließen einander aus; sie sind nicht zeitgleich am selben System möglich. Andererseits verändert man aber den Systemzustand durch den Meßeingriff, so daß die Messung sog. konjugierter (nichtvertauschbarer) Größen (Operatoren) nicht im selben Mikrozustand möglich ist. Es gibt nur Wahrscheinlichkeitszusammenhänge. Dies eben impliziert die Heisenbergsche Unschärferelation, die besagt, daß etwa die Impulsgrößen mit den Ortsgrößen in einer bestimmten Weise so zusammenhängen, daß das Produkt von ihnen immer größer sein muß als eine bestimmte Konstante, die direkt mit dem Planckschen Wirkungsquantum verknüpft ist. Mit anderen Worten: Man kann nur eine Größe scharf messen, und die andere dann mit einer entsprechend großen Unschärfe. Wenn man einen ideal scharfen Impulswert mißt, kann man überhaupt nicht feststellen, an welchem Ort sich das Teilchen befindet; und wenn man umgekehrt den Ort ideal mißt, kann man überhaupt keine Impulsangaben machen. Dasselbe gilt auch für die ebenfalls konjugierten Größen Energie und Zeit. Entscheidend ist dabei, daß das schon eine Grenze der Zustandszuschreibung selbst ist, d. h., die Grenze ist schon im mathematischen Formalismus enthalten. Es gibt nichts mehr, was *da ist*, aber für Messung unzugänglich bleibt. Erst in der interaktiven Messung bzw. deren Deutung konkretisiert sich das Quantenobjekt. Durch Handlung erst, die zugleich (inter)aktiv und interpretierend (gedeutet und deutungsfestlegend) ist, wird ein solches erst

»greifbar«, sozusagen hergestellt, »erstellt«! Interaktion und Interpretation greifen so unauflöslich bei der »Objekt«-Konkretisierung ineinander, daß Erkennen und Interagieren, Interpretieren und Intervenieren, Feststellen und Handeln nicht mehr getrennt (sozusagen nach modischem pleonastischem »Newspeak«, frei nach Orwell: »auseinanderdividiert!) werden können.
Es handelt sich nach der Quantentheorie um grundsätzliche Begrenzungen unserer Möglichkeiten des Messens, der Erkenntnis und des experimentellen Zugriffs, ja, der klassisch-vollständigen Darstellung von Strukturen oder Systemzuständen. Diese Begrenzungen müssen unbedingt im Mikrobereich beachtet werden (sie sind aber grundsätzlich – das ist eine mesokosm(olog)ische Erweiterungsthese aufgrund des Schrödingerschen Gedankenexperiments mit der Katze – u. U. auch im Makrobereich relevant). Auf diese Hauptaussagen der Quantenmechanik wird noch ausführlich zurückzukommen sein, nämlich bei dem nächsten Paradoxon, welches uns direkt in die Realitätsproblematik hineinführt: das berühmte EPR-Paradoxon.
Einstein, Podolsky und Rosen haben 1935 ein Gedankenexperiment entworfen, das zeigen sollte, daß die Quantenmechanik unvollständig ist. Aus ihrem berühmten Aufsatz von 1935 möchte ich ein paar Sätze zitieren: »Jede ernsthafte Betrachtung einer physikalischen Theorie muß dem Unterschied zwischen objektiver Realität, die unabhängig von der Theorie ist, und den physikalischen Begriffen, mit denen die Theorie arbeitet, Rechnung tragen. Diese Begriffe sind dazu bestimmt, der objektiven Realität zu entsprechen und mit Hilfe dieser Begriffe machen wir uns Vorstellungen von dieser Realität.« Weiter wird gesagt: *»Jedes Element der physikalischen Realität muß seine Entsprechung in der physikalischen Theorie haben.«* Diese Aussage wird die »Bedingung der *Vollständigkeit*« genannt. Außerdem wird noch ein wichtiges »Kriterium« für Realität angegeben. Eine Definition der Realität in umfassendem Sinne halten die Autoren zwar für »unnötig«, aber sie stützen sich auf das folgende Kriterium, das sie für »vernünftig« erachten: *»Wenn wir, ohne auf irgendeine Weise ein System zu stören, den Wert einer physikalischen Größe mit Sicherheit (d. h., mit der Wahrscheinlichkeit gleich eins) vorhersagen können, dann gibt es ein Element der physikalischen Realität, das dieser physikalischen Größe entspricht.«* Sie wollen das als mindestens hinreichende Bedingung für eine Realitätszuschreibung ver-

stehen; wir können dies das *ERP-Realitätskriterium* nennen und können schon jetzt feststellen, daß es sich hier eigentlich um ein auf die physikalische Theorie bezogenes, also um ein wissenschaftstheoretisches und an den Meßvorgang gebundenes Realitätskriterium, allenfalls um ein meßphysikalisches, handelt, das nichts mit dem Problem des metaphysischen oder ontologischen Realismus generell zu tun hat, obwohl es gelegentlich so mißverstanden wurde. Eine Welt kann auch unabhängig von der Überprüfbarkeit bestimmter Größen in Voraussagen existieren, die mit Sicherheit gemacht werden können. Die Idee ist die folgende: Wenn ich bei einem physikalischen System den Wert einer Größe mit Sicherheit voraussagen kann, ohne dieses System selbst zu stören, dann muß dieser Wert einem Element in der »physikalischen Realität« entsprechen, behaupten die Autoren, ohne nähere Erläuterung, was »physikalisch real sei« (meinen sie meßbar oder *wirkungs*voll?). Das ist also die Grundthese.
Einstein, Podolsky und Rosen haben ein Experiment entworfen, das in gewisser Weise der Quantentheorie widersprechen soll. Dieses Experiment ist in vielfacher Weise abgewandelt worden und konnte später und kann heute in manchen solcher Abwandlungen auch wirklich experimentell durchgeführt werden. Nehmen wir an, wir hätten ein Atom, das zu einem bestimmten Zeitpunkt zwei Elektronen aussendet. Wir kennen weiterhin den Gesamtimpuls und wir wissen, wo, wann und mit welchem Impuls dieser Zerfall stattgefunden hat. Nach dem Impulserhaltungsgesetz, das allgemein auch in der Quantenmechanik gilt, bleibt dann die Gesamtsumme des Impulses auch dann noch erhalten, wenn die Elektronen beliebig weit auseinanderdriften. Man könnte nun – das ist die Grundidee des Experiments – bei dem Elektron e_1 den Ort messen und an dem anderen, e_2, eine Impulsmessung durchführen. Die Elektronen sollen inzwischen so weit voneinander entfernt sein, daß sie nach klassischer Vorstellung voneinander isoliert sind. Nach der Impulsmessung von e_2 könnte man nun behaupten, der Impuls von e_1 muß nach dem Erhaltungsgesetz die Vektordifferenz (Gesamtimpuls minus dem Impuls von e_2) sein; damit hätte man also für e_1 den Impuls scharf errechnet und gleichzeitig seinen Ort scharf gemessen. Das widerspricht aber der Heisenbergschen Unschärferelation. Man könnte also nach diesem Gedankenexperiment, wenn es durchgeführt würde, sowohl den Impuls als auch den Ort eines Elektrons zum

gleichen Zeitpunkt scharf bestimmen. Auch wenn die Impulsbestimmung an e_1 nicht direkt durch Messung erfolgt, so müßte doch nach dem EPR-Realitätskriterium etwas, was mit Sicherheit vorausgesagt werden kann, ohne daß man das System stört, eine Entsprechung in der Realität besitzen. Das wäre bei e_1 der Impuls, der sich mit Sicherheit aus dem am anderen Elektron e_2 ohne Störung von e_1 gemessenen Impuls und dem Gesamtimpuls errechnet. Damit hätte man also einen Widerspruch zur Quantentheorie.

Wenn man aufgrund des Gedankenexperiments also einen Widerspruch zur Quantentheorie bekommt, ist entweder die Quantentheorie nicht vollständig (das ist Einsteins Meinung), oder das EPR-Realitätskriterium ist falsch, bzw. der Impuls ist überhaupt nicht real zusprechbar und die Größen sind generell nicht ohne Bezug auf eine Meßanordnung zusprechbar (Bohrs Ansicht). Somit müßte man sagen: Bei e_1 wurde zwar eine Ortsmessung gemacht, insofern haben wir also einen Ortswert, der in diesem Moment der Messung dem Elektron zukommt (in der Messung erstellt wurde), aber wir haben eben keinen Impulswert, weil der nur errechnet und nicht gemessen worden ist. (Doch würde ein solcher Schluß dem Impulserhaltungsgesetz widerstreiten, wenn wir annehmen, daß die einzelnen Elektronen scharfe Impulse haben müssen. Die Ortsmessung würde hingegen die Bestimmtheit des Impulses aufheben. Entscheidend ist, daß das Einzelteilchen sozusagen »empirisch« keinen Impuls hat, sondern nur das Gesamtsystem. Man kann von der Vektordifferenz nicht mehr auf die Komponenten schließen.) Soweit geht normalerweise ein Quantentheoretiker freilich nicht, daß er das Impulserhaltungsgesetz außer Kraft setzen möchte. Sollen wir nun sagen, daß wir *nur* das als existent ansehen können, was wirklich gemessen ist – in dem Sinne, wie später Wheeler meinte, nur ein gemessenes Phänomen sei existent? Dann tritt dieses Paradoxon natürlich nicht auf; wir brauchen dann gar nicht anzunehmen, daß das Elektron auch einen Impuls hat, wenn der Impuls nicht gemessen worden ist: Nur das Gemessene ist dann existent; dem Elektron e_1 könnte also nur die Ortsmessung zugeordnet werden. Aber nach Bohr können wir angesichts der Ortsmessungen nicht nur keine scharfe Impulsmessung an diesem Elektron im selben Zustand vornehmen (wie es die Unschärfebeziehung verlangt), sondern wir können überhaupt keine Impulszuschreibung vornehmen. Trotzdem, nach der

Quanten*theorie* und dem Impulserhaltungsgesetz müßten wir einen Impulswert auch *errechnen*, also annehmen können – und das führt also zu einem Widerspruch, der bis heute nicht eindeutig aufgelöst ist. (Dabei ist freilich noch die meßbezogene Separabilität der Subsysteme vorausgesetzt; vgl. dazu die Ausführungen über »verschränkte Systeme« (s. u.).)
Das EPR-Paradoxon ist nach wie vor eines der entscheidenden Gedanken-Experimente in der Diskussion über den Charakter der mikrophysikalischen Realität. Oben wurde bereits das Wort von Feynman zitiert: »Man darf wohl mit Fug und Recht behaupten, daß es niemanden gibt, der die Quantenmechanik versteht«. Das braucht nicht nur auf das Doppelspalt-Experiment bezogen zu werden, sondern das gilt auch für die Problematik des EPR-Paradoxons. Feynman fuhr übrigens fort: »Vermeiden Sie, wenn es irgend geht, sich immer wieder die Frage zu stellen: »Aber wie kann denn das sein?« Sie werden sich in eine Sackgasse verrennen, aus der noch kein Sterblicher je entrann. Kein Mensch weiß, wie das denn sein kann.« (zit. Casti, 1990, 531) Casti schließt an dieses Zitat an mit seinem eigenen Bekenntnis, indem er sagt: »Ich glaube, ich habe die Physik ungefähr zu dem Zeitpunkt an den Nagel gehängt, als ich auf dieses Diktum stieß.«
Das Einstein-Podolsky-Rosen-Paradoxon tritt in mindestens drei Varianten von Gedankenexperimenten auf: erstens, wie Einstein, Podolsky und Rosen es in ihrem Originalartikel dargestellt hatten, in der Form von impulskorrelierten oder spinkorrelierten Elektronen bzw. irgendwelchen anderen Teilchen, die auseinandergehen. Andere Varianten haben sich als günstiger erwiesen für eine praktisch-experimentelle Umsetzung; z. B. sind, zweitens, mehrfach Protonenspins gemessen worden, wobei korrelierte Spins angenommen und auch nachgewiesen werden konnten. Hätte also ein Proton z. B. einen Spin nach oben, das andere Proton einen Spin nach unten, so kann man aus der Spinmessung des einen Protons schließen, daß der Spin des anderen beliebig weit entfernten Protons aufgrund der Korrelation in umgekehrter Richtung vorliegen muß. Oder man benutzt, drittens, oft ein Experiment mit Photonen, die von einem gemeinsamen Systemursprung auseinanderfliegen und sich dann beliebig weit voneinander entfernen. Bei den Photonen geht es um die Korrelation der Polarisierung.

Im Zusammenhang mit diesen Experimenten zeigt sich – sowohl durch theoretische Voraussagen der Quantenmechanik als auch in den experimentellen Ergebnissen –, daß die berühmt gewordene Bellsche Ungleichung (Bell 1964) immer systematisch gebrochen wird, nicht erfüllt ist. Die Abweichung ist beträchtlich, etwa 20-30% größer, als es die Bellsche Ungleichung erwarten läßt. D. h., es ergibt sich eine systematische Abweichung, die dafür spricht, daß die theoretischen Voraussetzungen der Bellschen Ungleichungen bei diesen Experimenten nicht gestimmt haben können. Entweder ist die *Lokalitätsannahme* falsch, wonach die Messung an der einen Seite unabhängig ist von der Messung an der anderen Seite und sich keine gegenseitige Beeinflussung ergeben kann. Oder die *Objektivitätsannahme* ist falsch, wonach die Lichtstrahlen oder -teilchen einen Zustand haben, der von der Messung unabhängig ist. Eine von diesen beiden Voraussetzungen muß falsch sein, die Frage ist nun, welche ist falsch? Oder sollte der Fehler in der Quantentheorie liegen? Diese ist aber eine der bestbewährten Theorien überhaupt, denn sie hat sich bei vielen Experimenten als beste und erfolgreiche Erklärung erwiesen.
Seit 1970 wurden bereits Experimente unternommen, um die Verletzung der Bellschen Ungleichung nachzuweisen. Ab 1972 veröffentlichte z. B. Clauser, einer der führenden Theoretiker, mit verschiedenen Mitarbeitern Ergebnisse solcher Experimente (vgl. Freedman/Clauser 1972, Clauser 1976, Clauser/Shimony 1978).
Bei dem Experiment von Aspect (es fanden in der Zwischenzeit *viele* Experimente statt) wurde eine weitere mögliche Fehlerquelle, nämlich gerade die der internen Beeinflussungsmöglichkeit, ausgeschaltet. Dies erreichte man durch den Einbau von Schaltern, die ähnlich wie bei Wheelers Experiment der verzögerten Entscheidung, so schnell funktionierten, daß der Gang der Photonen durch den Apparat länger war als die Schaltzeit. Dadurch konnten die Schalter zeitlich zwischen dem Photonenaustritt aus der Quelle und der Registration von Koinzidenzen bzw. Interferenzen betätigen. Man schaltet also die Strahlenwege erst nach dem Verlassen der Quelle um und bestimmt damit darüber, ob beide Wege durchlaufen werden und sich so ein Interferenzmuster ergibt, das die Welleneigenschaft zeigt, oder ob nur ein einzelner Durchgang genutzt wird und sich damit die Teilcheneigenschaft zeigt. Eine interne (kausale) Beeinflussung zwischen Meßanordnung und Photonenaussendung ist hier nicht mehr

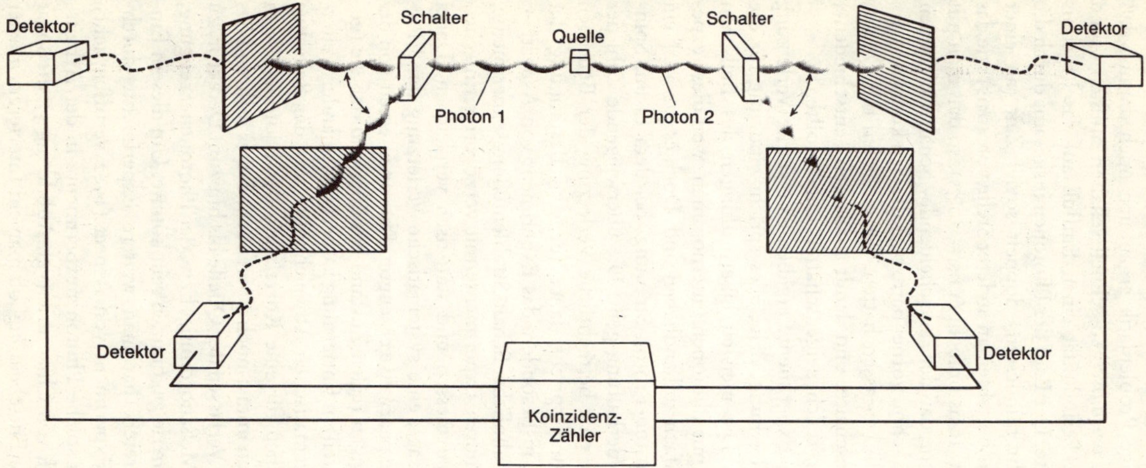

Abbildung 4 (aus Shimony [1988, 82]): »Ein schneller Wechsel der Orientierung der Analysatoren, während die Photonen unterwegs waren, war der wesentliche Punkt bei dem Experiment, das Alain Aspect und seine Mitarbeiter im Jahre 1982 durchführten. War ein Schalter an, wurde ein Photon auf einen Analysator mit einer bestimmten Orientierung abgelenkt; wenn der Schalter aus war, lief es geradeaus in einen anders orientierten Analysator. Die Laufzeit des Lichts von einem Analysator zum anderen war größer als die Umschaltzeit, so daß die Wahl der Orientierung eines Analysators die am anderen Analysator gemachte Beobachtung nicht beeinflussen konnte. (...) Das Experiment bestätigte die Quantenmechanik und ihre seltsamen Konsequenzen.«

möglich. Die einzige Problematik ergab sich noch daraus, daß diese Schalter jetzt *periodisch* so schnell schalten mußten – und daß die eingebaute Periodizität einen Einfluß auf das Ergebnis gehabt haben könnte. Der Lauf der Photonen insgesamt durch die Anordnung braucht mindestens doppelt soviel Zeit (an einer Stelle wird von 20 ns berichtet, an anderer Stelle von 40 ns) wie das Umschalten, das ca. 10 ns braucht (1 ns = 10^{-9} s), so daß man mit Sicherheit sagen kann, daß der »entscheidende« Schalter nicht den Gang der Photonen schon vorher hätte beeinflussen können, d. h., bevor sie die Quelle verlassen hatten. Sie verließen die Quelle, *dann* wurde erst geschaltet und damit sozusagen »entschieden«, ob sie Wellen- oder Teilcheneigenschaften zeigen sollten.
Alle die genannten Experimente ergaben eine starke Verletzung der Bellschen Ungleichung, d. h., alles spricht eindeutig für die Quantenmechanik. Die meisten Überprüfungen des Bellschen Theorems wurden mit Photonen unternommen, weil diese experimentell relativ einfach zu handhaben sind. Doch es gab auch ein Experiment mit Proton-Proton-Streuung, bei dem es um Spinrichtungen und Spinerhaltung geht. Die überwiegende Zahl der Experimente zeigte eine beträchtliche Verletzung der Bellschen Ungleichung auf und spricht daher für eine Bestätigung der Quantenmechanik, insbesondere das Experiment von Aspect.
Man kann durch ähnliche Schalt-Strahlenteilungsexperimente, wie die oben erwähnten Experimente mit verzögerter Entscheidung, Koinzidenzen messen und statistisch vergleichen. Dabei ergibt sich, wie gesagt, eine systematische Verletzung der EPR-Voraussage, daß die paarweise erzeugten Photonen einen von der Messung unabhängigen realen Zustand besitzen und daß sie (gemäß dem Alltagsurteil) in Entfernung isoliert voneinander weiterexistieren. Die systematischen Abweichungen von der Bellschen Ungleichung sprechen für eine Korrelation der Photonen. Man könnte hier natürlich immer noch einwenden, daß es während des Experiments, beim Verlassen der Quelle bis hin zum Detektor, zu einem Einfluß der Meßanordnung, bzw. der Photonenerzeugung, auf die Zählmaschinerie gekommen sein könnte. Um diesem Einwand entgegenzutreten, hat man weitere Experimente durchgeführt, z. B. das Experiment von Aspect (1982 veröffentlicht). Neuerdings gibt es solche Photonenexperimente in der Arbeitsgruppe von Mandel, von Chiao u. a. (vgl. Abbildung 5), die sogar zeigen, daß man die Entscheidung, ob man ein Interferenzmuster

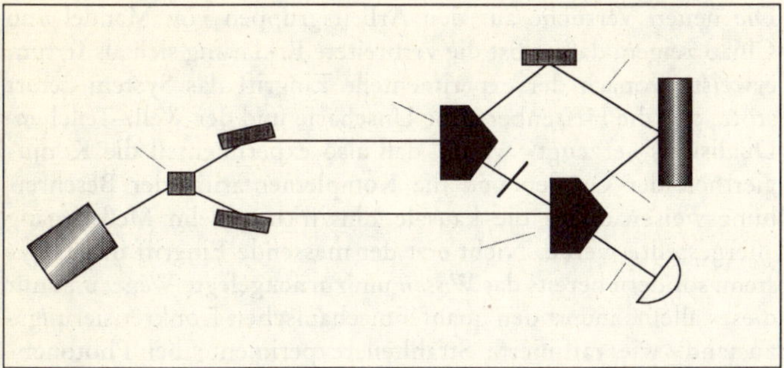

Abbildung 5 (aus Horgan [1992, 87]): »Bereits die Möglichkeit einer Kenntnisnahme und nicht erst die direkte Messung zerstört das wellenähnliche Verhalten. Dies hat ein an der Universität Rochester durchgeführtes Experiment demonstriert. Ein halbdurchlässiger Spiegel teilt einen Laserstrahl in zwei Teilstrahlen auf, von denen jeder sodann auf einen parametrischen Konverter fällt, der jedes einfallende Photon in zwei Photonen geringerer Energie umwandelt. Jeweils eines dieser Photonen – das Signal – trifft mit dem Signal-Photon des zweiten Teilstrahls auf einem Detektor zusammen; da dieser nicht unterscheiden kann, woher die Signal-Photonen kommen, hat jedes Signal wie eine Welle beide Wege durchlaufen, so daß ein Interferenzmuster entsteht. Die beiden nicht genutzten Photonen, die man englisch als *idler* (etwa: Nichtstuer, Mitläufer) bezeichnet, fallen auf einen zweiten Detektor.
Blockiert man nun den Weg der von dem Konverter 1 kommenden Idler-Photonen [siehe Schalter], verschwindet erstaunlicherweise das Interferenzmuster auf dem Signal-Detektor. Der Grund ist, daß nun der Weg jedes Signal-Photons zurückverfolgt werden kann; die gleichzeitige Registrierung eines Signal- und eines Idler-Photons zeigt an, daß beide von einem Photon stammen, das den Weg vom Strahlteiler zu dem Konverter genommen hatte.«

auf dem Photonen-detektor erhält, sogar bis zum Erreichen des Detektorschirms verzögern und sogar durch Aufhebung der entsprechenden Information wieder rückgängig machen kann. »Der Quantenzustand spiegelt«, meint Mandel (zit. n. Horgan 1992), »nicht nur das wider, was wir über das System wissen, sondern was im Prinzip erfahrbar ist« – mit einer gegebenen Strahlteiler-Anordnung.

Die neuen Versuche aus den Arbeitsgruppen von Mandel und Chiao zeigen, daß selbst die verbreitete Erklärung sich als Irrtum erweist, wonach der experimentelle Eingriff das System derart störe, daß die Heisenbergsche Unschärfe und der Welle-Teilchen-Dualismus »erzeugt« werde, daß also experimentell die Konjugiertheit der Größen und die Komplementarität der Beschreibungsweisen durch die kausale Einwirkung beim Meßvorgang »hergestellt« werde. Nicht erst der messende Eingriff in das System, sondern bereits das *Wissen* um zurückgelegte Wege, und nur dieses allein, ändert den quantenmechanischen Konkretisierungszustand, wie raffinierte Strahlteilerexperimente bei Photonenüberlagerungen und Polarisierungen durch die eben genannten Arbeitsgruppen zeigen. Nachdem Photonen aus einer Laserquelle durch einen Strahlteiler geteilt werden, treffen beide Strahlenwege auf einen »parametrischen Konverter«, der ein Photon mit bestimmter Energie in zwei Photonen der jeweils halben Energie umwandelt. Die beiden jeweils resultierenden Photonen werden zur Unterscheidung »Signal-Photon« und »Idler-Photon (»Mitläufer-Photon«) genannt. Die beiden Signal-Photonen treffen auf dem Signaldetektor und die beiden Idler-Photonen auf dem Idlerdetektor zusammen und erzeugen dort jeweils ein Interferenzmuster. Das überraschende Ergebnis ist nun das folgende: Blockiert man den Weg, der von dem Konverter 1 kommenden Idler-Photonen (-----), so verschwindet das Interferenzmuster auch auf dem Signaldetektor, obwohl die Signalwege von dieser Blockade im Prinzip völlig unberührt sind. Da man nun den Weg jedes einzelnen Signal-Photons zurückverfolgen kann, indem die gleichzeitige Registrierung eines Signal- und eines Idler-Photons anzeigt, daß beide von einem ursprünglichen Photon stammen, kann dieses – nach der Blockierung des Idler-Weges 1 – nur den Weg vom Strahlteiler zu dem Konverter 2 durchlaufen haben, ist also eindeutig in dieser Rückverortung identifizierbar. Das »Wissen« über den Verlauf scheint dementsprechend ohne aktiven Eingriff in den Gang der Signal-Photonen das Interferenzmuster dieser letzteren zu beeinflussen.

Diese recht raffinierten Experimente scheinen Wheelers Ansicht zu bestätigen, daß »physikalische Phänomene irgendwie durch die Fragen, die wir nach ihnen stellen, definiert sind«. Genauer müßte man vielleicht formulieren, daß erst die Anordnung die Interpretation festlegt und somit die Erfaßbarkeit der Quantenobjekte konkretisiert. Vielleicht sollte man nicht wie Wheeler sagen, daß »Quantenphänomene an sich undefiniert (sind) bis zu dem Moment, in dem sie gemessen werden«, sondern daß sie sich eben erst im Zeitpunkt der Messung bzw. Beobachtung oder der eindeutigen Festlegung der Interpretation als teilchenartig oder wellenartig in ihrem Verhalten konkretisieren: Sie »zeigen« sich, lassen sich also nur in dieser Weise erfassen, was nicht notwendig bedeuten muß, daß es einen Sinn macht, ihnen bereits vor dieser Konkretisierung, Erfassung oder Interpretation einen Charakter als Teilchen oder Welle an sich zuzusprechen. Solche An-sich-Zuschreibungen wären unzulässige, aus dem mesokosmischen Vorstellungsbereich stammende Projektionen in die Welt der Quantenentitäten.

Wie sind nun die Ergebnisse der hier skizzierten Experimente zu deuten und was besagt dies für die Philosophie, insbesondere für unser Problem von Interpretation und Realität bzw. Realismus? Wie läßt es sich vorstellen und verstehen, daß hier in gewisser Weise systematisch entwickelte Gesetzmäßigkeiten verletzt werden, *die zunächst*, nach allen klassischen und Common-sense-Vorstellungen, selbstverständlich zu sein scheinen? Denn daß ein Meßapparat auf der linken Seite eines Experiments den Meßapparat auf der rechten Seite sozusagen nicht durch okkulte Beziehungen beeinflussen kann, das ist doch wohl im gewöhnlichen Sinn selbstverständlich. Man nahm entsprechend dem Alltagsverstand plausiblerweise auch an, daß die Quantengegenstände (manche Leute wie Herbert reden lieber von »Quonen«), die man experimentell danach untersuchte, ob es nun Teilchen oder Wellen waren, jedenfalls *an sich* eine bestimmte Eigenschaft hätten, die in der Messung dann gleichsam nur »herausgebracht« wird. Dies war etwa Einsteins Meinung beim Entwurf der EPR-Experimente. Einstein hat dazu (1948 in einer philosophischen Zeitschrift) auch eine deutliche Stellungnahme abgegeben. Das Prinzip der Lokalität oder der Separabilität besagt, daß zwei Teilchen auch dann unabhängige Eigenschaften haben, wenn sie auseinanderfliegen, trotz der Korrelation bestimmter Zustandswerte. Und deswegen schloß Einstein, daß die Quantenmechanik unvollständig sei. Aber nun zeigte sich durch die Experimente zum Bellschen Theorem, daß das Phänomen mit der Unvollständigkeit der Quantenmechanik gar nichts zu tun hat, daß es sich um einen viel allgemeineren Anspruch handelt: »Wesentlich für die Einordnung

der in die Physik eingeführten Dinge erscheint ferner, daß zu einer bestimmten Zeit diese Dinge eine voneinander unabhängige Existenz beanspruchen, soweit diese Dinge in verschiedenen Teilen des Raumes liegen.« (Einstein, 1948) Ohne eine solche aus dem Alltagsdenken stammende und sich uns im Alltag auch wirklich aufdrängende Unabhängigkeit der Existenz räumlich distanzierter Dinge wäre physikalisches Denken in dem uns geläufigen Sinne nach Einstein gar nicht möglich. Es sei daher wichtig, daß man den Begriff von quasi-abgeschlossenen Systemen und den Grundsatz der Separierbarkeit der Systeme aus der klassischen Physik beibehält. Wenn man jedoch der Verletzung der Bellschen Ungleichung Rechnung trägt, dann kann man diese klassische oder traditionelle Auffassung nicht mehr aufrechterhalten.
Daraus hat sich eine längere und noch nicht beendete Diskussion ergeben, welche die Deutung der Quantenmechanik im Zusammenhang solcher Fragen über gekoppelte Systeme betrifft. Und es gibt in der Tat gekoppelte Systeme mit korrelierten Werten entsprechender Größen; aber gibt es – strikt gesprochen – *nur solche Systeme*? Es geht um *das Problem der Separabilität* oder *Nichtseparabilität*, also um die Frage, ob die zugrunde gelegten Systeme, Dinge, Teilchen oder Quonen, nun wirklich voneinander unabhängig sind, wenn sie räumlich weit voneinander entfernt sind, und *ob sie überhaupt an sich existieren*, bzw. ob es sinnvoll ist, ihnen Eigenschaften und Werte von physikalischen Größen zuzuschreiben, unabhängig von der tatsächlich ausgeführten Messung. Man denke nochmals an die Impulsmessung bei den auseinanderfliegenden Elektronen und die Gesamtimpulserhaltung: Kann man den Impuls eines sehr weit entfernten zustandskorrelierten Elektrons errechnen, ohne ihn zu messen, und kann man sogar auf diese Weise dann, wenn das richtig ist, die Heisenbergsche Unbestimmtheitsrelation verletzen und damit die Quantenmechanik widerlegen? Wie die Experimente gezeigt haben, ist die Quantentheorie aber durchaus insofern völlig zufriedenstellend, als sie in der Lage ist, alle Meßergebnisse wiederzugeben. Darüber hinaus zeigt sich sogar eine Verschärfung, die darin besteht, daß dies nicht nur für quantenmechanische Gegenstände gilt, sondern auch für von quantenmechanischen Entscheidungen abhängige makroskopische Gegenstände, was eigentlich noch interessanter ist. Dies hat eine Reihe weiterer Experimente gezeigt.
Eins davon, das besonders illustrativ und verständlich ist, sei hier

vorgestellt. Es wurde von einem amerikanischen und auch von einem britischen Team durchgeführt, von Voss, Webb und Mitarbeitern sowie von einer anderen Arbeitsgruppe unter Leitung von Th. Clark in Sussex: Sie haben um einen Eisenkern einen supraleitenden Ring gelegt. Der kreisförmige und widerstandslose elektrische Stromfluß im Ring erzeugt im Eisenkern ein magnetisches Feld mit einer bestimmten Richtung und Feldstärke. Das ist klassisch gesehen ganz normal. Man kann das Magnetfeld bzw. den magnetischen Fluß messen. Die Variante gegenüber dem traditionellen und klassischen elektrodynamischen Versuch besteht nun darin, daß man den Ring an einer Stelle durchbricht und die beiden zugespitzten Enden in einem Abstand von etwa einem zehnmillionstel Millimeter durch eine Isolatorschicht trennt. Nun können einige Elektronen diese minimale Distanz »durchtunneln«, und zwar nicht durch Überwindung des Potentialwalls, sondern aufgrund des Tunneleffekts in der Quantenmechanik. Natürlich dürfte eigentlich nach der klassischen Vorstellung aufgrund der Unterbrechung überhaupt kein Strom mehr fließen, und es dürfte dementsprechend auch kein meßbares strominduziertes Magnetfeld entstehen. Aber in der Tat, aufgrund des Tunneleffektes gibt es einen geringen Durchfluß – und entsprechend entsteht auch ein Magnetfluß, der sich allerdings dann mit dem Tunneleffekt (er ist ja sozusagen ein Springeffekt, ein Quanteneffekt) immer wieder ändert. Der entstehende magnetische Fluß hat also keinen festen Wert, wie es klassisch zu erwarten ist, sondern er »springt«. Nach der Quantenmechanik kann also diese Barriere, die durch den kleinen Spalt im Ring gegeben ist, von einzelnen Elektronen »durchtunnelt« werden, der magnetische Fluß schwankt dann zwischen zwei Werten. Das »Tunneln« ist also als quantenmechanisches Phänomen verantwortlich für dieses Springen des Magnetfeldes, bzw. für die Veränderung des Magnetflusses, und zeigt, daß auf diese Weise ein makroskopischer Effekt aufgrund von quantenmechanischen Mikroereignissen entsteht. Die dünne Schicht des nichtleitenden Materials, das diese Unterbrechung herstellt, heißt Josephson-Brücke, nach einem Nobelpreisträger für Physik.

Dieses Experiment zeigt, ähnlich wie das Experiment der verzögerten Entscheidung von Wheeler, daß sich das Gespenst der quantenmechanischen Unbestimmtheit teilweise auch auf der Makroebene wiederfindet, daß die traditionelle Unterscheidung zwischen quantenmechanischen Gegenständen (also mikroskopischen Gegenständen) und klassischen Gegenständen (makroskopischen Gegenständen) bzw. zwischen den quantenmechanischen Effekten (mikroskopischen Effekten) und den klassischen Effekten (makroskopischen Effekten) nicht eindeutig zu ziehen ist. Wheeler hat gesagt, man könne die quantenmechanischen Probleme von der mikroskopischen sogar auf die makroskopische Ebene verallgemeinern und müßte ein Auftreten makroskopischer Quanteneffekte feststellen können. Es müßten neue physikalische Prinzipien entdeckt werden, behauptet er, »bevor wir die besondere Art von Unumkehrbarkeit verstehen können, die eintritt, wenn eine unbestimmte Observable durch Messung zu einer bestimmten Observablen wird«.

5.2 Realismus und die Deutungen der Quantenmechanik

Die offene physikphilosophische Frage ist und bleibt, wie ist die »Realität« der Quanteneigenschaften zu verstehen? Sind die räumlich isolierten Quantengegenstände gar keine getrennten Gegenstände, weil sie zustandsgrößenkorreliert sind? Muß man die Vorstellung separierbarer Mikro-»Dinge« aufgeben? Hier gab es und gibt es noch immer die verschiedensten Deutungen, auf die kurz einzugehen ist.

Es wurde bereits erwähnt, daß beim EPR-Experiment die »Lokalität« (Separierbarkeit) von Einstein, Podolsky und Rosen vorausgesetzt wurde. Einstein meinte: »Wenn zwei Systeme nicht miteinander wechselwirken können, dann schließt die eine Messung aus, daß dadurch Werte der Größen im anderen System geändert werden könnten.« Die verschiedenen Experimente haben aber gezeigt, daß Korrelationen der Werte bei Zustandsgrößen entfernter Gegenstände, Teilchen oder Wellen bestehen. Die Forderung nach Lokalität bzw. Separierbarkeit scheint damit verletzt zu sein.

Die zweite Voraussetzung war die Realitätsforderung von Einstein, Podolsky und Rosen: »Wenn der Wert einer physikalischen Größe mit Sicherheit vorausgesagt werden kann, ohne daß das System irgendwie gestört wird, dann gibt es ein Element der physikalischen Wirklichkeit, das dieser physikalischen Größe entspricht.« Was hier aber eigentlich gefordert wird, ist offenbar ein Mechanismus für das Zustandekommen der Entsprechung und der Erstellung des Meßwertes. Es scheint sich nun zu erweisen, daß dieses durch den impliziten Zusatz erweiterte Realitätsprinzip ein zu enges Realitätsprinzip ist, weil es sich nur auf die Messung und dessen Trägermechanismus bezieht und weil es in gewisser Weise zu restriktiv ist. Man kann das vielleicht so darstellen: Wenn das EPR-Realitätsprinzip sowie die Gültigkeit (und Vollständigkeit) der Quantenmechanik und das Lokalitätsprinzip gegeben sind, dann muß die Bellsche Ungleichung gelten, dann ist eine Korrelation von Werten einander entfernter Gegenstände unmöglich; folglich müssen diese *berechnet* werden können, wie Einstein das vorausgesagt hatte. Doch unter diesen Voraussetzungen ergibt sich ein Widerspruch mit den erwähnten experimentellen Resultaten.

Mit anderen Worten: Offenbar kann etwas an der Voraussetzung der obigen Konditionalaussage nicht stimmen: Ist die Voraussetzung unvollständig? Einstein hatte angenommen, die Vollständigkeit der Quantenmechanik sei der kritische Punkt. Aber wir haben gesehen, daß diese Annahme in die Experimente gar nicht eingeht und nicht nötig ist, sondern daß das Problem unabhängig von der Vollständigkeitsfrage entsteht, ja, daß sogar letztlich der paradoxe Effekt unabhängig ist von der Quantenmechanik in ihrer bestimmten Gestalt. Eigentlich scheint die Entscheidung notwendig auf eine Disjunktion von Realität und Lokalität zuzulaufen: Wenn man an der Quantenmechanik festhalten will, muß man entweder die Realitätsannahme oder die Lokalitätsannahme aufgeben. In der Tat haben auch verschiedene Theoretiker, seien es Physiker oder Philosophen, in entsprechender Weise geschlossen. Viele Philosophen und Wissenschaftstheoretiker sind der Meinung, daß man das EPR-Realitätskriterium aufgeben muß. In einem neuen Aufsatz hat auch Mario Bunge (1990) diesen Schluß gezogen, daß das EPR-Realitätskriterium eigentlich kein Realitätskriterium sei, sondern daß es sozusagen nur eine zusätzliche, zu starke Forderung ist, die aufgegeben werden muß. Man könne davon unabhängig den Realismus beibehalten, der darin besteht, daß man die reale Existenz der Außenwelt annimmt. Andere versuchen das Lokalitätsprinzip aufzugeben oder abzuschwächen, wie bspw. der theoretische Physiker Mittelstaedt: Er will zwar das Lokalitätsprinzip nicht ganz aufgeben, aber abschwächen. Er schließt einerseits aus, daß es eine Signalübertragung mit Überlichtgeschwindigkeit zwischen den voneinander entfernten Systemen gibt, aber er hält doch an einer Korrelation fest. Andererseits glaubt er, daß so etwas wie ein *schwaches Lokalitätsprinzip* bestehen bleibt, daß mit der Messung nur eine instantane Objektivierung bestimmter Werte beim entfernten korrelierten System vorgenommen wird. Das führt natürlich zu etwas mysteriösen Überlegungen. Wenn man sich das deutlicher vorstellen will, würde das heißen, daß gewisse Signalverbindungen vorhanden sind, die instantan, also schneller als mit Lichtgeschwindigkeit, wirken, und »bewirken«, daß Werte bei der Messung in dem einen System gleichzeitig und korreliert mit Werten des anderen weit entfernten Systems auftreten, an dem nicht gemessen wird – und zwar mit Sicherheit, instantan und in beliebig großer Entfernung!

Es scheint so zu sein, daß man bei der Quantentheorie den »Direktismus« aufgeben muß, den Nonseparatismus, ja, auch die Kausalität und natürlich auch die Kontinuität von Größen; denn alle Größen sind ja quantisiert und nur als solche zu messen. Insofern scheint es richtig zu sein, wenn Rosenfeld, einer der führenden Quantenmechaniker und ehemaliger Mitarbeiter von Bohr, 1967 gesagt hat: »Das EPR-Paradoxon war ein Angriff, der auf uns herniederkam wie ein Blitz aus blauem Himmel«. Das gilt natürlich um so mehr, als die Bellsche Ungleichung diese Problematik dramatisch verschärft hat.

Besteht also doch sozusagen ein instantaner Zusammenhang zwischen sehr entfernten Teilchen? Gibt es so etwas wie kollektive, integrale Zusammenhänge der Welt, die es nicht mehr erlauben, diese in separate Gegenstände aufzutrennen? Ist die Realität – Bunge meint, wir hätten uns daran mittlerweile geradezu gewöhnt – eher »verschmiert« als aufgespalten in eindeutige Ereignisse und entsprechende Gegenstände zu verstehen? Bunge behauptet, daß das EPR-Paradoxon und die Bellsche Ungleichung uns eigentlich nur gelehrt haben, daß die Natur nicht mehr aus klassischen Gegenständen, Objekten, zusammengesetzt ist, sondern letztlich aus Quantenobjekten und Quantengegenständen, die eben nicht diesen klassischen separatistischen Möglichkeiten der Gegenstandsaufspaltung und -trennung entsprechen. Unsere Darstellung, Repräsentation, Abbildung oder wissenschaftliche Nachzeichnung der Welt habe sich geändert, nicht aber die Welt selber.

Deswegen meint Bunge, gerade hierdurch sei in gewissem Sinne der *philosophische* Realismus eher *bestärkt* worden, weil in der Tat die Ergebnisse dieser Experimente gezeigt haben, daß bloße Annahmen aus dem Alltag eben als widerlegt gelten müssen. Die Realität sagte sozusagen »Nein« zu unseren gewohnten Vorstellungen.

Was können wir nun aus der Sicht der Erkenntnistheorie dazu sagen? Auch dazu gibt es eine Reihe von Überlegungen, die hier im einzelnen leider nicht alle diskutiert werden können. Beispielsweise hat Hans Primas, ein theoretischer Chemiker in Zürich und Spezialist für Quantenmechanik, 1984 davon gesprochen, daß wir es mit *»verschränkten Systemen«* (nach Schrödinger) zu tun haben, die korrelierte Erscheinungen zeigen, die nicht mehr in klassischer Weise aufgeteilt werden können, wie sich das die Physiker früher vorgestellt haben. Er unterscheidet (ebd. 244 ff.) *»ontische Zustände«*, welche sich auf die zusammengefaßten »aktualisierten Eigenschaften« individueller Systeme beziehen (bei denen eine Zusammenfassung aller aktualisierten Eigenschaften von Systemen gegeben werden kann), von *»epistemischen Zuständen«*, welche sich bloß auf Resultate von einzelnen Messungen an Systemen beziehen. Schließlich spricht er noch (m. E. terminologisch etwas mißverständich) von *»systemtheoretischen Zuständen«* welche »die Vergangenheit des Systems« vollständig kennzeichnen, die sozusagen die Integrabilität oder die systematische Erfaßbarkeit alles dessen, was gemessen ist, umfassen. Und er meint, ein systemtheoretischer Zustand ist im allgemeinen nicht ontisch interpretierbar, und das gilt erst recht für den epistemischen Zustand, der statistisch charakterisiert wird. Es gibt nun epistemische nicht-reine Zustände, die sich nicht trivial in reinen Zuständen oder entsprechenden Produktdarstellungen der Wahrscheinlichkeitsfunktionen darstellen lassen, wie es in jedem klassischen System der Fall ist. Primas identifiziert dann »nichtklassisch« mit »mikroskopisch«. (Wir haben aber gesehen, daß auch makroskopische Quanteneffekte möglich sind). Quantensysteme sind »verschränkt«, sind korreliert, sind also in diesem Sinne abhängig von EPR-Effekten (deswegen redet der Autor auch von einer EPR-Korrelation). Primas' Hauptidee besteht nun in der Forderung, daß man die Hoffnung aufgeben muß, wonach die Welt durch Abtrennung von Einzelgegenständen und Ereignissen beschrieben werden kann.

»Nur in klassischen Theorien können nichtreine epistemische Zustände eindeutig in ontische Zustände zerlegt werden und als statistische Gemenge interpretiert werden. In Quantensystemen können nichtreine epistemische Zustände immer auf unendlich viele Arten in ontische Zustände zerlegt werden. Im Gegensatz zur klassischen Mechanik können daher in der Quantenmechanik nichtreine epistemische Zustände nicht konsistent als Gemische von ontischen Zuständen interpretiert werden« (ebd. 250, der erste und letzte Satz i. Orig. kursiv).

Die Idee der Kompartmentalisierung, die Welt sei sozusagen in vorfixierten oder streng voneinander isolierbaren Kompartments aufzufassen, muß in der Quantenmechanik und somit als generelle Idee aufgegeben werden. Es gilt nicht mehr allgemein, daß man Ereignisse und Systeme immer voneinander trennen kann und in bestimmten Schachteln, in bestimmten Teilsystemen voneinander vollständig separiert darstellen kann. Die Welt ist für Primas (ebd. 253) ein verschränktes, unteilbares, letztlich das einzige Objekt, ein einziges total verschränktes System; und er meint, es ergebe sich sogar eine Paradoxie: Einerseits ist die Welt ein total verschränktes System, das man eigentlich nicht analysieren könnte, weil alles mit allem zusammenhängt (man landet also in der holistischen Quantenmechanik offenbar letztlich bei Hegel), andererseits wird aber in jeder Beschreibung, d. h., in jeder Teilbeschreibung, in jedem physikalischen Experiment, praktisch die Existenz nichtkorrelierter Systeme vorausgesetzt und benutzt oder postuliert. Das ist ein Paradoxon. Einerseits ist die Welt nicht zerlegbar, andererseits ist jede Erfahrung auf Zerlegung angewiesen. Primas spricht geradezu vom Ende des Descartes-Newtonschen Naturbegriffs, die Cartesische Subjekt-Objekt-Spaltung müsse aufgegeben werden. Der Mensch sei gleichsam sozusagen als Macher der Natur aufzufassen, als *»fabricator mundi«* im Sinne Leonardo da Vincis (ebd. 256).[3]
Man muß offenbar den klassischen Gegenstandsbegriff aufgeben. Es gibt nicht mehr die Möglichkeit, den kleinen Gegenständen der Quantenmechanik etwa in klassischer Weise Bahnen zuzuordnen; der traditionelle Begriff der »Trajektorie im Phasenraum« muß fallengelassen werden. Alles das ist letztlich, d. h. im scharfen,

3 Interessanterweise landet der holistische Quantenmechaniker also bei einer Auffassung der Natur, die der Sozialpsychologe Moscovici in einem Buch über die Geschichte der menschlichen Natur gezeichnet hat (vgl. dazu: Lenk 1983, 1984).

exakten Sinne, nicht mehr anwendbar. Das »Galileische Objekt« muß aufgegeben werden, so meint ein anderer Autor, nämlich Ilya Prigogine, der ebenfalls eine interessante Deutungsvariante beigesteuert hat (Prigogine/Stengers 1980, 1990). Die klassische Naturwissenschaft sei an ihr Ende gekommen und müsse aufgegeben werden. Bei Prigogine haben die irreversiblen Veränderungen gegenüber den reversiblen Prozessen den Vorrang.[4] Messung ist für Prigogine ein irreversibler Prozeß, ein irreversibles Element, das in das System eingreift; es gibt lediglich die Möglichkeit, gleichsam durch bestimmte »Abteilungen« reversible, wiederholbare, reproduzierbare Vorgänge als Ausnahmefälle herzustellen. Die Reversibilität, die Wiederholbarkeit, die Reproduzierbarkeit des Experiments und ähnliches sind demnach die »klassische« Ausnahme, wenn eine Einschränkung des gesamten Systems teilweise möglich ist. Insgesamt jedoch führt die neue Kohärenz der Quantenmechanik einen kollektiven Charakter der Bewertung und der Messung ein; die Welleneigenschaft der Materie ist sozusagen dafür verantwortlich, daß wir letztlich eine systemtheoretische Zugangsweise suchen müssen, die mit irreversiblen Prozessen und nicht mit wiederherstellbaren Gesamtsystemen arbeitet. Reversibilität bleibt hier die Ausnahme.

Auch der französische Quantentheoretiker d'Espagnat kommt zu ähnlichen – allerdings noch drastischeren – Folgerungen. Er meint, die Welt sei überhaupt nicht als Menge voneinander trennbarer Systeme mit jeweils zugehörigen Eigenschaften zu beschreiben. Man müsse den Realismus aufgeben. In der Mesowelt haben wir gleichsam nur die alltägliche Realität. Prigogine schlägt immerhin vor, daß wir diese als Ausgangspunkt für Realität und Realitätszuschreibung nehmen. Daß eine Photoplatte geschwärzt ist, daß Blasen in Blasenkammern vorkommen, das sei unbezweifelbar »real«. Alles andere, etwa die Zuschreibung von Meßwerten zu quantenmechanischen Gegenständen, sei Illusion oder nur als

4 Es bleibt beim 2. Hauptsatz der Thermodynamik und der These, daß es so etwas gibt wie eine ausgezeichnete Zeitrichtung; die Zeit ist dasjenige, was noch wirklich real bleibt: Vergangenheit kann man nicht zur Zukunft machen, – obwohl übrigens bei manchen Theoretikern Experimente oder manche Gedanken über Zeitumkehr natürlich auch eine Rolle spielen, etwa bei Elementarteilchenvernichtungen der theoretische Ansatz der Quantenelektrodynamik nach Feynman; hier treten »virtuelle« Teilchen auf, die in die Vergangenheit laufen u. ä.

Annäherung an Realität in subatomaren Prozessen zu behandeln. Auf weitere Einzelheiten der inneren Differenzierung dieser Theorie von Prigogine, auf die Einbeziehung der Theorie chaotischer Systeme, der dynamischen Systemtheorie usw., kann hier nicht eingegangen werden.[5] Letztlich landet er bei einem sogenannten »partizipatorischen« Universum, ähnlich wie Wheeler und David Bohm, auf den im folgenden näher eingegangen werden soll.

5.3 Die holistische Deutung von David Bohm

David Bohm (1980), einer der fruchtbarsten und anregendsten nicht-orthodoxen Quantentheoretiker, geht sogar noch weiter. Er glaubt, daß das Universum letztlich in der Art eines Hologramms aufgefaßt werden muß, d. h., es liegen holographische Verhältnisse vor. Die Welt spiegelt sich in einzelnen Teilbereichen, die ähnlich wie bei einem Hologramm die gesamte Information annähernd enthalten und aus denen man sie dann auch wieder herausholen kann. Bohm spricht davon, daß in bestimmten Bereichen die Strukturen »eingefaltet«, »eingewickelt« sind und dann wieder »herausgewickelt« werden können. Die *»implizierte Ordnung«* (»implicate order«) ist überall gegeben. Was die Teilchen in implizierten Ordnungen auszeichnet, sind Aktionen, Bewegungen oder, wie er sie nennt: »holomovements«, also ganzheitliche Bewegungen, die der holographischen Sicht entsprechen. Bohm möchte eine *Holonomiewissenschaft* aufbauen, welche die Gesetze dieser ganzheitlichen Bewegungen, einschließlich der implizierten Ordnungen, darlegen, und er versucht auch, das in Analogie zur Holographie zu entwickeln. Seine Hauptthese lautet, daß die Gesamtordnung implizit in allen Teilregionen der Raumzeitwelt vorhanden ist und nur »ausgefaltet« werden muß. Zur Illustration verwendet er ein physikalisches Experiment, bei

5 Prigogine diskutiert außerdem noch eine interne systemorientierte Zeit, die durch bestimmte Transformationsprozesse der nichtklassischen Systeme hergestellt wird – anhand etwa der sog. »Bäckertransformation«; er stellt sich vor, daß, so wie Teig geknetet wird, Transformationen stattfinden und dadurch eine eigene operationserzeugte Zeitfolge begründet wird, die verschieden ist von der klassischen, kontinuierlich fließenden Zeit.

dem ein Tintentropfen in eine viskose Flüssigkeit injektiert wird, die sich zwischen zwei Glaszylindern befindet. Dreht man die beiden Zylinder gegeneinander, dann wird der Tintentropfen zu einer Linie verschmiert. Entscheidend ist nun, daß man die Tintenspur wieder durch Rückdrehung in das Tropfenbild überführen kann. Dieses Beispiel soll zeigen, was unter einer »Holobewegung« oder einem holographischen Objekt zu verstehen ist: Jeder Teil der verschmierten Spur trägt implizit die Struktur des Tropfens.

Diese innere Ordnung, das holistische Moment, ist für Bohm das Kennzeichen der Quantenmechanik. Demgegenüber weist die Relativitätstheorie noch eine Reihe klassischer Konzepte auf. Gegen die Relativitätstheorie sprechen daher aus der Sicht der Quantentheorie in erster Linie die quantenmechanische Diskontinuität, die Abhängigkeit der Meßeigenschaften vom Umgebungszusammenhang sowie insbesondere der holistische Charakter bzw. das Vorhandensein nichtlokaler Bezeichnungen. Aus der quantenmechanischen Sicht sei die Welt zunächst so etwas wie eine ungeteilte Ganzheit, und dies müsse man sinnvollerweise zugrunde legen. Bohm verabschiedet mit aller Entschiedenheit das Cartesische Muster des Analysierens, den Cartesischen Rahmen, in den die klassische Physik gedrängt worden ist, und meint, man müsse eine holistische Theorie der Weltordnung entwerfen.

5.4 Auf dem Wege zu einer interpretationistischen Deutung von Quanteneffekten und makroskopischen Überlagerungen

Bohms holistische Weltordnung wird ergänzt durch eine Theorie korrelierter und *objektiv*-perspektivischer Eigenschaften, die er durch eine anschauliche Analogie illustriert. Dazu stelle man sich vor, wir hätten ein Aquarium, in dem Fische schwimmen und Pflanzen wachsen, und wir könnten dieses mit Fernsehkameras aus verschiedenen Richtungen gleichzeitig filmen. Die Bilder der Fernsehkameras sind zwar voneinander verschieden, aber sie sind miteinander eindeutig korreliert. Ähnlich seien auch die nichtlokalen Beziehungen, die wir in der holographischen Welt vorfinden, zu verstehen. Wir haben sozusagen Gegenstände, die sich nur

unter einem perspektivischen Charakter darstellen; wir müssen stets bei diesen perspektivischen Charakteren bleiben, aber die Perspektiven sind miteinander korreliert und weisen so gewisse Objektivitäten auf. Das ist eine interessante Betrachtung, die in verschiedenen Varianten auch bei anderen Theoretikern wieder auftritt. Nick Herbert (1987, 217) spricht hier von einer »Regenbogenrealität« der Quantenwesen. Der Regenbogen ist ja auch etwas, was man nur aus einer ganz bestimmten Perspektive sehen kann, was zwar objektiv vorhanden, aber kein »Gegenstand an sich« ist. Er ist eine objektive *Erscheinung*, die ja sogar fotografiert und insofern objektiviert werden kann und die abhängig ist von perspektivischen Zugriffen. Die These lautet, daß die Quantenentitäten in gewissem Sinne diese Art von Regenbogenrealität besitzen: Phänomene, ohne Objekte »an sich« (unabhängig von der »objektivierenden« Konkretisierung) zu sein.
Ist das nicht auch ein verallgemeinerbares Ergebnis für unser Verständnis nach dem Durchgang durch unterschiedliche Weisen der interpretativen Konstruktion bzw. Konstitution von Gegenständen? Sind Gegenstände nicht generell Interpretationskonstrukte vom Charakter der »Regenbogenrealität«? Die Idee lädt – auch angesichts der zitierten Einteilungsabhängigkeit Putnams und der »Kategorisierungsüberlegungen« im Anschluß an Rosch (vgl. Kap. 3) – zur Verallgemeinerung ein.[6]
Angesichts der verschiedenen diskutierten Paradoxa und der Realitätsproblematik der Quantentheorie ist die Frage, was bleibt uns noch übrig? Welche vertretbaren Deutungen der Quantentheorie gibt es? In der Tat gibt es sehr viele konkurrierende Deutungen. Hier können nur einige repräsentative Ansätze genannt werden, die in Tabelle 2 zusammengefaßt sind.
Wenn entweder der Realismus oder der Lokalismus geopfert werden muß, dann neigen manche Theoretiker dazu, den Realismus aufzugeben, während andere eher den Lokalismus opfern möchten. Wenn entweder Subjektivismus oder die reale Existenz der Welt als Alternativen gegeben sind, so tendieren manche zum Subjektivismus und andere zur realen Existenz auch verschiedener, ja,

6 Man darf freilich nicht vergessen, daß es auch Eigenschaften wie Ladung und Ruhemasse gibt, die den Entitäten selbst nach quantenmechanischer Auffassung immer und ohne Bezug auf die Meßanordnung zukommen.

Tabelle 2: Deutungen der Quantenrealität		
1.	Meßanordnungsabhängigkeit vieler Eigenschaften (Kopenhagener Interpretation)	Bohr
2.	Messung/Beobachtung schafft Welt	Wheeler
3.	Bewußsein bestimmt/schafft Welt	Wigner
4.	Viele-Welten-Deutung	Everett, de Witt
5.	Quantenlogik-Deutung	v. Neumann, Birkhoff, Finkelstein
6.	Neuer Common-Sense-Realismus (Neo-Realismus, Relativismus)	Einstein
7.	Pilotwellentheorie der Potentialwellen (vor- und nacheilende Wellen)	Einstein, Bohm
8.	Transaktionsereignisse (Doppelontologie von Teilchen und Wellen)	Cramer, Wheeler
9.	Unaufteilbare, holistische System-Welt	Primas, Bohm
10.	Doppeluniversum (Potenzen vs.. Aktualitäten)	Heisenberg
11.	Irreversibilität/chaotische Systeme, irreversible Zeit als Fundamente	Prigogine
12.	Perspektivistische-interpretationskonstruktionische Deutung, die aber minimal- oder rudimentärrealistisch bleibt	

gar vieler Welten gleichzeitig. Dies ist geradezu eine Science-fiction-Story, auf die später noch kurz eingegangen werden soll.
Die maßgeblich von Bohr entworfene Kopenhagener Deutung der Quantentheorie, die *erste* Interpretation, besagt, daß die einzige Möglichkeit angesichts der Paradoxa darin besteht, daß wir mit Bestimmtheit nur Meßergebnisse, nur gemessene Ergebnisse als »real« ansehen können. Dieser Ansatz läuft auf einen Meßpositivismus hinaus, bei dem letztlich keine realistische Deutung der Quantentheorie mehr möglich ist. Überhaupt sind die meisten Theoretiker der Meinung, daß die Quantenmechanik gar nicht mehr realistisch gedeutet werden könne. Wheeler meint gar, die Beobachtung oder Messung schaffe erst die Welt. Das wäre nach Herbert, 1987, 315 f., die *zweite* Deutung.
Die *dritte* Deutung besteht in der Verschärfung, daß das Bewußtsein gleichsam die Welt durch Wahrnehmung erschafft. Wigner

(und wohl auch von Neumann) waren ursprünglich der Meinung, daß man in gewissem Sinne die Trennung zwischen Realität und der Theorie ansetzen kann, wo man will. Man kann realtiv nahe bis ans Bewußtseinszentrum, also gewissermaßen ins Gehirn hineingehen.

Eine *vierte* Interpretation, die eigentümlicherweise recht viele Befürworter findet, ist die Viele-Welten-Theorie von Hugh Everett, der in seiner Doktorarbeit gefordert hat, daß jede quantenmechanische Messung bzw. Entscheidung die Welt in verschiedene Welten aufspaltet. Er deutet dies so, daß sie »real« vorhanden seien: Angesichts des Beispiels der Schrödingerschen Katze würde das bedeuten, daß die Anordnung des Experiments zu zwei Welten führt, die in gleicher Weise »real«, aber nicht miteinander verbunden sind. In der einen ist die Katze tot, in der anderen, ebenso »realen« Welt lebt sie noch. Das führt dann mit jeder entsprechenden Anordnung zu einer permanenten Weltenaufspaltung. Die Viele-Welten-Deutung wurde daher besonders in kosmologischen Zusammenhängen diskutiert. Sie stellt alles in den Schatten, was im Mittelalter von Philosophengehirnen ausgebrütet wurde, als man sich – ironisiert von Christian Morgenstern – fragte, »wieviele Engel können auf der Spitze einer Nadel sitzen ...«.

In der Quantenlogikdarstellung, der *fünften* Interpretation, meint man, die ganze Paradoxie sei in einer nichtklassischen Logik aufzulösen, die auf bestimmte vereinfachte Varianten, etwa des Distributivgesetzes der Junktorenlogik, verzichtet und statt dessen nur noch einen orthomodularen Verband zugrundelegt. Diese Deutung scheint letzten Endes nicht durchführbar zu sein – jedenfalls nicht in der Weise, wie Mittelstaedt das versucht, indem er beweisen möchte, daß die Quantenlogik die eigentliche, *wahre* Logik sei, während die klassische Logik, die er allerdings in der Metasprache immer noch weiter benutzt, gleichsam einen Spezialfall für interessante Fälle darstelle. Hier wird also die Logik eines bestimmten Bereichs als *die* zu generalisierende, universelle Logik ausgezeichnet; das führt auch zu Zirkularitätsproblemen der Begründung, ähnlich denen, die sich etwa bei der Auffassung der Evolutionstheorie als Apriori der Erkenntnistheorie ergeben.[7]

7 Im übrigen versuchte auch Carl-Friedrich von Weizäcker mit einer wahrscheinlichkeitstheoretischen Deutung und später mit seiner Interpretation der Ur-Entscheidung zwischen (Meß-)Ereignissen die Quan-

Sechstens wird gelegentlich ein »neuer Common-Sense-Realismus« vertreten, der die Realitätsproblematik nur auf die Welt unserer alltäglichen Umgebung beschränken will.
Dieser Neo-Realismus hat sich in gewisser Weise verbunden mit den Quantenpotentialtheorien, den Felder- und Pilotwellentheorien – der *siebten* Deutung, derzufolge die quantenmechanischen Teilchen von bestimmten Pilotwellen »geführt« werden. Auf diese Weise versuchten de Broglie, besonders aber Bohm, Vigier u. a., der Quantentheorie eine klassische deterministische Führungstheorie zu unterlegen. Das war bis zu dem Bellschen Ergebnis durchaus noch eine diskutable Variante; aber seit diese von Bell widerlegt ist, scheiden die Theorien mit Lokalitätsannahmen aus.
Wheeler, Feynman und neuerdings Cramer haben dann auch eine ähnliche, *achte* Variante mit vor- und nacheilenden Führungswellen aus der früheren Absorbertheorie von Wheeler entwickelt. Diese versucht ebenfalls, die Zusammenhänge ähnlich der Pilotwellentheorie darzustellen; aber im Grunde scheinen dieselben Argumente wie gegen die ursprüngliche Pilotwellentheorie auch gegen diese Deutung zu sprechen.
Die *neunte* Theorie, die von Primas und Bohm vertreten wird, fordert, daß eine unteilbare, systemhaft zusammenhängende Gesamtwelt zugrunde gelegt werden muß und daß letztlich jede Gegenstandsaufteilung eine sekundäre Manipulation ist, da das eigentliche und einzige Objekt der wissenschaftlichen Theorie nur die Welt als Ganzes sein könne. Diese Theorie ist weiterhin eine diskutable Interpretation; sie ist nur mit dem von Primas genannten Paradoxon der auf Separierung angewiesenen Methoden konfrontiert.
Dann gibt es noch eine *zehnte* Deutung, nach der Potenzen oder Potentialitäten als Dispositionen existieren, die erst in bestimmten Meßprozessen realisiert werden. (Poppers »propensity«-Deutung der Quantenmechanik könnte man übrigens hier einordnen.)
Ferner ist, *elftens*, die Irreversibilitätstheorie Prigogines und die Theorie der chaotischen Systeme in Anwendung auf Quantenentitäten und deren Zusammenhänge zu nennen.
Schließlich könnte man noch, *zwölftens*, eine Theorie der perspektivisch-interpretationskonstruktionistischen Deutung ent-

tentheorie als eine Art (freilich historisch flexibles) Apriori der Erkenntnistheorie aufzufassen – ein Versuch, der in ähnliche Zirkelprobleme führt.

wickeln, die Elemente von Bohm und Primas holistischer Interpretation und der Prigogineschen System-Deutung aufnimmt. Hiernach würde die »Regenbogenrealität« der Quantengegenstände – und nicht nur dieser! – in bestimmten interpretativen, kontext- und meßanordnungsabhängigen Zusammenhängen erstellt werden. Das ist oben bereits angedeutet worden, und dazu wird später noch mehr zu sagen sein.

Zunächst sei auf eine Auffassung von der *»Struktur der Realität«* eingegangen. Die Strukturlosigkeitsthese von Bohr und Wheeler ist natürlich zweideutig, denn Struktur ist ja stets ein Interpretationsbegriff: Strukturen und Schemata sind stets *unterstellte* Muster zur Strukturierung der Realität; sie wirken projizierend, können aber nicht zu einem Relationenrealismus ausgedehnt werden. Wir können Strukturen grundsätzlich nur als Interpretationskonstrukte auffassen, sie nur als solche bezeichnen und hypostasieren. Daraus läßt sich nicht erschließen, daß die Realität an sich eine bestimmte Struktur in diesem Sinne habe, denn die Realität kann nur mittels Strukturen erfaßt werden, aber Strukturen sind notwendigerweise Interpretationskonstrukte. Der Schluß, daß die Realität an sich strukturlos sei, ist nur im erkenntnistheoretisch »raffinierten« Sinne eingeschränkt zulässig: Solange man keine Strukturierung vorgenommen und eine Struktur als Interpretationskonstrukt unterstellt, kann man natürlich sagen, die Realität sei (noch) nicht strukturell (erfaßt worden), denn sie ist ja nur durch Interpretationsstrukturen erfaßbar. Das aber ist letztlich trivial. Wir sind aber nicht dazu berechtigt, nun Strukturen gleichsam in die Realität an sich hinein zu projizieren.

Der Lokalismus und die Separabilität sind in gewisser Weise auch solche Strukturbedingungen und -begriffe, die unter diesen Gesichtspunkten näher analysiert werden müssen. Ohne interpretative Akte lassen sich keine Interpretationskonstrukt-»Strukturen« unterstellen. Dennoch kann man die Realität dabei so denken, daß sie durchaus in gewissem Sinne die »Eigenschaft« hat, daß sie auf die durch unsere Konstruktbildungen in sie projizierten Interpretationskonstrukte, um sie erfaßbar zu machen, gleichsam in geregelter Weise zu reagieren in der Lage ist. Die *erkenntnistheoretische* Lösung wäre also, daß man eine *Zwischenschaltung von Interpretationskonstrukten* vornimmt: *Das Wissen ist stets von Interpretationen abhängig.* Dies entspricht in gewisser Weise der Systemabhängigkeit bei Prigogine, aber die Systeme sind nach unserer Deutung nicht realisiert und verdinglicht, sondern gleichsam auf »transzendentaler« Ebene angesiedelt. Wir haben zunächst eben nur unsere mesokosmischen Strukturen und Schemata, um z. B. Wellen und Teilchen zu unterscheiden; aber das bedeutet keineswegs, daß wir nun diese mesokosmischen Interpretationsstrukturen in alle anderen Teilwelten hineinprojizieren könnten und müßten. Denn es könnte sein – und das ist ja hier auch der Fall –, daß diese Anwendung von Strukturprojektionen versagt. Quanten-»phänomene« haben also gleichsam eine bestimmte »objektivierende Regenbogenrealität«; sie sind durchaus objektiv, weil sie von individuellen geistigen Einstellungen und Deutungen in gewissem Sinne unabhängig sind. U. U. sind sie auch (in makroskopischen Folgewirkungen wie Nebelkammer-, Magnetisierungsspuren oder Szintillationen) »zu sehen«, zu fotografieren oder sonstwie zu dokumentieren. Sie sind aber nur zu identifizieren, wenn man einen perspektivischen Gesichtspunkt, eben einen Betrachter, voraussetzt. Folglich sind sie von einer speziellen Meß- oder Beobachtungssituation abhängig, wenn auch verbindbar mit Objektivitätsansprüchen. Diese Art von quasi-perspektivisch-objektiven Existenzen sind also von vornherein hinsichtlich ihrer *Erfaßbarkeit* abhängig von Interpretationskonstruktbildungen. Das bedeutet nun aber keineswegs, daß sie mit absolut-idealistischen Gegenständen etwa à la Berkeley gleichzusetzen wären. Die Objektivität der interpretations- oder perspektivengebundenen Realität ist stets gegeben, und somit – das ist ein ganz besonders wichtiger Gesichtspunkt – ist eine Art von Wechselwirkung und -beziehung eines Teils der Welt, eines Akteurs in der Welt, mit der Gesamtwelt vorausgesetzt. Wir sind nämlich als Interpretierende auch Teil der Welt; wir interpretieren nicht von außen, von einem externen Gottesgesichtspunkt aus. Die Welt ist nicht uns gegenübergestellt, sondern wir sind als Interpretierende – und als erkennende Subjekte sind wir notwendig Interpretierende – Teil der Welt. Durch die Bildung von Interpretationskonstrukten und eine ihnen entsprechende Erkenntnistheorie können wir also in gewisser Weise selbst noch mit einem ontologischen Realismus arbeiten. Außerdem sind wir – wie mehrfach zuvor betont wurde – pragmatisch und praktisch geradezu dazu gezwungen, denn wir selber sind als Organismen und Handelnde ja Teil der Welt. Auf diese Weise lassen sich also in Verbindung mit einem solchen perspektivistischen und objektiven Anforderungen

verpflichteten Ansatz schließlich auch noch minimal-realistische Grundbedingungen aufrechterhalten, ohne daß wir nun gezwungen wären, total separierende Denkansätze oder eine Art von Strukturprojektionismus in die Welt hineinzutragen. Ein Strukturprojektionismus und ein entsprechender Strukturrealismus (Relationenrealismus) kann also ausgeschlossen werden, obwohl Objektivität gewahrt bleibt, aber abhängig von Perspektiven ist.
Neuerdings hat der Philosoph Michael Lockwood in seinem Buch *Mind, Brain and the Quantum* (1989) eine ebenfalls perspektivistische Deutung vorgelegt, welche die quantenmechanischen Zustände als relationale Überbrückungsentitäten zwischen Realität und beobachtender bzw. messender Agentur (um nicht zu sagen: System oder Organismus) aufgefaßt. Er geht von Schrödingers Katzenparadoxon aus, wobei er die Überlagerung der Katzenzustände, bzw. die Katze, witzigerweise als *felis paradoxalis schrödingeri* bezeichnet. Im Unterschied zu der üblichen (ontologischen) Interpretation des Paradoxons, nach der die Beobachtung eine plötzliche Reduktion des Katzenzustands aus der Überlagerung der Wellenfunktionen möglicher Zustände, einen Kollaps der Wellenfunktion verursacht, meint Lockwood, Schrödinger habe ein Argument i. S. der Einstein-Podolsky-Rosen-Argumentation zum Nachweis der Unvollständigkeit einer jeglichen quantenmechanischen Beschreibung liefern wollen, das sich insbesondere gegen den universalistischen Anspruch der Vollständigkeitsvertreter wendet, wonach die quantenmechanische Beschreibung universell, d. h. prinzipiell auch für makroskopische Gegenstände, zutreffend sei. Schrödinger wollte offenbar nachweisen, daß nicht eine Reduktion des an sich bestehenden realen Überlagerungszustands stattfindet, sondern eine Reduktion der Unbestimmtheit der Kenntnis- bzw. Wissenssituation. Lockwood (1989, 197) nennt diese Interpretation die »Unwissenheits-Interpretation« *(»ignorance interpretation«)* und meint, daß es durchaus möglich sei, Interaktionen zwischen Mikro- und Makrosystemen herzustellen, deren Zustände miteinander korreliert sind, so daß sich nicht allein die Mikrosysteme, sondern auch das entsprechende Makrosystem in einer Überlagerung befinden.
Traditionell hat man die Wahl zwischen zwei paradoxalen Auffassungen: entweder glaubt man, daß der Zustand der Katze vor der Öffnung in dem entsprechenden kritischen Zeitraum ein Überlagerungszustand zwischen »tot« und »lebendig« ist, was bedeutet,

daß sich die Katze in keinem der beiden Zustände befindet, sondern im Zustand einer Linearkombination beider – gleichsam in einem verschmierten Zustand zwischen Leben und Tod; oder man hält an der paradoxen Auffassung fest, daß das Öffnen des Kastens nach dem sog. »Projektionspostulat« (nach v. Neumann) durch Messung bzw. Beobachtung definitiv entscheidet, ob die Katze nun tot oder lebendig ist, und somit diese Realität erst herbeiführt. Wenn es sich freilich um eine Reduktion des Unwissens handelt, also um eine Konkretisierung der Interpretation bzw. der Konstruktkomplementierung einer Erfassung – dann ergibt sich keine direkt paradoxale Auffassung. Lockwood (ebd. 210) lehnt das Projektionspostulat[8] insofern ab, als dieses Projektionspostulat nicht zur Quantentheorie selbst gehört, die eine deterministische Theorie (vgl. z. B. die zeitunabhängige Schrödinger-Gleichung) der Zustandsfunktion darstellt, sondern als ein bekanntermaßen externes theoriefremdes Element hinzukommt: Diese Art von Projektion als Messung sei zu eng aufgefaßt. Wenn man dagegen Messungen nur als eine besondere Art der Interaktion auffaßt, in denen Makrozustände von Meßinstrumenten mit Quantenzuständen von gemessenen (Mikro-)Gegenständen wechselwirken, entstehe keine der Paradoxien, solange man auch nach der Messung weiterhin eine Überlagerung der Zustände des Gesamtsystems von Meßinstrument, Gegenstand und auch Beobachter – einschließlich etwa seines Bewußtseinszustandes – annimmt (ebd. 210 f.).
Lockwood entwickelt daher eine an Everetts Viele-Welten-Theorie angelehnte Interpretation, die deren terminologische Ungeschicktheit und physische Fehlprojektion vermeidet bzw. relativiert und die er *relative state view* (übersetzt etwa »Relativzustandsinterpretation«) nennt. Demzufolge sind *alle* Zustände relational aufzufassen, d. h. nur relativ zu entsprechenden Meßanordnungen und vorausgesetzten Ausgangssystemen einschließlich deren Vorgängerzuständen etwa i. S. einer »Biographie«. Während ein umfassender realer Zusammenbruch des Zustandsvektors zder der Wellenfunktion lediglich eine Fiktion bleibe, sei die relative Reduktion zu einer solchen formalen Abfolge von Zuständen und umfassenderen Sy-

8 Das Projektionspostulat besteht in der Behauptung, daß die Meßwerte erst als Eigenwerte der Projektion der Zustandsfunktion eines Hermiteschen Operators im unitären Hilbertraum auf eine Eigenbasis, ein orthogonales System von Eigenvektoren, die Meßwerte ergeben.

stemfunktionen, also zu einer »Biographie«, tatsächlich feststellbar und ohne Paradoxie zu verstehen (ebd., 216). Nun kann man die Folgen der Biographien als eine übergreifende »Super-Überlagerung« (»super-superposition«) auffassen, die freilich nicht dem Beobachter zu Bewußtsein kommt, sondern die als möglicher Zustand seines entsprechenden beobachtenden Gehirnsystems – jedenfalls als Teilprojektion – gedeutet werden kann. Der Zusammenbruch der Wellen- oder Zustandsfunktion findet also nicht als *physischer* Zusammenbruch in der Realität statt, sondern ist eine Reduktion des gesamten Systems bzw. der relativen Teilsysteme des Gehirns, also eine Konkretisierung der, wie man sagen könnte, Eigeninterpretationszustände des Bewußtseins. »Ein bestimmter Zustand meines Gehirn (oder exakter: eines Subsystems meines Gehirns) wird im relevanten Akt des Bewußtwerdens (awareness) *designiert (designated)*« (ebd., 214). Jeder wahrgenommene Systemzustand – etwa die lebendige Katze nach dem Öffnen – ist also ein definierter Zustand, der relativ zu diesem vom Bewußtsein designierten oder imprägnierten partiellen Gehirnzustand ist. Ein »maximales«, nicht zerlegbares »phänomenales Erlebnis«, von Lockwood »phänomenale Perspektive« genannt (ebd. 88), wird also mit einem gemeinsamen Eigenzustand eines vom Bewußtsein ausgezeichneten (»präferierten«) Satzes von zu vereinbarenden Gehirnobservablen gleichgesetzt.

Man kann sich diese Designierung wohl wie die Festlegung einer perspektivischen Interpretation etwa beim Neckerschen Würfel vorstellen:

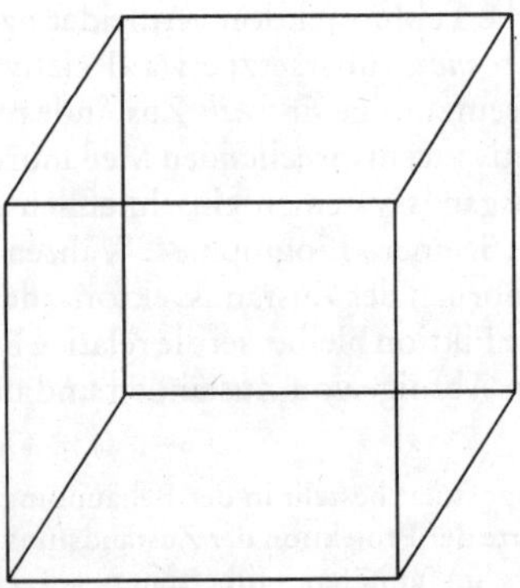

Abbildung 6: Der Neckersche Würfel

Ob hier z. B. die linke Kante als vorne oder hinten zu interpretieren ist, hängt von der eingenommenen Interpretationsperspektive ab, die für die meisten Beobachter zwischen zwei jeweils designierten – oder zu designierenden – Zuständen hin- und herschwankt, falls man nicht einfach die Konfiguration als Strichzeichnung ohne perspektivische Deutung auffaßt. An diesem Beispiel lassen sich sogar die instantanen Scheinänderungen zwischen korrelierten Teilsystemen à la EPR-Experiment veranschaulichen: Wenn die linke Kante vorne gesehen wird, dann muß die entsprechende nach der Würfelinterpretation diagonal gegenüberliegende Kante zwangsläufig hinten gesehen werden. Ähnlich könnte die Feststellung des Spins bei korrelierten Protonen oder der Polarisierung bei auseinanderfliegenden Photonenpaaren gedeutet werden. Die Veränderung des jeweils anderen korrelierten Objekts bzw. der entsprechenden korrelierten Größe ist nach Lockwoods Interpretation nicht im höheren Maße physisch als beispielsweise die Veränderung, die darin besteht, daß der ehebrecherische Beischlaf der Gattin eines Raumfahrers diesen ohne physische Übertragung zu einem Hahnrei macht (ebd. 227).
Die Interpretation der Quantenzustände als Relationszustände und deren konsequente Übertragung auf die makroskopische Welt bedeutet also, daß in der Tat Schrödingers Katze durch eine Überlagerung von »Katze-tot«- und »Katze-lebend«-Zuständen charakterisiert wird, deren Erfassung erst durch die Beobachtung bzw. Öffnung in eine Konkretisierung unserer Kenntnis überführt wird, was eine »Designierung« der entsprechenden Erfassungsprozesse des Bewußtseins bedeutet. Dies ist eine deutliche Abweichung von der üblichen Common-sense-Auffassung in bezug auf makroskopische Zustände und Geschichten, wie man zugeben bzw. annehmen muß, sobald man die Quantenmechanik als eine *umfassend* anwendbare Theorie auffaßt. Die übliche Common-sense-Auffassung von Gegenständen bzw. deren konkretisierende Erfassung muß also abgeändert werden: Nach der Interpretation der Relationalzustände gibt es keinen Zusammenbruch der Wellen- oder Zustandsfunktion; vielmehr erlegt die Welt dem Beobachter bzw. dessen Interpretationsrahmen eine Spaltung in die überlagerten Zustände auf, die durch entsprechende »Designierung«, durch Beobachtung in einen präferierten Gehirn(teil)zustand überführt wird (ebd. 224). Dabei bleibt jedoch die Überlagerung auch in einem größeren System, das den

Beobachter und sein Gehirn bzw. Bewußtsein mit umfaßt, weiterhin bestehen. Das Aufspalten ist also im Grunde eine Metapher für die Überführung in eine übergreifende, ja, sogar makroskopische Überlagerung einschließlich des Beobachters (ebd. 226 f.).
Lockwood nimmt (ebd.) an, daß man gemeinhin Schwierigkeiten habe, sich von dem klassischen Vorurteil, daß makroskopisch bestimmte Zustände sich nicht überlagern, zu »entwöhnen«. Wenn wir aber alle Zustände als relational bzw. relativ in diesem Sinne auffassen, könnte das EPR-Paradoxon nicht auftreten. Durch Designierung eines präferierten Gehirnzustands bei einer Interpretation (vgl. die Interpretation beim Neckerschen Würfel) kann man nun relativ zu dieser Interpretationsbasis in der Tat eine relationale Interpretation aller Zustände eines umfassenden Systems, in dem sowohl die Meßanordnung als auch der Beobachter eingeordnet sind, als Überlagerung vornehmen. Entscheidend ist dabei, daß die Überlagerung erst durch die Einnahme einer entsprechenden Perspektive – etwa durch die bevorzugte Konkretisierung durch Hirnobservablen – konkretisiert wird. Die Bevorzugung einer spezifischen Interpretationsbasis ist also im designierenden Konkretisieren des Bewußtseins bzw. der Gehirnzustände begründet und sie hängt von der Selektivität der konkretisierten Auswahl bzw. der perspektivischen Konstitution der entsprechenden Interpretationsweise ab. Der prinzipielle perspektivische Charakter alles dessen, was durch das Bewußtsein ausgewählt bzw. im Bewußtsein konkretisiert wird, ist damit deutlich. Weil das Entscheidende nun die perspektivische Konkretisierung der Interpretation durch den wahrnehmenden Gehirnzustand bzw. durch das Bewußtsein ist, bleibt die Annahme einer physischen Reduktion der entsprechenden Wellenpakete unnötig, wodurch man den daraus abzuleitenden Paradoxien entgeht.
Natürlich liegt es auf der Hand, daß diese Interpretation eine nicht nur perspektivische, sondern auch eine interpretatorische ist: Sie faßt alle Gegenstände, auch makroskopische, letztlich als Interpretationskonstrukte in Relation zur Erfassungsfähigkeit bzw. zum Bewußtsein des Beobachters auf. Die Einnahme einer bestimmten Perspektive im Beobachtungs- bzw. Meßprozeß durch Präferenz eines Gehirnzustandes prägt nicht nur dem entsprechenden Beobachtungs- oder Meßprozeß eine Perspektivität auf, sondern sie macht ihn sogar erst durch die Konkretisierung einer solchen interpretatorischen Perspektive möglich. Der Beob-

achter kann in der Tat nicht mehr völlig unabhängig von dem beobachteten System situiert sein, sondern es ergibt sich eine unauflösliche, durch die Notwendigkeit der Wahl einer Perspektive begründete Interaktion und Verwobenheit zwischen dem Konkretisieren eines Zustands, dessen Erfassung mittels eines perspektivischen Ansatzes und der Auswahl eines Gesichtspunkts für die Beobachtung bzw. Messung.[9]

Die perspektivische Interpretationsabhängigkeit von Konstrukten geht also weit über die Mikrowelt hinaus, sie kann grundsätzlich auch in der makroskopischen Welt gefunden werden, obwohl wir vereinfachend und oberflächlich stets die Gegenstände von ihren Erfassungsweisen isolieren – und dies auch durchwegs approximativ können –, um zu einer einseitigen Projektion eines präferierten Zustandes zu gelangen, der gleichsam in die Außenwelt projiziert wird. Es ist klar, daß dieser Vorschlag, wie Lockwood selbst sagt (ebd. 232 f.), ziemlich radikal ist; dennoch weist der Deutungsansatz eine Reihe von Vorteilen auf gegenüber den oben erwähnten üblichen und meist paradoxalen Auffassungen der Quantenprobleme. Außerdem erlaubt er auch eine Übertragung in den makroskopischen Bereich und verdeutlicht überdies die unlösliche Verbindung von *Interagieren und Interpretieren*, von *Deuten und Intervenieren*, von *Erkennen und Handeln.*

Der Zugang zur Welt ist nur durch Interpretationskonstrukte möglich, die Welt ist nur durch diese erfaßbar; daher ist jeder Zugriff und Zugang interpretationsabhängig. Aber als Teile der Welt sind wir auch mit unseren Interpretationen *in* der Welt. Das führt natürlich zu einem weiteren Problem: Wie ist methodologisch und erkenntnistheoretisch nun diese Zueinanderordnung der Erfassung und der Deutung möglich? Wie ist es zu verstehen, daß wir die Welt einerseits als ein »real gegebenes« System deuten können, aber andererseits im durchaus vorhandenen methodolo-

9 Das scheint ähnlich zu sein wie in einem Vergleichsbeispiel von Mückenheim (1983): Wenn man einen Zylinder von oben betrachtet, sieht man ihn als Kreis; betrachtet man ihn hingegen von der Seite, dann sieht man ihn als Rechteck. Beide Aspekte sind zunächst einander ausschließend, ihre Reihenfolge ist auch nicht kommutierbar (»erst Kreis, dann Rechteck« ist im gewissen Sinne unterschieden von der Kombination »erst Rechteck und dann Kreis«) und gibt doch in bestimmter Weise zusammen eine Überlagerungskombination der Zylinderform wieder, die charakteristisch ist.

gisch-erkenntnistheoretisch verfeinerten Bewußtsein erkennen, daß diese Deutung als ein Modell selbst interpretativ, abhängig von interpretativen Gegebenheiten und Vorbedingungen ist? Obwohl das Konzept selber ein erkenntnistheoretisches *Interpretationsmodell* ist, bedeutet das nicht, daß wir damit den Realismus notwendig verabschieden müssen. Wir müssen aus praktischen Gründen reale Wesen in einer realen Welt annehmen, einschließlich unserer Körper und unserer Erkenntnissubjektperson. Nach unseren Interpretationen muß die angenommene Welt als real und im *mesokosmischen* Bereich strukturiert gedacht werden. Sie kann freilich nur interpretativ und unter Zugrundelegung dieser Realinterpretation erfaßt werden, ohne daß wir beanspruchen können, damit das Wesen der Welt in allen anderen Bereichen – seien diese nun makroskopisch oder mikroskopisch – zugleich mitzuerfassen oder letztlich überhaupt verstehen zu können. Einstein hätte eigentlich ein Gegner dieser und ähnlicher interpretativer Ganzheitsauffassungen sein müssen; dennoch hat er auch hier wieder in mancher Hinsicht vieles vorausgeahnt und die »Sinnestäuschung« der Separierbarkeit (der Nicht-Relationalität) in folgender Weise zu umschreiben versucht – in Worten (hier zitiert nach Herbert 1987, 327), die eigentlich fast von Bohm stammen könnten:

»Ein menschliches Wesen ist ein Teil des Ganzen, das wir ›Universum‹ nennen; ein Teil, der in Raum und Zeit beschränkt ist. Dieses Wesen erfährt sich selbst, seine Gedanken und Gefühle als etwas, das von allem übrigen getrennt ist – eine Art optischer Täuschung seines Bewußtseins. Diese Täuschung ist eine Art von Gefängnis für uns und wirft uns auf unsere persönlichen Wünsche und unsere Zuneigung zu einigen wenigen uns nahestehenden Menschen zurück. Es ist unsere Aufgabe, uns aus diesem Gefängnis zu befreien, indem wir unseren Bereich von Mitgefühl auf alle Lebewesen und die ganze Natur in ihrer Schönheit ausdehnen. Niemand ist imstande, dies vollkommen zu erreichen, aber das Streben nach einer derartigen Leistung ist in sich selbst ein Teil der Befreiung und ein Grundstein für unsere innere Sicherheit.«

6 Schluß: Ein reflektierter wissenschaftlicher Realismus und der Alltagsrealismus

Die These über die interpretationsabhängige Konstitution der quantenmechanischen Gegenstände und der Referenten der theoretischen Begriffe in der Mikrophysik sowie die weitere Einsicht, daß Interpretieren und Handeln, Konstruieren und Erkennen wechselseitig voneinander abhängige Konzepte sind, führt zu einer variierten Wiederaufnahme der berühmten These Werner Heisenbergs, »daß man die Verhältnisse vielleicht nicht allzu grob vereinfacht, wenn man sagt, *daß zum ersten Mal im Laufe der Geschichte der Mensch auf dieser Erde nur sich selbst gegenüber steht*, daß man keinen anderen Partner oder Gegner mehr findet« (1955, zit. 1971, 120 f.). Diese etwas pauschal und lose formulierte These erläutert Heisenberg wie folgt:

»In früheren Epochen sah sich der Mensch der Natur gegenüber; die von Lebewesen aller Art bewohnte Natur war ein Reich, das nach seinen eigenen Gesetzen lebte und in das er sich mit seinem Leben irgendwie einzuordnen hatte. In unserer Zeit aber leben wir in einer von Menschen so völlig verwandelten Welt, daß wir überall, ob wir nun mit Apparaten des täglichen Lebens umgehen, ob wir eine mit Maschinen zubereitete Nahrung zu uns nehmen oder die von Menschen verwandelte Landschaft durchschreiten, *immer wieder auf die vom Menschen hervorgerufenen Strukturen stoßen, daß wir gewissermaßen immer nur uns selbst begegnen.*« (ebd. 121)

Am drastischsten stellt sich nach Heisenberg diese Situation in der mikro-physikalischen Forschung dar – insofern, als »die Bausteine der Materie, die ursprünglich als die letzte objektive Realität gedacht waren, überhaupt nicht mehr ›an sich‹ betrachtet werden können«, weil hier gilt, »daß sie sich irgendeiner objektiven Feststellung in Raum und Zeit entziehen und *daß wir im Grunde immer nur unsere Kenntnis dieser Teilchen zum Gegenstand der Wissenschaft machen können*« (ebd.). Nach Heisenberg gibt es »nicht mehr die Erkenntnis der Atome und ihrer Bewegung ›an sich‹, d. h. abgelöst von unserer experimentellen Fragestellung« (ebd. 122). Nach Einsicht der heutigen Physik sei der

»Gegenstand der Forschung nicht mehr die Natur an sich, *sondern die der menschlichen Fragestellung ausgesetzte Natur*, und insofern begegnet der Mensch auch hier wieder sich selbst« (ebd.). In der Wissenschaft bilden »die mathematischen Formen [...] nicht mehr die Natur, sondern unsere Kenntnis von der Natur ab, und insofern hat man auf eine seit Jahrhunderten übliche Art der Naturbeschreibung verzichtet, die noch vor wenigen Jahrzehnten als das selbstverständliche Ziel aller exakten Naturwissenschaften gegolten hätte« (ebd.). Jedes »Naturbild« in den exakten Naturwissenschaften ist eigentlich kein »Bild der Natur«, sondern dementsprechend notwendig »ein Bild unserer Beziehung zur Natur« (ebd. 125):

»Im Blickfeld dieser Wissenschaft steht [...] vor allem das Netz der Beziehung zwischen Mensch und Natur, der Zusammenhänge, durch die wir als körperliche Lebewesen abhängige Teile der Natur sind und sie gleichzeitig als Mensch zum Gegenstand unseres Denkens und Handelns machen. Die Naturwissenschaft steht nicht mehr als Beschauer vor der Natur, sondern erkennt sich selbst als Teil des Wechselspiels zwischen Mensch und Natur. Die wissenschaftliche Methode des Aussonderns, Erklärens und Ordnens wird sich der Grenzen bewußt, die dadurch gesetzt sind, *daß der Zugriff der Methode ihren Gegenstand verändert und umgestaltet, daß sich die Methode also nicht mehr vom Gegenstand distanzieren kann.* Das naturwissenschaftliche Weltbild hört damit auf, ein eigentlich naturwissenschaftliches zu sein« (ebd. 125 f.).

Abgesehen von der metaphorischen und eher irreführenden oder allzu pauschal verwendeten Redeweise von der Selbstbegegnung des Menschen kann man den Heisenbergschen Einsichten über die Methoden- und Handlungsabhängigkeit, über die Interpretations- und Konstruktionsabhängigkeit der naturwissenschaftlich konstituierten Gegenstände und der naturwissenschaftlichen Erkenntnis zustimmen. Selbstverständlich – und das sieht Heisenberg auch – ist diese Abhängigkeit keineswegs auf die Mikrophysik beschränkt, wie man das ursprünglich unter den Quantenphysikern gedacht hatte, sondern sie findet sich auch in der Makrowissenschaft und im mesokosmischen Bereich der wissenschaftlichen und auch alltäglichen Erkenntnis- und Handlungsprozesse.

Wir haben durch die Diskussion der Deutungen in der Quantentheorie eindrücklich erfahren, wie sich der klassische Objektbegriff in eine interpretationistische »Regenbogenrealität« der zwar

objektiven, aber interpretationsabhängigen Phänomene auflöst. Es scheint, daß nicht nur Quantengegenstände diesen Charakter der »Regenbogenrealität« (ein objektives Phänomen, das beim Näherkommen entschwindet oder verschwindet) haben, sondern auch Alltagsgegenstände unserer gewöhnlichen Verdinglichungsprojektionen. Dasselbe gilt natürlich für Ereignisauffassungen – ja: für jegliches Erfassen überhaupt. Die Interpretationsabhängigkeit und der Prozeßcharakter (Abhängigkeit vom Messen, Präparieren der Situation und somit Handeln) sind evident.
Ähnlich kann man aus einigen Interpretationsmöglichkeiten der Quantenmechanik, insbesondere aus der Unerläßlichkeit einer Art von holistischer Interpretation folgern, daß die Postulierung von »Gegenständen« – und ebenso die Abgrenzung der Gesamtsysteme – interpretationsimprägniert ist. Selbst die Beschreibung und Erfassung von dynamischen Gesamtsystemen ist ihrerseits abhängig von Interaktionsmöglichkeiten (Situationspräparierung, Meßanordnungen, Handlungsentscheidungen). Doch holistische Interpretationen sind eben auch *Interpretationen*, also gemachte Konstrukte des Menschen, die zur objektivierenden Beschreibung ebenso wie für jede subjektivistische Projektion notwendig sind.
Die Erkenntnis bzw. Identifikation von Gegenständen als Objekten ist interpretationsabhängig, weil sie wesentlich von strukturkonstituierender, modellidealisierender sowie modellprojizierender Aktivität abhängt. Die Messungsabhängigkeit der quantentheoretischen Ergebnisse legt nahe, daß das handelnde Intervenieren, Eingreifen, »Weltgestalten« durch Strukturierung und Projizierungen charakteristisch ist für unsere Welterkenntnis. Jedes Erkennen ist abhängig von Strukturkonstitutionen und Weltzugriffen im Sinne des handelnden und entwerfenden Wesens Mensch. Bei Handlungen, Messungen, Eingriffsmöglichkeiten, Konstitutionen und Projektionen von Strukturen haben wir durchaus alternative Entwurfs- und Entscheidungsmöglichkeiten – dennoch können wir relativ gute, d. h. intersubjektiv kontrollierbare, Ergebnisse erhalten.
Letztlich handelt es sich bei der durch die Diskussion der »Quantenrealitäten« mitangeregten interaktionsinterpretationistischen Deutung unter Zugrundelegung eines Rest-Realismus um einen modernisierten interpretationistisch gewendeten methodologischen Kantianismus im Sinne des hypothetischen transzendentalen Idealismus, der auf die wissenschaftlichen Gegenstandskonsti-

tutionen und Erkenntnismethoden und auch auf die Alltagserkenntnis angewendet werden kann. Gegenstände sind immer abgegrenzte, ausgezeichnete, beschriebene, durch idealisierte Konzepte annähernd erfaßte, durch Typisierung und Unterteilung gebildete, kurz: konstituierte Gegenstände, denen selbst ein nicht als »an sich« erkennbarer Referent als letztlich »realer« Gegenstand unterstellt wird. (Doch auch dieses ist, wie wir gesehen haben, letztlich eine höherstufige, nämlich erkenntnistheoretisch-methodologische, Konstitution bzw. interpretationsgeprägte Zuordnung.)

Jeglicher Konstitutionalismus, der unaufgebbar das gesamte verfeinerte Methodengerüst und Zugriffsverfahren der heutigen Wissenschaften durchdringt, ist ein Interpretationismus, ein Interpretationskonstruktionismus. Ich könnte mir denken, daß die von Heisenberg erläuterte These über die im Lichte unserer Strukturierung und Fragestellung gesehene Natur in dieses Konzept des Interpretationskonstruktionismus eingeordnet werden kann, jedoch von der Mikrophysik auf die gesamte Wissenschaft und auf darüber hinausgehende Erkenntnis ausgedehnt werden müßte.

Wie wir gesehen haben, ist der quantenmechanische Konstruktinterpretationismus häufig als ein erkenntnistheoretischer Idealismus und gelegentlich gar als ein metaphysischer Idealismus verstanden worden, was wohl eine zu pauschale Vereinseitigung ist, wie sich aus der im Laufe der vorangegangenen Kapitel durchgeführten Realismusdebatte ergibt. Der Konstitutionalismus bzw. Interpretationskonstruktionismus, wie er in der Wissenschaft und im interpretatoristischen Ansatz diskutiert werden kann, ist kein naiver oder umfassender Produktionsidealismus in dem Sinne, daß die Gegenstände etwa in Fichteschem oder Hegelschem Sinne durch Begriffsbildungen erschaffen würden, sondern es handelt sich allenfalls um einen methodologischen bzw. transzendentalen Idealismus im eingeschränkten Sinne, wie Kant ihn versteht – um einen *Methoden*ansatz, der mit einem Realismus, allerdings einem ebenfalls bescheideneren, eingeschränkteren rudimentär-externalistischen, durchaus verträglich ist. (Man könnte, um subjektivistisch-idealistische Konnotationen zu vermeiden, geradezu in bezug auf solche (etwa durch Referenzjagden à la Harré aus dem Bereich der bloß theoretischen Konstrukte in den der prinzipiell der »Beobachtung« oder Messung zugänglichen Entitäten überführten) »realisierten« Entitäten von einem Imprägnationismus als spezieller Subvariante des Interpretationismus sprechen, einem pragmatischen Interpretationsimprägnationismus.)

Der Realismus, wie er in der Wissenschaft vertreten wird, kann kein naiver Abbildrealismus mehr sein, überhaupt kein direkter Realismus im traditionellen oder etwa im Pollockschen Sinne. Der Realist kann keine Eins-zu-eins-Verknüpfung und simple Vergegenständlichung der Referenten als absoluter Entitäten unterstellen; und er kann sich ebenfalls nicht absolut auf ein korrespondenztheoretisches Wahrheitskriterium stützen, das theoretische Relationen als logische, verknüpfungstreue Entsprechungen von Beziehungen in der Realität sehen würde. Zwar gibt es Korrespondenzen innerhalb des interpretatorischen Rahmens, innerhalb dessen unterschiedliche Schichten, Ebenen, Teile der Konstitution der Phänomene und der theoretischen Beschreibung sich im korrespondenztheoretischen Sinne einer Wahrheitstheorie entsprechen können, aber dies bezieht sich intern auf die wechselseitige Anpassung von interpretationsgebundenen Erkenntnisschichten zueinander, ist also unter einem methodologisch gewendeten Kohärenzkriterium zu sehen: Die Interpretationen und Interpretationskonstrukte unterschiedlicher Schichten müssen zueinander passen – und einige der Passungen können als Korrespondenzentsprechungen im traditionellen Sinne gedeutet werden, aber eben internalistisch.

Jeglicher vertretbare erkenntnistheoretische Realismus kann also nur ein »schwacher«, »indirekter«, »moderater« oder kurz: interpretationskonstruktionistischer Realismus einer methodologisch-erkenntnistheoretisch gebrochenen Provenienz sein. Wir versuchen die sog. »Verfaßtheit« der Welt an sich zu erfassen, indem wir die »Bilder« von ihr, die interpretativen Konstrukte und Konzepte konstituieren und strukturieren, imprägnieren, schematisierend interpretieren, und zwar durch Schemata, Begriffe und durch logische und theoretische Instrumente und Verknüpfungen. Dabei müssen wir uns jedoch stets der Beschränkung dieser strukturierenden Tätigkeit bewußt sein. Wir können nicht einfach unterstellen, daß die Welt »an sich« ihrerseits logische Strukturen und Verknüpfungen unabhängig von unseren Erkenntnisbildern von ihr aufweist. (Methodologisch-erkenntnistheoretisch gesehen, ist bereits das Konzept einer vom erkennenden Subjekt unterschiedenen »Welt an sich« ein interpretatives Konstrukt, ein erkenntnistheoretisches Modellkonzept der Stufe IS_5 bzw. IS_6.)

Wir können zwar mit dem wissenschaftlichen Realismus annehmen, daß man sog. Elemente der bewußtseinsunabhängigen Realität, die mit einem gewissen Rest-Realismus als »an sich« bestehend vorausgesetzt werden müssen, irgendwie »beschreiben« kann – aber eben nur *mittels* unserer wahrnehmungsschematisierenden, menschengemachten, konzeptualisierten und konstruierten Ordnungs-, Beschreibungs- und Theoretisierungsmittel sowie vor allem auch mittels der entsprechenden Manipulationspraktiken. Diese werden mehr oder minder erfolgreich, in höherem oder geringerem Grade präzise angewendet und können sogar in den exakten Naturwissenschaften zu sehr hochgradig verläßlichen Informationen, Beschreibungen und Voraussagemöglichkeiten sowie auch zur technischen Manipulierbarkeit bei »realen« Phänomenen und Prozessen führen. Insofern geht dieser erkenntnistheoretische Wissens- und Beschreibungsrealismus über den zugrunde gelegten rein metaphysischen Rest-Realismus von der Existenz einer bewußtseinsunabhängigen Realität an sich schon hinaus. Wir können erkennen, wir können in außerordentlich beachtlichem Maße etwas über die »Realität« wissen, aber jegliches Wissen ist ein Wissen, das unverzichtbar von unseren begrifflichen Vorformulierungen, unseren Konstrukten und Interpretationen sowie Handlungsschemata und -formen geprägt ist. Wissen kann nur im Sinne des pragmatisch verankerten methodologischen Interpretationismus konzipiert und ausgebildet werden.
Man kann nicht darüber hinausgehen und etwa die logischen Strukturbildungen bzw. begrifflichen Instrumente einfach in die Realität »an sich« projizieren, um zu behaupten, man könne in der Erkenntnis, in unserem »Bild von der Natur« die Realität, wie sie an sich selbst sei, irgendwie verknüpfungstreu wiedergeben, abbilden, ohne daß die formierende, interpretatorisch prägende Rolle der Begriffsbildungen, Theorien, der sprachlichen und auch der durch Fragestellungen und Experimente vorform(ul)ierten Instrumente und der Eingriffsformen (z. B. der Handlungen wie Messen, Suchen, Beobachten usw.) berücksichtigt würde. Ein absoluter »deskriptiver Realismus« in diesem Sinne ist also mit Rescher (1987, 154) abzulehnen. Selbst der durch die verläßliche Beschreibung gewährleistete »rein kognitive Realismus« ist – dies sieht Rescher vielleicht nicht differenziert genug – noch im Lichte des praxisorientierten Interpretationskonstruktionismus zu rela-

tivieren. Die Interpretationspraxis und die Interventionspraxis sind entscheidend.
Jegliche Beschreibung, zutreffende Information, Wiedergabe ist per se zutiefst erkenntnisprozeß- und instrumentenrelativ, interpretationsimprägniert, abhängig von Handlungsschematisierungen und von theoretischen Vorstrukturierungen und Interpretationen, ja, überhaupt nur so zu konzipieren und notwendig auch als handlungs- und interaktionsgebunden aufzufassen.
Versteht man den Ansatz des Interpretationskonstruktionismus in einem so umfassenden Sinne wie hier, so muß man sogar noch weitergehen, und auch – wie schon angedeutet – die Unterstellung einer Realität an sich, also die Annahme des metaphysischen Realismus selbst – und zwar nun freilich auf einer spezifischen erkenntnistheoretischen Ebene (IS_6) – als interpretatorisch unterstellen. Auch die Unterstellung einer Realität an sich ist nicht unabhängig von unseren Auffassungen, Interpretationen, sprachlichen Mitteln, theoretischen Konzepten und Handlungsmöglichkeiten im Umgang mit der Welt geprägt. Jegliche Weltgliederung ist interpretationsabhängig, ist, aus einer bestimmten Perspektive gesehen, konstituiert bzw. konstitutionalisiert, konzipiert, abhängig von Deutungen, Interpretationspraxis und Praxisinterpretationen. *Deutungen spielen überall hinein.* Selbst die Trennung, ja, Dichotomie von Subjekt und Objekt, von Erkennendem und Erkannten, von Ich und Welt usw. ist – auf erkenntnistheoretischer Stufe gesehen – im Rahmen eines interpretatorischen Modells geleistet, so plausibel und unvermeidlich die Unterstellung auch scheint. (Gerade die Diskussion der mikrophysikalischen Regenbogenrealität und der Interventions- und Experimentierabhängigkeit von realen Prozessen hat gezeigt, daß die allgemein unterstellte naive Dichotomisierung keineswegs selbstverständlich ist.)
Es gibt also verschiedene Ebenen der Realitätsinterpretationen. Eine interpretatorische Prägung oder Färbung des Konstituierten, der Erfassung von jeglichem Referenten (des bezeichneten oder gemeinten Gegenstandes) besagt nun freilich nicht, daß das Konstituierte bzw. das durch ein Interpretationskonstrukt Bezeichnete nun etwa nicht existieren würde. »Existieren« ist selbst ein interpretationsimprägnierter Begriff und ist an sich analytisch unvollständig; auch hier hat die traditionelle These, daß Existenz kein sachhaltiges Prädikat sei, der Existenzquantor keinen Prädi-

kator darstellt, ihren guten Sinn. Wir können von Existenz nur in bezug auf Kontexte, Zusammenhänge – und das heißt Interpretations- und Handlungszusammenhänge – sprechen. Beispielsweise zeigt sich im Blick auf die Existenz bestimmter fiktiver, z. B. theoretischer oder auch sozialer Entitäten, besonders deutlich, daß zumindest die Erfassung von »Existenz« in der Tat interpretationsabhängig ist. Dies gilt freilich nicht nur für soziale, sondern auch für natürliche Gegenstände, soweit sie durch unseren theoretisch-beschreibenden Zugriff erfaßt werden können.
Soziale und kulturelle Gegenstände sind Elemente zunächst fiktiver Welten, denen durchaus eine beachtliche Handlungs- und Folgenrealität zugesprochen werden kann. Auch unser Alltagsleben ist sehr stark von interpretationsimprägnierten Fiktionen, Projektionen und konstituierten Gegenständen, Strukturen usw. geprägt und gestaltet. (Man denke nur an die Wirksamkeit von sozialen Strukturen wie etwa der des Staates!) Ferner ist es durchaus abhängig von interpretationsgebundenen Rahmenvorgaben und Perspektiven, ob es sich um Gegenstände einer makro- oder mesowissenschaftlichen Theorie oder um einen mikroskopischen Gegenstand oder um den seinerseits prinzipiell unbeobachtbaren Referenten eines theoretischen Begriffs handelt. Selbst die biologisch-evolutionäre Perspektive des Menschen als *einer* Art in der weitverzweigten Evolution des Lebendigen ist natürlich von interpretativen Perspektiven und theoretischen Strukturierungen vorgeprägt. Auch hier zeigt sich überall, daß Welterfassung Weltgliederung voraussetzt und somit konstrukt- und interpretationsimprägniert ist.
Es ist wichtig, verschiedene Ebenen der Realitätsinterpretation zu unterscheiden. Diese Unterscheidungen sind teilweise methodologisch: Die erkenntnistheoretisch-methodologische Perspektive ist beispielsweise von der objektsprachlich-gegenstandsbezüglichen zu trennen – und diese möglicherweise wiederum von der umfassenden Alltagsperspektive der sog. natürlichen Einstellung bzw. des sogenannten naiven Alltagsrealismus. Der Interpretationismus kann kein Einschichteninternalismus sein, sondern muß ein schichtenübergreifender Internalismus sein; er muß die Sprachabhängigkeit, Interpretationsabhängigkeit und zumal auch die Handlungsabhängigkeit berücksichtigen, um die Beziehungen zwischen unterschiedlichen Interpretationsebenen darstellen und erfassen zu können.

Die Zusammenhänge zwischen den unterschiedlichen Schichten ergeben sich aus den notwendigen lebenspraktischen und pragmatischen Unterstellungen einer einheitlichen Welt, in der wir leben und handeln, mit deren Teilen wir interagieren, in der sozusagen die verschiedenen Interpretationsperspektiven »zusammenlaufen«, ohne daß eine allumfassende differenzierte, etwa abbildungstheoretische Gesamtdarstellung, sei es praktisch-detailliert, sei es prinzipiell, schon unterstellt oder gewährleistet werden könnte. Allenfalls als methodologisches Postulat könnte das Fernbild einer wissenschaftlichen Gesamtdarstellung im Sinne einer methodologischen Weiterführung oder Variante der traditionellen Unified-Science-Idee als fiktional-utopisches Leitziel verfolgt werden.

Wir müssen handeln – mit Plänen und unter Konzepten. Um überleben zu können, müssen wir uns als handelnde Wesen in der Welt verstehen, die leben und überleben wollen, die sich in die Welt einpassen und eingliedern, diese zu erfassen und z. T. zu manipulieren und mit ihr zu interagieren suchen. Es gibt also gute und unverzichtbare lebenspraktische sowie auch pragmatische Gründe für einen in dieser Weise grundsätzlich unterstellten, aber abgeschwächten metaphysischen Rest-Realismus, der im erkenntnistheoretischen Sinne ein pragmatischer interpretationskonstruktionistischer Realismus sein muß. Aus praktischen und pragmatischen Gründen sind wir alle zum Realismus verurteilt – jedenfalls im Alltag. Dies besagt nicht, daß etwa dieser Realismus absolut bewiesen werden könnte bzw. nicht zu differenzieren oder zu verändern wäre. Es handelt sich – kurz gesagt – um einen hypothetischen Realismus in dem Sinne, daß die Hypothese des metaphysischen und erkenntnistheoretischen Realismus zwar über gute praktische, aber eben nicht über fundamentale, letztbegründungsfähige logische Gründe verfügt.

Zu betonen ist dabei nochmals ein besonders wichtiger Punkt, der in den vorangegangenen Kapiteln eine besondere Rolle gespielt hat, oft aber bei erkenntnistheoretischen und wissenschaftstheoretischen Diskussionen übersehen wird: Das Erkennen ist stets *handlungs*gebunden, kann nicht in abstracto als bloße Beschreibung unabhängig von experimentierenden und intervenierenden Handlungen, vom Zugriff des Menschen auf die Welt und auf seine weltkonstituierenden Modelle gesehen werden. Erkennen und Handeln, Interpretieren und Intervenieren sind keineswegs so absolut getrennt, wie es eine traditionelle Auffassung vom Unterschied zwischen theoretischem Erkennen und praktischem Handeln, von Theorie und Praxis zu unterstellen schien. Es gibt keine totale Trennung von Erkenntnis und Handeln, von Theorie und Praxis, von Interpretieren und Intervenieren, von Strukturerkennen und Strukturieren. Dabei ist Strukturieren einerseits im Sinne von Struktur-»Machen« und andererseits im Sinne von Strukturen-Projizieren (Netze-Überwerfen) zu verstehen. Die Handlungsverwobenheit des Interpretierens und die Interpretativität des Handelns wurden bereits vielfach betont und nachgewiesen. So wie wir in erkenntnistheoretisch-methodologischer Sicht als handelnde Wesen notwendig interpretierende Wesen sind, sind wir als interpretierende Wesen wesentlich auch auf Handlungsnotwendigkeiten und -ziele angewiesen und in Handlungskontexte eingebettet. Die Trennung zwischen Handlung und Erkennen ist allenfalls analytisch zu verstehen und als sinnvoll zu motivieren, aber sie ist eben keine totale und absolute Gegenüberstellung, die auf der prinzipiellen Unabhängigkeit der entsprechenden Tätigkeiten voneinander beruhte. (Schon daß beim Erkennen von »Tätigkeit« die Rede ist, zeigt, daß Erkennen grundsätzlich handlungsabhängig ist, was auf der Handlungskontextgebundenheit des Interpretierens beruht.) Perspektiven, die das Handeln in der Praxis und das Erkennen in der theoretischen Wissenschaft in den Vordergrund rücken, sind also allemal vereinfachende, analytische, wenn auch durchaus sinnvoll zu umreißende Perspektiven, die ihr gutes relatives Recht haben, jedoch nicht verabsolutiert werden dürfen.

Eine Art methodologischer Verschränkung und Wechselgebundenheit von realem Handeln und der Weltunterstellung und Interpretationsnotwendigkeit ist hier zu finden: Ist Handeln interpretationsimprägniert, ja, sind Handlungen selbst Interpretationskonstrukte, so sind sie mit dem Handeln selbst auf Weltunterstellung angewiesen. Man kann nicht durch Interpretation – also im handelnden Interpretieren einer bestimmten Stufe – die Unterstellung eines »Realen« in der Welt ablehnen, ohne es selbst qua Handeln schon implizit hypostasierend in Anspruch genommen zu haben.[1] Handeln konkretisiert sich immer an, in *etwas* und an

1 Das ist eine Art petitio tollendi, wie sie auch in der Logikbegründung auftaucht. Man kann nicht den logischen Satz vom auszuschließenden

jemandem (dem Akteur). Handeln kann man nur in, nicht außerhalb der Welt. Indem wir handeln, indem wir interpretieren, setzen wir pragmatisch notwendig das Modell einer realen Welt voraus: Wir können dieses zwar logisch im Sinne des traditionellen radikalen Skeptizismus bestreiten, aber pragmatisch-performativ können wir diese Ablehnung nicht durchführen. Insofern ist die Realitätsunterstellung pragmatisch »notwendig«. Dies bedeutet nicht, daß sie nicht auch interpretatorisch wäre. Die Unterscheidung von Realität und Interpretation beziehungsweise dem Handlungsvorgang beim Interpretieren ist selbst interpretationsimprägniert. Ja, Realität selbst ist ein Interpretationskonstrukt, also nur interpretations*intern* zu entwerfen, besser zu erfassen, denn die Modi der Erfassung sind stets interpretationsimprägniert, wie wir gesehen haben. Realität läßt sich nicht ohne Erfassungsmodi vorstellen, denken oder in irgendeinem Sinne »erkennen« bzw. konstituieren. Insoweit etwas *als etwas* erfaßt wird, ist es, wie wir oben sahen, notwendig schon interpretationsimprägniert. Es muß dies freilich nicht in jedem Sinne auch *sein*. Wir können aus pragmatischen, lebenspraktischen, unhintergehbaren oder unumgänglichen Gründen gezwungen sein – und sind es auch! –, externe Realität als von uns unabhängig zu denken – selbst wenn wir wissen, daß jegliche Erfassung, ja, auch schon jedwede Vorstellung von ihr per se (qua Erfassung) interpretativ geladen, ja, zutiefst und unaufhebbar interpretatorisch geprägt ist. Wir können uns die Realität als von uns unabhängig, als uninterpretiert denken, aber jedes Denken, jede Vorstellung davon – schon die Entgegensetzung der realen Außenwelt zum erkennenden Subjekt – ist interpretativ: Jedes Konzept der Realität ist – erkenntnistheoretisch-methodologisch gesehen – interpretationskonstituiert, interpretationsgeprägt, unlöslich mit Interpretativität verwoben, ja, in gewissem Sinne durch sie erst »erzeugt«. Auch das Modell der Realitätserfassung und jegliche Referentenentsprechung (Bezugnahme von Ausdrücken auf etwas Bezeichnetes) ist auf anderer Ebene – etwa der Ebene IS_6 der Metainterpretation – interpretationsimprägniert. Erst durch eine Abstufung von Typen und Ebenen des Interpretierens können wir

Widerspruch begründet kritisieren oder ablehnen, ohne ihn selbst (wenigstens auf der Metastufe der Methode der eigenen Argumentation) in Anspruch zu nehmen (vgl. Lenk, H., *Metalogik und Sprachanalyse*, Freiburg 1973).

relative Unterschiede feststellen: Wir können zwar auf einer Ebene etwas als interpretationsunabhängig meinen, aber selbst das Meinen ist auf einer höheren Ebene interpretativ, und das Konzept jeglicher Form, in der sich das Erfaßte präsentiert, ist interpretationsgebunden.
Diese verzwickte Situation scheint, oberflächlich betrachtet, auf einen totalen Interpretationsidealismus oder -absolutismus hinauszulaufen, der mit dem radikalen internen Interpretationismus verbunden zu sein scheint. Doch bei näherer Analyse stellt sich diese Vermutung als falsch heraus. Wir können in realisierender Interpretation durchaus etwas aus praktisch-pragmatischen Gründen als »real« und von uns unabhängig denken bzw. unterstellen (so wie wir uns ja auch selber als real unterstellen), ohne zu leugnen, daß es sich in erkenntnistheoretisch-methodologischer Perspektive um ein Interpretat handelt. Wo aber, ist man geneigt zu fragen, bleibt die reale Verankerung des Spiels im Wirbel der Interpretationen? Brauchen wir nicht einen *festen* Anknüpfungspunkt, sozusagen einen archimedischen Punkt des Philosophierens, von dem wir ausgehen müßten: einen realen Haltepunkt? Nein! Trotz aller notwendigen Gebundenheit an eine pragmatisch unterstellte externe Realität (die aus anderer Sicht interpretativ gefaßt ist) ist es nicht nötig, einen fixen archimedischen Punkt des Handelns und Interpretierens als *Fundamentum inconcussum* des Philosophierens anzunehmen. Dies wäre ein rationalistisches Fundamentalphilosophieren im überholten letztbegründungsrationalistischen Sinne. Statt dessen wissen wir, daß wir handeln und relativ erfolgreich erkennen, antizipieren können; und wir wissen auch, daß wir, ohne zu interpretieren, weder handeln noch erkennen könnten. Wir können eine nichtarchimedische Philosophie des relativen und pragmatischen Begründens entwerfen, ohne – erkenntnistheoretisch gesehen – auf einen letzten gesicherten, als solchen selbst nicht-interpretativ ausgezeichneten, Grund zurückgehen zu müssen. Dennoch können und müssen wir im »realen« Lebenszusammenhang pragmatisch die externe Welt als real, als Handlungskontext und teils als Widerpart des Verhaltens, unterstellen, selbst wenn wir sie nicht in unbezweifelbar objektive und interpretationsfreie »Gegenstände« separieren können, sondern niemals von unseren Interpretationsbildungen und Interpretationskonstrukten, die ihrerseits auf Handlungen bezogen sind, absehen können.

Wir bewegen uns in Interpretationszirkeln, kommen sozusagen aus dem Horizont oder Firmament bzw. »Universum« des Interpretierens nicht heraus. Dies bedeutet aber nicht, daß nur Interpretationen existieren bzw. von uns als einzige »reale Prozesse« angenommen werden könnten, daß gar keine Realentsprechungen für Interpretationskonstrukte gedacht werden dürften und könnten. Im Gegenteil, pragmatisch-praktisch sind wir in einer Welt der Handlungen und des Interpretierens auf Realunterstellungen der skizzierten Art angewiesen. Handeln ist weltgebunden. Interpretieren ist nicht alles, aber ohne Interpretieren ließe sich überhaupt nichts erfassen.

Natürlich müssen wir vom Alltagserleben und -handeln ausgehen, auch wenn wir wissen, daß dies immer schon interpretationsimprägniert ist. So handeln wir denn, so interpretieren wir eben: Wir sind zutiefst entwerfende, interpretierende, handelnde Wesen – auch wenn wir wissen, daß diese Selbstdeutung wiederum ein Interpretationskonstrukt anthropologisch-erkenntnistheoretischer Art ist. Quasi-wittgensteinianisch könnte man sagen: So interpretieren wir eben, indem und wie wir handeln. Dies schließt natürlich keine Einsicht über die Interpretationsabhängigkeit auch dieses Modells und aller Tätigkeiten sowie der Erkenntnisse im Alltag und in der Wissenschaft (wie auch in der Philosophie) aus.

Das Gesagte gilt natürlich auch für die Realismusdebatte und die Interpretation einer Realitätsunterstellung. Wie erwähnt, gibt es lebenspraktisch unerläßliche Gründe für eine solche Unterstellung einer realen Welt, die nicht von unserem Bewußtsein oder Interpretationshorizont bzw. von unseren Strukturierungsfähigkeiten allein abhängig ist. Jegliche Erfassung, jegliches Erkennen oder Beschreiben von Zügen oder Elementen dieser Welt ist freilich nach dem Grundsatz der Interpretationsimprägniertheit allen Erkennens und Handelns zutiefst interpretationsgebunden. Erkennen und Handeln sind konstruktive und interpretative Weisen des menschlichen Sichstellens zur Welt und in der Welt; sie sind ohne Konstruktivität und Interpretation also nicht möglich, d. h. praktisch nicht durchführbar und prinzipiell nicht einmal konzipierbar. Insofern ist auch die Unterstellung einer bewußtseins- und strukturierungsunabhängigen Realität, ja, die Gegenüberstellung von Realität und erkennendem Subjekt selbst interpretationsimprägniert – wenigstens auf der erkenntnistheoretischen Stufe. Jegliche realistische These, sei es im Alltag, sei es in der

Wissenschaft, muß mit einem methodologischen Interpretationskonstruktionismus gepaart werden – jedenfalls was Erfaßbarkeit und Konzipierbarkeit des Gemeinten, Bezeichneten und des Erkenntnismodells selbst angeht. Realität ist nicht interpretationsfrei »zu haben«, zu erfassen, zu konfrontieren, ja, überhaupt zu konzipieren. Der Interpretationskonstruktionismus ist in jede Realitätskonzeption methodologisch eingebaut. Alles andere wäre die naive Fortsetzung der traditionellen Beschreibungsideologie oder des naiven Realismus zu einem mit wissenschaftlich aufbereiteten Kategorien hochstilisierten Abbildrealismus oder, alternativ, zu einem Interpretationsrealismus; all diese Varianten eines verabsolutierten »deskriptiven« Realismus haben sich jedoch längst als unhaltbar erwiesen. Zwar können wir und müssen wir (aus lebenspraktischen und auch aus guten wissenschaftlichen Gründen) eine von unserem Bewußtsein und unseren Interpretationen unabhängige Realität an sich unterstellen – jedenfalls auf der Ebene der Alltagsinterpretationen, der biologisch-evolutionären bzw. der kosmologischen Perspektiven –, jedoch ist jegliche Erfassung, schon die Bezeichnung, das »Meinen« von Zügen und Elementen dieser Realität notwendig interpretationsgebunden, nur im Lichte und in den Formen unserer Interpretationskonstrukte zu erfassen, ja, nur aufgrund eines im Sinne des erkenntnistheoretischen Subjekt-Objekt-Modells erst zu trennenden Gegensatzes zwischen Ich und Welt überhaupt zu konzipieren. Selbst die Auffassung der (Rest-)Realität als einer »interpretationsfreien« ist nur im Rahmen eines interpretatorischen Modells zu sehen und also auf der Metastufe als interpretationsimprägniert zu bezeichnen und zu beschreiben.
Realismus und Idealismus sind keine absoluten Gegensätze, keine einander ausschließenden dogmatischen Möglichkeiten mehr, sondern sie sind auf vielfältige Weise miteinander verzwickt – jedenfalls, was den Prozeß der Erkenntnisbildung und -strukturierung angeht. Dies sah schon Immanuel Kant, der den transzendentalen Idealismus mit einem von ihm postulierten metaphysischen Realismus des Dings »an sich« einerseits und mit einem empirischen Realismus andererseits verband und in einen gleichsam transzendentalen Realismus integrierte. Die Unterscheidung zwischen verschiedenen Arten des Realismus und die Konzeption eines methodologisch beschränkten Realismus sind nun selbst interpretative, erst im Rahmen eines erkenntnistheoretischen An-

satzes intern zu erzielende Ergebnisse. Relative Realismen und Idealismen sind interpretationsinterne Standpunkte, die nicht aus dem Horizont und dem intellektuellen Kosmos der Interpretativität herausführen. Der Interpretationismus ist insofern ein erkenntnistheoretischer Internalismus, ein »Intermediärismus« – etwa auch in dem Sinne, wie es der wissenschaftshumoristische Erkenntnistheoretiker und Antidogmatist, ja, Erkenntnisanarchist Charles Fort lange vor Paul K. Feyerabend schon 1919 bzw. 1931 formuliert hat: »Wir sind keine Realisten. Wir sind keine Idealisten. Wir sind Intermediäristen – daß nichts wirklich ist, aber auch nichts unwirklich: daß alle Phänomene Annäherungen an die eine oder andere Seite sind, zwischen Wirklichsein und Unwirklichsein. Also: daß unser ganzes Quasi-Dasein ein Zwischenstadium zwischen Positivität und Negativität oder Wirklichsein und Unwirklichsein ist. Ähnlich dem Fegefeuer, dünkt mich« (zit. nach Kaplan 1991, 31).

Als »Wissenschaft« gilt ihm »die Konventionalisierung angeblichen Wissens« (ebd. 91): »Die Wissenschaft von heute – der Aberglaube von morgen. Die Wissenschaft von morgen: der Aberglaube von heute. Zur Topographie des Denkvermögens: Ich würde sagen, was wir als Wissen bezeichnen, ist von Gelächter umgebene Ignoranz« (ebd. 32). Vielleicht läßt sich das im gegenwärtigen Zusammenhang abwandeln: Was wir als Erkennen bezeichnen, ist von Interpretationen umgarnte und in Handlungsmöglichkeiten eingebettete Konstruktion (Schemabildung und -anwendung). Wie sagt Fort? »Man kann sich nicht an eine Klassifikation binden, außer man wäre hoffnungs-, wenn nicht rücksichtslos der Wissenschaft und Logik verfallen« (ebd. 119 f.). Er selber aber, der jede Wissenschaft für »einen verstümmelten Kraken« hält (»wären ihre Tentakel nicht zu Stummeln gestutzt, sie müßte sich zu beunruhigenden Berührungen hindurchtasten« (ebd. 120)) – gesteht freilich in bezug auf seine eigene Interpretationstätigkeit: »Mein Motiv vermag ich nicht eindeutig zu definieren, da bis zu diesem Tag nicht entschieden ist, ob ich Humorist oder Wissenschaftler bin.«

Sollte die lockernde Einsicht des *Homo humorus-scientificus* (ebd. 24), die den Übersetzer zur neologistischen Bezeichnung der Fortschen Wissenschaft als »Witzenschaft« führt, nicht auch über die oberflächlich kalauernden Assoziationen hinaus eine tiefere auflockernde, entfesselnde und darum gerade fesselnde Ein-

sicht in die Einsichten in philosophische Bemühungen kennzeichnen können? »Philosophien, nichts als intellektuelles Modeschaffen [...] oder daß Universitätsprofessoren Mannequins sind, die, mit dem letzten Schrei an Glaubensdingen herausgeputzt, ihre jungen Kunden modisch anleiten« (ebd. 138 f.). Bissig, aber teilwahr! Fort fährt fort: »Aus der Wissenschaft verblaßt die Gewißheit so schnell, wie sie je aus der Theologie entwich. An ihrer Stelle lockt das Abenteuer [...] es gibt Abgründe des Unerklärlichen, doch werden sie durch Terminologie überbrückt« (ebd. 143). »Der Weisheitssuchende entfernt sich mehr und mehr vom Zustand des Idioten, um am Ende festzustellen, daß er zu ihm zurückkehrt. Glaube über Glaube verblaßt aus seinem Sinn: Also ist sein Ziel die Kreuzung zweier Nichtigkeiten. Die eine, nichts zu wissen, und die andere, zu wissen, daß nichts zu wissen ist« (ebd. 25).
Realitäten als bloße Reinterpretationen von Reinterpretationen? Sollte doch der alte Dubliner Alkoholiker Recht haben: »Realität ist eine Illusion, die durch zu geringen Alkohol(gehalt) entsteht«? Dennoch stoßen wir uns die Köpfe.
Jetzt mag freilich ein Antidogmatismus und Antiexklusionismus auch im Interpretationskonstruktionismus hypothetischer Provenienz obwalten, wie ihn Charles Fort »witzenschaftlich«-humoristisch artikulierte: »Jede beliebige Verlautbarung einer jeden beliebigen Orthodoxie kommt in meinen Augen Handschellen gleich. Es sind Hirnschellen.« »Noch die größte vermeintliche Gewißheit ist nur eine zeitweilige Verschleierung des Abgründigen. Wir alle bewegen uns auf einer Decke dünnen Daseins« (ebd. 107, 105).

Literatur

Abel, G., *Nietzsche. Die Dynamik der Willen zur Macht und die ewige Wiederkehr*, Berlin–New York 1984

Almeder, R.: »Blind realism«, in: *Erkenntnis*, 26 (1987), 57-101

Aronson, J. R., *A Realist Philosophy of Science*, London 1984

Aspect, A./Dalibard, J./Roger, G.: »Experimental Test of Bell's Inequalities Using Time-varying Analyzers«, in: *Physical Review Letters, 49* (1982), 1804

Bannister, D./Fransella, F., *Der Mensch als Forscher. Die Psychologie der persönlichen Konstrukte*, Münster 1981 (engl. Orig. 1971)

Bell, J. S.: »On the Einstein Podolsky Rosen Paradox«, in: *Physics*, 1 (1964), 195-200

Blackburn, S.: »Truth, Realism and the Regulation of Theory«, in: P. French et al. (Hg.), *Midwest Studies in Philosophy*, Vol. V, Minneapolis 1980, S. 353-371

Blackburn, S., *Spreading the Word*, Oxford 1984

Bohm, D., *Wholeness and the Implicate Order*, London 1980 (dt.: *Die implizite Ordnung, Grundlagen eines dynamischen Holismus*, München 1984)

Boyd, R.: »Metaphor and Theory Change: What is ›metaphor‹ a Metaphor for«, in: A. Ortony (Hg.), *Metaphor and Thought*, Cambridge 1979, S. 365-408

Brecht, B., *Gesammelte Werke*, Frankfurt a. M. 1967 ff.

Bunge, M.: »The Bell Inequalities and All That«, in: *Philosophia naturalis*, 26 (1989), 121-134

Carnap, R., *Scheinprobleme der Philosophie*, Hamburg ²1961 (1. Aufl. 1928)

Cartwright, N., *How the Laws of Physics Lie*, Oxford 1983

Casti, J. L., *Verlust der Wahrheit. Streitfragen der Naturwissenschaften*, München 1990

Clauser, J. F./Shimony, A.: »Bell's Theorem: Experimental Tests and Implications«, in: *Reports on Progress in Physics*, 41 (1978), 1881-1927

d'Espagnat, B.: »The Quantum Theory and Reality«, in: *Scientific American*, 1979, H. 9, 128-141

Dilthey, W.: »Beiträge zur Lösung der Frage vom Ursprung unseres Glaubens an die Realität der Außenwelt und seinem Recht« (1890), in: *Gesammelte Schriften*, Bd. V, Göttingen 1924

Donnellan, K.: »Referenz und Kennzeichnungen«, in: U. Wolf (Hg.), *Eigennamen. Dokumentation einer Kontroverse*, Frankfurt/M. 1985 (i. O.: »Reference and Definite Descriptions«, in: *Philosophical Review*, 75 (1966), 281-304)

Dretske, F., *Seeing and Knowing*, London 1969
Einstein, A./Podolsky, B./Rosen, N.: »Can Quantum-mechanical Description of Physical Reality be Considered Complete?«, in: *Physical Review*, 47 (1935), 777-780
Einstein, A.: »Quantenmechanik und Wirklichkeit«, *Dialectica*, 2 (1948), 320-324
Ellis, B., *Truth and Objectivity*, Oxford 1990
Engel, A. K. et al.: »Bildung repräsentationaler Zustände im Gehirn«, in: *Spektrum der Wissenschaft* 1993, H. 9, 42-47
Engels, E.-M., *Erkenntnis als Anpassung? Eine Studie zur Evolutionären Erkenntnistheorie*, Frankfurt/M. 1989
Erismann, Th.: »Wahrscheinlichkeit im Sein und Denken«, in: *Studium Generale*, 4 (1951), 88-109
Fellmann, F.: »Interpretationismus und symbolischer Pragmatismus«, in: *Allgemeine Zeitschrift für Philosophie*, 15.2 (1990), 51-59
Gibson, J. J., *The Senses Considered as Perceptual Systems*, Boston 1966 (dt.: *Die Sinne und der Prozeß der Wahrnehmung*, Bern–Stuttgart–Wien 1973)
Gibson, J. J.: *Wahrnehmung und Umwelt. Der ökologische Ansatz in der visuellen Wahrnehmung*, München 1982 (Org. 1979)
Goleman, D., *Lebenslügen und einfache Wahrheiten*, Weinheim–Basel 1987
Gribbin, J., *Auf der Suche nach Schrödingers Katze. Quantenphysik und Wirklichkeit*, München 1987 (i. O.: 1984)
Groeben, N. et al., *Das Forschungsprogramm Subjektive Theorien*, Tübingen 1988
Hacking, I., *Representing and Intervening*, Cambridge 1983
Harré, R., *Varieties of Realism. A Rationale for the Natural Sciences*, Oxford 1986
Heisenberg, W.: »Das Naturbild der heutigen Physik«, in: Ders., *Das Naturbild der heutigen Physik*, Hamburg 1955, S. 7-23; wiederabgedruckt in: Ders., *Schritte über Grenzen*, München 1971, S. 109-127
Helmholtz, H. v., *Die Tatsachen in der Wahrnehmung*, Berlin 1879 (Nachdruck: Darmstadt 1959)
Herbert, N., *Quantenrealität. Jenseits der neuen Physik*, Basel–Boston 1987 (i. O. 1985)
Hesse, M., *Models and Analogies in Science*, London 1963
Hesse, M., *Revolutions and Reconstructions in the Philosophy of Science*, Harvester 1980
Hirst, R. J.: Stichwort »Realism«, in: P. Edwards (Hg.), *The Encyclopedia of Philosophy*, Bd. 7, New York/London 1967, 77-83
Horgan, J.: »Quanten-Philosophie«, in: *Spektrum der Wissenschaft* 1992, H. 7, 82-90

Hossenfelder, M.: *Kants Konstitutionstheorie und die transzendentale Deduktion*, Berlin–New York 1978
Jennings, R.: »Scientific Quasi-Realism«, in: *Mind*, 98 (1989), 225-245
Kaplan, L. (Hg.), *Witzenschaftliche Weltbetrachtung: Das verdammte Universum des Charles Fort*, Berlin 1991
Kelly, G. A., *The Psychology of Personal Constructs*, 2 Bde., New York 1955
Körner, S., *Categorial Frameworks*, Oxford 1970
Kohler, I.: »Gedanken zur instinktiven Anwendung der Wahrscheinlichkeit«, in: *Studium Generale*, 4 (1951), 110-114
Kohler, I.: »Über Aufbau und Wandlungen der Wahrnehmungswelt«, in: *Sitzungsbericht der Österreich. Akademie der Wissenschaften, philosophisch-historische Klasse*, Bd. 227, Wien 1951
Kripke, S., *Name und Notwendigkeit*, Frankfurt a. M. 1981
Kutschera, F. v.: »Bemerkungen zur gegenwärtigen Realismus-Diskussion«, in: W. L. Gombocz, H. Rutte, W. Sauer (Hg.), *Traditionen und Perspektiven der analytischen Philosophie*, Wien 1989, S. 490-521
Kutschera, F. v., *Die falsche Objektivität*, Berlin 1993
Lenk, H., *Metalogik und Sprachanalyse*, Freiburg 1973
Lenk, H.: »Der Macher der Natur?«, in: G. Großklaus, E. Oldemeyer (Hg.), *Natur als Gegenwelt*, Karlsruhe 1983, S. 59-86
Lenk, H.: »Homo Faber – Demiurg der Natur?«, in: B. Kanitscheider (Hg.), *Moderne Naturphilosophie*, Würzburg 1984, S. 107-124
Lenk, H.: »Welterfassung als Interpretationskonstrukt: Bemerkungen zum methodologischen und transzendentalen Interpretationismus«, in: *Allgemeine Zeitschrift für Philosophie*, 13.3 (1988), 67-78
Lenk, H., *Philosophie und Interpretation. Vorlesungen zur Entwicklung konstruktionistischer Interpretationsansätze*, Frankfurt a. M. 1993 (= Bd. 1)
Lenk, H.: »Erlebte und erschlossene Realität«, in: *Zeitschrift für philosophische Forschung*, 47 (1993a), 286-292
Lenk, H., *Interpretationskonstrukte. Zur Kritik der interpretatorischen Vernunft*, Frankfurt a. M. 1993b
Lenk, H., *Von Deutungen zu Wertungen. Eine Einführung in aktuelles Philosophieren*, Frankfurt a. M. 1994
Lockwood, M., *Mind, Brain and the Quantum*, Oxford 1989
Mermin, N. D., »Quantum Mysteries for Anyone«, in: *The Journal of Philosophy*, 78 (1981), 397-408
Merton, R. K., Social Theory and Social Structure, Glencoe IL 1957[3]
Mittelstaedt, P.: »EPR-Paradox, Quantum Logic and Relativity«, in: P. Lakti, P. Mittelstaedt (Hg.), *Symposium on the Foundations of Modern Physics*, World Scientific Publ. Co. 1985, 171-186
Moore, G. E.: »The Refutation of Idealism«, in: *Mind*, 12 (1903), 433-453 (dt. in: Ders., *Eine Verteidigung des Commonsense*, Frankfurt a. M. 1969, S. 49-79)

Moore, G. E.: »The Nature and Reality of Objects of Perception«, *P. A. S.*, VI (1905), 68-127
Moore, G. E.: »The Concept of Reality«, *Proc. Aristot. Soc.* 18 (1917), 101-120
Mückenheim, W.: »Das EPR-Paradoxon und die Unbestimmtheit der Realität«, in: *Physikalische Blätter*, 39 (1983), 331-336
Nagel, E., *The Structure of Science*, New York 1961
Neisser, U.: *Kognitive Psychologie*, Stuttgart 1977
Neisser, U.: *Kognition und Wirklichkeit*, Stuttgart 1979
Newton-Smith, W. H., *The Rationality of Science*, London 1981
Newton-Smith, W. H.: »Modest Realism«, in: *Proceedings of the Aristotelian Society*, 1988, vol. II, 179-189
Newton-Smith, W. H.: »The Truth in Realism«, in: *Dialectica*, 43 (1989), 31-45
Pagels, H., *Quantenphysik als Sprache der Natur*, Berlin–Frankfurt a. M.–Wien 1983
Piaget, J.: *Abriß der genetischen Epistemologie*, Olten 1974
Piaget, J.: *Biologie und Erkenntnis*, Frankfurt a. M. 1967
Pollock, J. L., *Contemporary Theories of Knowledge*, London 1987
Prigogine, I./Stengers, I., *Dialog mit der Natur*, München 1981
Primas, H.: »Verschränkte Systeme und Komplementarität«, in: B. Kanitscheider (Hg.), *Moderne Naturphilosophie*, Würzburg 1984, S. 243-260
Putnam, H., *Mathematics, Matter and Method, Philosophical Papers*, Vol. I, Cambridge 1975
Putnam, H., *Vernunft, Wahrheit und Geschichte*, Frankfurt a. M. 1982 (i. O.: 1981)
Putnam, H., *The Many Faces of Realism*, LaSalle 1987
Putnam, H., *Repräsentation und Realität*, Frankfurt a. M. 1991 (i. O.: 1988)
Rescher, N., *Scientific Realism. A Critical Reappraisal*, Dordrecht 1987
Ritter, M.: »Einführung« + Red., in: *Spektrum der Wissenschaft*, Sonderheft: Wahrnehmung und visuelles System, Heidelberg 1986
Roberts, L. D.: »The Figure-Ground Model for the Explanation of the Determination of Indexical Reference«, in: *Synthese*, 68 (1986) 441-486
Rock, I.: *Wahrnehmung*, Heidelberg 1985
Röd, W., *Erfahrung und Reflexion. Theorien der Erfahrung in transzendentalphilosophischer Sicht*, München 1991
Röd, W.: »Das Realitätsproblem in der Transzendentalphilosophie«, Vortrag zum 16. Deutschen Kongreß für Philosophie, Berlin 1993 (im Druck). In: H. Lenk, H. Poser (Hg.): *Neue Realitäten, Herausforderung der Philosophie*, Berlin, 1995, 424-442
Rosch, E.: »Human Categorization«, in: Warren, N. (Hg.): *Studies in Cross-cultural Psychology*, Band 1, London–New York–San Francisco 1977, 3-49

Rosch, E. et al.: »Basic Objects in Natural Categories«, *Cognitive Psychology*, 8 (1976), 382-439
Scheler, M., Erkenntnis und Arbeit, Frankfurt a.M. 1977 (zuerst: Bern 1960)
Schummer, J., *Pragmatischer Referenzrealismus, Referenzmethodologie und Chemie. Wissenschaftstheoretische Untersuchungen der Chemie im Anschluß an Rom Harrés »Varieties of Realism«*, Karlsruhe 1994 (Diss. phil.)
Shimony, A.: »Die Realität der Quantenwelt«, in: *Spektrum der Wissenschaft*, 1988, H. 3, 78-85
Singer, W.: »Zur Selbstorganisation kognitiver Strukturen«, in: E. Pöppel (Hg.), *Gehirn und Bewußtsein*, Weinheim 1989, 45-58
Singer, W.: »Hirnentwicklung und Umwelt«, in: *Spektrum der Wissenschaft*, Sonderheft: Gehirn und Kognition, Heidelberg 1990, S. 50-65
Snell, B., *Die Ausdrücke für den Begriff des Wissens in der vorplatonischen Philosophie*, Berlin 1924
Stöckler, M., *Philosophische Probleme der relativistischen Quantenmechanik*, Berlin 1984
Stöckler, M., *Philosophie der Elementarteilchen*, München–Oldenburg (i. Dr.) (i. O.: Habilitationsschrift Gießen 1987)
Uexküll, J. von, Umwelt und Innenwelt der Tiere, Berlin 1909
Vollmer, G., *Evolutionäre Erkenntnistheorie*, Stuttgart 1975
Vollmer, G., *Was können wir wissen?, Bd. 1, Die Natur der Erkenntnis*, Stuttgart 1985
Vollmer, G., *Was können wir wissen?, Bd. 2, Die Erkenntnis der Natur*, Stuttgart 1986
Wittgenstein, L., *Philosophische Untersuchungen*, in: Werkausgabe, Bd. 1, Frankfurt a.M. 1989
Wolf, U. (Hg.), *Eigennamen. Dokumentation einer Kontroverse*, Frankfurt/M. 1985

Namenregister